中华人民共和国住房和城乡建设部

古建筑修缮工程消耗量定额

TY 01－01(03)－2018

第二册　宋式建筑

中 国 计 划 出 版 社

2018　北　京

图书在版编目（CIP）数据

古建筑修缮工程消耗量定额 : TY01-01(03)-2018. 第二册, 宋式建筑 / 河南省建筑工程标准定额站, 河南省基本建设科学实验研究院有限公司主编. -- 北京 : 中国计划出版社, 2018.11
ISBN 978-7-5182-0953-8

Ⅰ. ①古… Ⅱ. ①河… ②河… Ⅲ. ①古建筑—修缮加固—工程施工—消耗定额 Ⅳ. ①TU723.34

中国版本图书馆CIP数据核字(2018)第249299号

古建筑修缮工程消耗量定额
TY 01-01(03)-2018
第二册 宋式建筑
河南省建筑工程标准定额站
河南省基本建设科学实验研究院有限公司 主编

中国计划出版社出版发行
网址：www.jhpress.com
地址：北京市西城区木樨地北里甲 11 号国宏大厦 C 座 3 层
邮政编码：100038 电话：(010) 63906433（发行部）
北京市科星印刷有限责任公司印刷

880mm×1230mm 1/16 27.5 印张 811 千字
2018 年 11 月第 1 版 2018 年 11 月第 1 次印刷
印数 1—3000 册

ISBN 978-7-5182-0953-8
定价：152.00 元

主编部门：中华人民共和国住房和城乡建设部

批准部门：中华人民共和国住房和城乡建设部

施行日期：2018年12月1日

住房城乡建设部关于印发
古建筑修缮工程消耗量定额的通知

建标〔2018〕81 号

各省、自治区住房城乡建设厅，直辖市建委，国务院有关部门：

为健全工程计价体系，满足古建筑修缮工程计价需要，服务古建筑保护，我部组织编制了《古建筑修缮工程消耗量定额》（编号为 TY 01－01(03)－2018），现印发给你们，自 2018 年 12 月 1 日起执行。执行中遇到的问题和有关建议请及时反馈我部标准定额司。

《古建筑修缮工程消耗量定额》由我部标准定额研究所组织中国计划出版社出版发行。

中华人民共和国住房和城乡建设部

2018 年 8 月 28 日

总 说 明

一、《古建筑修缮工程消耗量定额》共分三册，包括：第一册　唐式建筑，第二册　宋式建筑，第三册　明、清官式建筑。

二、《古建筑修缮工程消耗量定额》（以下简称本定额）是完成规定计量单位分部分项工程、措施项目所需的人工、材料、施工机械台班的消耗量标准，是各地区、部门工程造价管理机构编制古建筑修缮工程定额确定消耗量，编制国有投资工程投资估算、设计概算、最高投标限价的依据。

三、本定额适用于按照古建筑传统工艺做法和质量要求进行施工的唐、宋、明、清古建筑修缮工程。不适用于新建、扩建的仿古建筑工程。对于实际工程中所发生的某些采用现代工艺做法的修缮项目，除各册另有规定外，均执行《房屋修缮工程消耗量定额》TY 01－41－2018 相应项目及有关规定。

四、本定额是依据古建筑相关时期的文献、技术资料，国家现行有关古建筑修缮的法律、法规、安全操作规程、施工工艺标准、质量评定标准，《全国统一房屋修缮工程预算定额　古建筑分册》GYD－602－95等相关定额标准，在正常的施工条件、合理的施工组织设计及选用合格的建筑材料、成品、半成品的条件下编制的。在确定定额水平时，已考虑了古建筑修缮工程施工地点分散、现场狭小、连续作业差、保护原有建筑物及环境设施等造成的不利因素的影响。本定额各项目包括全部施工过程中的主要工序和工、料、机消耗量，次要工序或工作内容虽未一一列出，但均已包括在定额内。

五、关于人工：

1. 本定额的人工以合计工日表示，并分别列出普工、一般技工和高级技工的工日消耗量。

2. 本定额人工包括基本用工、超运距用工、辅助用工和人工幅度差。

3. 本定额每工日按 8 小时工作制计算。

六、关于材料：

1. 本定额采用的材料（包括构配件、零件、半成品、成品）均为符合国家质量标准和相应设计要求的合格产品。

2. 本定额中的材料包括施工中消耗的主要材料、辅助材料、周转材料和其他材料。

3. 本定额中材料消耗量包括净用量和损耗量。损耗量包括：从工地仓库、现场集中堆放地点（或现场加工地点）至操作（或安装）地点的施工场内运输损耗、施工操作损耗、施工现场堆放损耗等。

4. 本定额中的周转性材料按不同施工方法，不同类别、材质计算出一次摊销量进入消耗量定额。

5. 用量少、低值易耗的零星材料列为其他材料。

七、关于机械：

1. 本定额结合古建筑工程以手工操作为主配合中小型机械的特点，选配了相应施工机械。

2. 本定额的机械台班消耗量是按正常机械施工工效并考虑机械幅度差综合取定。

3. 凡单位价值在 2000 元以内、使用年限在一年以内不构成固定资产的施工机械，未列入机械台班消耗量，可作为工具用具在建筑安装工程费的企业管理费中考虑。

4. 本定额除部分章节外均未包括大型机械，凡需使用定额之外的大型机械的应根据工程实际情况按各地区有关规定执行。

八、本定额使用的各种灰浆均以传统灰浆为准，各种灰浆均按半成品消耗量以体积表示，如实际使用的灰浆品种与定额不符，可按照各册传统古建筑常用灰浆配合比表进行换算。

九、本定额所使用的木材是以第一、二类木材中的红、白松木为准，分别表现原木、板方材、规格料，其中部分定额项目中的"样板料"为板方材，实际工程中如使用硬木，应按照相应章节说明相关规定执行。

十、本定额部分章节中的细砖砌体项目包含了砖件砍制加工的人工消耗量，如实际工程中使用已经砍制好的成品砖料,应扣除砍砖工消耗量,砖件用量乘以系数0.93。

十一、本定额所列拆除项目是以保护性拆除为准,包含了原有材料的清理、整修、分类码放以满足工程继续使用的技术要求。

十二、本定额修缮项目均包括搭拆操作高度在3.6m以内的非承重简易脚手架。

十三、本定额未考虑工程水电费,各地区结合当地情况自行确定。

十四、本定额是以现场水平运距300m以内,建筑物檐高在20m以下为准编制的。其檐高计算起止点规定如下:

1.檐高上皮以正身飞椽上皮为准,无飞椽的量至檐椽上皮。

2.檐高下皮规定如下:

(1)无月台或月台外边线在檐头外边线以内者,檐高由自然地坪量至最上一层檐头。

(2)月台边线在檐头外边线以外或城台、高台上的建筑物,檐高由台上皮量至最上一层檐头。

十五、本定额注有"××以内"或"××以下"者,均包括××本身;"××以外"或"××以上"者,则不包括××本身。

十六、凡本说明未尽事宜,详见各册、章说明和附录。

古建筑面积计算规则

一、计算建筑面积的范围：

（一）单层建筑不论其出檐层数及高度如何，均按一层计算面积，其中：

1. 有台明的按台明外围水平面积计算。

2. 无台明有围护结构的以围护结构水平面积计算，围护结构外有檐廊柱的，按檐廊柱外边线水平面积计算，围护结构外边线未及构架柱外边线的，按构架柱外边线计算，无台明无围护结构的按构架柱外边线计算。

（二）有楼层分界的两层及以上建筑，不论其出檐层数如何，均按自然结构楼层的分层水平面积总和计算面积。其中：

1. 首层建筑面积按上述单层建筑的规定计算。

2. 二层及以上各层建筑面积按上述单层建筑无台明的规定计算。

（三）单层建筑或多层建筑两自然结构楼层间，局部有楼层或内回廊的，按其水平投影面积计算。

（四）碉楼、碉房、碉台式建筑内无楼层分界的，按一层计算面积。有楼层分界的按分层累计计算面积。其中：

1. 单层或多层碉楼、碉房、碉台的首层有台明的按台明外围水平面积计算，无台明的按围护结构底面外围水平面积计算。

2. 多层碉楼、碉房、碉台的二层及以上楼层均按各层围护结构底面外围水平面积计算。

（五）两层及以上建筑构架柱外有围护装修或围栏的挑台建筑，按构架柱外边线至挑台外边线之间水平投影面积的1/2计算面积。

（六）坡地建筑、邻水建筑及跨越水面建筑的首层构架柱外有围栏的挑台，按首层构架柱外边线至挑台外边线之间的水平投影面积的1/2计算面积。

二、不计算建筑面积的范围：

（一）单层或多层建筑中无柱门罩、窗罩、雨棚、挑檐、无围护装修或围栏的挑台、台阶等。

（二）无台明建筑或两层及以上建筑突出墙面或构架柱外边线以外部分，如墀头、垛等。

（三）牌楼、影壁、实心或半实心的砖、石塔。

（四）构筑物，如月台、圜丘、城台、院墙及随墙门、花架等。

（五）碉楼、碉房、碉台的平台。

册 说 明

一、《古建筑修缮工程消耗量定额》第二册　宋式建筑(以下简称本册定额)包括石作工程、砌体工程、地面工程、屋面工程、木构架及木基层、铺作、木装修、抹灰工程、彩画工程及脚手架工程,共十章2829个子目。

二、本册定额适用于以宋式建筑为主,按传统工艺、工程做法和质量要求进行施工的古建筑修缮工程、保护性异地迁建工程、局部复建工程。

三、本册定额是依据宋式古建筑的有关文献、技术资料、施工验收规范,结合近年来宋式古建筑修缮工程实例编制的。

四、本册定额土方工程、建筑垃圾外运按《房屋修缮工程消耗量定额》TY 01 - 41 - 2018 相应项目及相关规定执行。在施工现场外集中加工的砖件、石制品、木构件回运到施工现场所需的运输费用按第三册《明、清官式建筑》第九章"场外运输"相应项目及相关规定执行。

五、本册定额中凡列出其他材料费的项目按材料费的百分比计算,未列出其他材料费的项目均按相应人工费的1%计算。

目　录

第六章　铺　　作

第七章　木　装　修

第八章　抹 灰 工 程

第九章　彩 画 工 程

第十章　脚手架工程

附　　录

第一章　石 作 工 程

说　　明

一、本章定额包括石作整修、石构件制作、石构件安装三节,共486个子目。

二、定额中分档规格均以成品净尺寸为准。

三、拆安归位不包括对原有石构件的改制,发生时另执行相应定额。

四、旧条石截头、旧条石夹肋适用于对原有石构件的改制。

五、剁斧见新、挠洗见新只适用于石构件无需拆动的情况,挠洗不分用铁挠洗或钢刷子刷洗定额均不调整。剁斧见新不分遍数定额均不调整。

六、旧石构件因年久风化、花饰模糊需重新落墨、剔凿出细、恢复原貌者,按相应制作定额扣除石料用量后乘以系数0.7执行。

七、不带雕饰的石构件制作包括简易起线。定额综合了其露明面剁斧打道等做法,不论采用上述何种做法定额均不调整,若要求磨光另执行相应磨光定额。

八、石构件制作、改制以汉白玉、大理石、青白石等普坚石为准,若用花岗石人工消耗乘以系数1.35。

九、石梭柱制作套用石圆柱定额乘以系数1.3。

十、石梅花柱制作套用石圆柱定额乘以系数1.2。

十一、方形门砧石制作以正面作浮雕为准。

十二、不论新旧石构件需安铁扒锔、银锭者,均单独执行相应定额。

十三、石柱构件带雕饰根据实测或设计要求按相应石雕项目为标准执行定额。

十四、倚柱制作执行石圆柱定额。

十五、石板门上有兽件的根据实测或设计要求按相应石雕项目为标准执行定额。

十六、铺首门环与石乳钉构件雕刻根据实测或设计要求按相应石雕项目为标准执行定额。

十七、定额中石窗项目中窗均为看窗(单面雕刻窗样)。

十八、石碑(碣)项目若碑身雕刻字体时,每平方米按下表补充人工消耗量另行计算。

碑身雕刻字体时补充人工消耗量

字体大小(高度)	2cm以内	3cm以内	4cm以内	5cm以内	8cm以内	8cm以上
人工(工日)	7.5000	5.4188	4.2439	3.7500	2.9297	2.8935

十九、石构件带雕饰者,每平方米按下表补充人工消耗量另行计算。

石构件雕饰补充人工消耗量

项目	石雕									
	线雕	平雕	影雕	阴雕	浅浮雕	深浮雕	单面透雕	双面透雕	镂雕	圆雕
人工(工日)	3.955	5.268	3.497	8.343	8.342	18.550	23.916	37.682	61.680	91.001

二十、石构件拆安归位执行拆安归位定额,若只是将石构件拆下,则按拆安归位相关定额乘以系数0.35。

工程量计算规则

一、本章定额各项子目的工程量计算均以成品净尺寸为准，有图示者按图示尺寸计算，无图示者按原有实物计算，隐蔽部位无法测量时，可按下表计算，表中数据与实物不同时按实际工程量计算。

石构件工程量计算参考表

项目名称	厚	宽
土衬(砖台基)	同叠涩厚	同压阑石宽
土衬(石台基)	同叠涩厚	同压阑石宽
间柱	同角柱宽	—
叠涩石(出棱)	—	同压阑石宽
叠涩石(不出棱)	—	按压阑石 3/4 宽
壶门板柱	—	按压阑石 3/4 宽
壶门板心	—	按压阑石 1/2 宽
柱　础	柱础宽在 50cm 以下厚按础宽的 4/5 计算； 柱础宽在 120cm 以下厚按础宽的 2/3 计算； 柱础宽在 120cm 以上厚按础宽的 3/5 计算	

二、石铺作拆安归位、制作、安装定额均以 8 等材(材宽 9.6cm)为准。实际工程中材宽尺寸变化时按下表调整工料。

材宽尺寸变化时工时与材料调整表

材宽(cm)	9.6	11.2	12.8	14.1	15.3	16	17.6	19.2
工时调整	1	1.3508	1.7541	2.1154	2.5031	2.7206	3.2836	3.9572
材料调整	1	1.5667	2.3223	3.0667	3.9666	4.4775	5.9243	7.6660

三、柱础及望柱按见方(最大见方面积)乘以厚(高)计算体积。

四、踏道按水平投影面积计算。

五、副子、礓礤均按上面长乘以宽以“m^2”为单位计算，副子侧面面积不得计算，礓礤不得展开计算。

六、叠涩座按水平投影最大面积乘以高度以“m^3”为单位计算。

七、旧石构件见新按露明面以平方米为单位计算，其中叠涩座按垂直投影面积乘以系数 1.4 计算，勾栏按双面投影面积计算。

八、旧条石夹肋以单面为准按长度以“m”为单位计算，若双面夹肋，工程量乘以系数 2。

九、石铺作整修、制作、安装按朵计算。

十、石构件不带雕饰按石材以立方米为单位计算，若带雕饰，雕饰部分按相应石雕定额以平方米为单位另行计算。

十一、覆钵、受花、伞盖、石相轮、火焰宝珠、石榥、石平座、流盃渠等均按水平投影最大面积乘以高度(厚)以立方米为单位计算。

十二、石兽头、石角梁、门砧石、止扉石、门限石、石卧立栿、石乳钉、旧条石截头等分不同规格按块(个、根、件)计算。

十三、定额中铺首门环为石构件雕刻而成，按平方米计算，若不雕刻按实际以个为单位计算。

十四、象眼按垂直投影面积计算。

十五、石碑各部件按个计算。

十六、卷葷水窗按看面垂直投影面积乘以窗洞宽度以“m^3”为单位计算。

十七、石板门门扇（以门厚为准）按门扇的净高乘以净宽计算面积。

十八、额、地栿、槫柱按长度以“m”为单位计算。

十九、石脊（以高度为准）按长度以“m”为单位计算。

二十、石钩阑面积按寻杖上皮至地栿上皮高乘以望柱内皮至望柱内皮长计算面积。

一、石 作 整 修

1. 殿阁、厅堂、余屋类石构件

工作内容：将石构件拆下、修整并缝、接头缝、下穿钉、打铁箍等，露明面修整，清理基层重新安装；石构件拆下包括必要的支顶，搭拆、挪移小型起重架，拆卸石构件运至指定地点编码堆放，带雕刻的构件包括包裹保护。

计量单位：m^3

定额编号			2-1-1	2-1-2	2-1-3	2-1-4	2-1-5	2-1-6
项目			拆安归位					
			土衬	间柱	角柱		角石	压阑石
					普通阶基	叠涩座		
名称		单位	消耗量					
人工	合计工日	工日	14.400	15.000	19.200	18.500	16.800	15.600
	石工 普工	工日	4.320	4.500	5.760	5.550	5.040	4.680
	石工 一般技工	工日	8.640	9.000	11.520	11.100	10.080	9.360
	石工 高级技工	工日	1.440	1.500	1.920	1.850	1.680	1.560
材料	麻刀油灰	m^3	0.4200	0.3000	0.3000	0.3000	0.3000	0.3000
	其他材料费(占材料费)	%	2.00	2.00	2.00	2.00	2.00	2.00

工作内容：将石构件拆下、修整并缝、接头缝、下穿钉、打铁箍等，露明面修整，清理基层重新安装；石构件拆下包括必要的支顶，搭拆、挪移小型起重架，拆卸石构件运至指定地点编码堆放，带雕刻的构件包括包裹保护。

定额编号			2-1-7	2-1-8	2-1-9	2-1-10	2-1-11	2-1-12	2-1-13
项目			拆安归位						
			副子	踏道石	象眼	柱础	门砧石	门限石	止扉石
单位			m^2	m^2	m^3	m^3	块	块	块
名称		单位	消耗量						
人工	合计工日	工日	3.600	3.120	15.600	17.400	2.250	1.560	1.560
	石工 普工	工日	1.080	0.936	4.680	5.220	0.675	0.468	0.468
	石工 一般技工	工日	2.160	1.872	9.360	10.440	1.350	0.936	0.936
	石工 高级技工	工日	0.360	0.312	1.560	1.740	0.225	0.156	0.156
材料	麻刀油灰	m^3	0.0500	0.0500	0.3000	0.3000	0.0400	0.0300	0.0300
	其他材料费(占材料费)	%	2.00	2.00	2.00	2.00	2.00	2.00	2.00

工作内容:将石构件拆下、修整并缝、接头缝、下穿钉、打铁箍等,露明面修整,清理基层重新安装;石构件拆下包括必要的支顶,搭拆、挪移小型起重架,拆卸石构件运至指定地点编码堆放,带雕刻的构件包括包裹保护。

定额编号			2-1-14	2-1-15	2-1-16
项目			拆安归位		
			地面石	线道石	石卧立栿
单位			m^3	m^3	件
名称		单位	消耗量		
人工	合计工日	工日	13.800	10.500	1.560
	石工 普工	工日	4.140	3.150	0.468
	石工 一般技工	工日	8.280	6.300	0.936
	石工 高级技工	工日	1.380	1.050	0.156
材料	麻刀油灰	m^3	0.4200	0.4200	0.0300
	其他材料费(占材料费)	%	2.00	2.00	2.00

工作内容:将石构件拆下、修整并缝、接头缝、下穿钉、打铁箍等,露明面修整,清理基层重新安装;石构件拆下包括必要的支顶,搭拆、挪移小型起重架,拆卸石构件运至指定地点编码堆放,带雕刻的构件包括包裹保护。

定额编号			2-1-17	2-1-18	2-1-19	2-1-20	2-1-21	2-1-22
项目			拆安归位					
			石栿(径)				石脊(高)	
			40cm以内	55cm以内	70cm以内	70cm以外	20cm以内	20cm以外
单位			m^3	m^3	m^3	m^3	m	m
名称		单位	消耗量					
人工	合计工日	工日	17.400	15.300	13.600	11.400	0.500	0.750
	石工 普工	工日	5.220	4.590	4.080	3.420	0.150	0.225
	石工 一般技工	工日	10.440	9.180	8.160	6.840	0.300	0.450
	石工 高级技工	工日	1.740	1.530	1.360	1.140	0.050	0.075
材料	麻刀油灰	m^3	0.3000	0.3000	0.2500	0.2200	0.0300	0.0300
	其他材料费(占材料费)	%	2.00	2.00	2.00	2.00	2.00	2.00

工作内容：将石构件拆下、修整并缝、接头缝、下穿钉、打铁箍等，露明面修整，清理基层重新安装；石构件拆下包括必要的支顶，搭拆、挪移小型起重架，拆卸石构件运至指定地点编码堆放，带雕刻的构件包括包裹保护。　　计量单位：m^3

定额编号			2-1-23	2-1-24	2-1-25	2-1-26	2-1-27	2-1-28
项目			拆安归位					
			不带雕饰石方形柱（柱高4m以内）					
			边长					
			25cm以内	40cm以内	50cm以内	60cm以内	70cm以内	70cm以外
名称		单位	消耗量					
人工	合计工日	工日	20.880	15.660	14.220	12.540	11.880	11.100
	石工 普工	工日	6.264	4.698	4.266	3.762	3.564	3.330
	石工 一般技工	工日	12.528	9.396	8.532	7.524	7.128	6.660
	石工 高级技工	工日	2.088	1.566	1.422	1.254	1.188	1.110
材料	锯成材	m^3	0.0400	0.0400	0.0400	0.0400	0.0400	0.0400
	杉槁3m以下	根	24.0000	7.1200	5.5500	3.0000	3.0000	—
	杉槁4～7m	根	—	10.1400	5.5500	4.0000	4.0000	8.0000
	杉槁7～10m	根	—	—	—	2.0000	2.0000	4.0000
	镀锌铁丝（综合）	kg	5.4000	2.2500	1.8000	1.8000	1.3500	0.9000
	扎绑绳	kg	1.9200	0.6300	0.5000	0.5000	0.4800	0.4800
	大麻绳	kg	1.2000	1.2000	1.2000	1.2000	1.2000	1.2000
	麻刀油灰	m^3	0.3000	0.3000	0.3000	0.3000	0.3000	0.3000
	其他材料费（占材料费）	%	2.00	2.00	2.00	2.00	2.00	2.00

工作内容：将石构件拆下、修整并缝、接头缝、下穿钉、打铁箍等，露明面修整，清理基层重新安装；石构件拆下包括必要的支顶，搭拆、挪移小型起重架，拆卸石构件运至指定地点编码堆放，带雕刻的构件包括包裹保护。

计量单位：m^3

定额编号			2-1-29	2-1-30	2-1-31	2-1-32	2-1-33	2-1-34
项目			拆安归位					
			不带雕饰石方形柱(柱高4~7m)					
			边长					
			25cm以内	40cm以内	50cm以内	60cm以内	70cm以内	70cm以外
名称		单位	消耗量					
人工	合计工日	工日	22.200	19.840	18.010	15.880	15.050	14.140
	石工 普工	工日	6.660	5.952	5.403	4.764	4.515	4.242
	石工 一般技工	工日	13.320	11.904	10.806	9.528	9.030	8.484
	石工 高级技工	工日	2.220	1.984	1.801	1.588	1.505	1.414
材料	锯成材	m^3	0.0400	0.0400	0.0400	0.0400	0.0400	0.0400
	杉槁4~7m	根	24.0000	12.0000	5.5500	8.0000	8.0000	8.0000
	杉槁7~10m	根	—	—	5.5500	4.0000	4.0000	4.0000
	镀锌铁丝(综合)	kg	5.4000	2.2500	1.8000	1.3500	0.9000	0.9000
	扎绑绳	kg	3.4600	0.6300	0.5000	0.4800	0.4800	0.4800
	大麻绳	kg	2.1600	1.2000	1.2000	1.2000	1.2000	1.2000
	麻刀油灰	m^3	0.3000	0.3000	0.3000	0.3000	0.3000	0.3000
	其他材料费(占材料费)	%	2.00	2.00	2.00	2.00	2.00	2.00

工作内容：将石构件拆下、修整并缝、接头缝、下穿钉、打铁箍等，露明面修整，清理基层重新安装；石构件拆下包括必要的支顶，搭拆、挪移小型起重架，拆卸石构件运至指定地点编码堆放，带雕刻的构件包括包裹保护。 **计量单位**：m^3

定额编号			2-1-35	2-1-36	2-1-37	2-1-38	2-1-39	2-1-40
项目			拆安归位					
			不带雕饰石方形柱(柱高7m以外)					
			边长					
			25cm以内	40cm以内	50cm以内	60cm以内	70cm以内	70cm以外
名称		单位	消耗量					
人工	合计工日	工日	34.800	26.100	23.700	20.900	19.800	18.600
	石工 普工	工日	10.440	7.830	7.110	6.270	5.940	5.580
	石工 一般技工	工日	20.880	15.660	14.220	12.540	11.880	11.160
	石工 高级技工	工日	3.480	2.610	2.370	2.090	1.980	1.860
材料	锯成材	m^3	0.0400	0.0400	0.4000	0.0400	0.0400	0.0400
	杉槁4~7m	根	12.0000	7.1200	5.5500	4.0000	4.0000	4.0000
	杉槁7~10m	根	12.0000	10.1400	5.5500	8.0000	8.0000	8.0000
	镀锌铁丝(综合)	kg	5.4000	2.2500	1.8000	1.3500	0.9000	0.9000
	扎绑绳	kg	3.4600	0.6300	0.5000	0.4800	0.4800	0.4800
	大麻绳	kg	2.1600	1.2000	1.2000	1.2000	1.2000	1.2000
	麻刀油灰	m^3	0.3000	0.3000	0.3000	0.3000	0.3000	0.3000
	其他材料费(占材料费)	%	2.00	2.00	2.00	2.00	2.00	2.00

工作内容：将石构件拆下、修整并缝、接头缝、下穿钉、打铁箍等，露明面修整，清理基层重新安装；石构件拆下包括必要的支顶，搭拆、挪移小型起重架，拆卸石构件运至指定地点编码堆放，带雕刻的构件包括包裹保护。

计量单位：m^3

定额编号			2-1-41	2-1-42	2-1-43	2-1-44	2-1-45	2-1-46
项目			拆安归位					
			不带雕饰石圆形柱(柱高4m以内)					
			柱径					
			25cm以内	40cm以内	50cm以内	60cm以内	70cm以内	70cm以外
名称		单位	消耗量					
人工	合计工日	工日	22.500	16.500	15.220	13.540	12.600	11.860
	石工 普工	工日	6.750	4.950	4.566	4.062	3.780	3.558
	石工 一般技工	工日	13.500	9.900	9.132	8.124	7.560	7.116
	石工 高级技工	工日	2.250	1.650	1.522	1.354	1.260	1.186
材料	锯成材	m^3	0.0400	0.0400	0.0400	0.0400	0.0400	0.0400
	杉槁3m以下	根	24.0000	7.1200	5.5500	3.0000	3.0000	—
	杉槁4～7m	根	—	10.1400	5.5500	4.0000	4.0000	8.0000
	杉槁7～10m	根	—	—	—	2.0000	2.0000	4.0000
	镀锌铁丝(综合)	kg	5.4000	2.2500	1.8000	1.8000	1.3500	0.9000
	扎绑绳	kg	1.9200	0.6300	0.5000	0.5000	0.4800	0.4800
	大麻绳	kg	1.2000	1.2000	1.2000	1.2000	1.2000	1.2000
	麻刀油灰	m^3	0.3000	0.3000	0.3000	0.3000	0.3000	0.3000
	其他材料费(占材料费)	%	2.00	2.00	2.00	2.00	2.00	2.00

工作内容：将石构件拆下、修整并缝、接头缝、下穿钉、打铁箍等，露明面修整，清理基层重新安装；石构件拆下包括必要的支顶，搭拆、挪移小型起重架，拆卸石构件运至指定地点编码堆放，带雕刻的构件包括包裹保护。 **计量单位：**m^3

定额编号			2-1-47	2-1-48	2-1-49	2-1-50	2-1-51	2-1-52
项目			拆安归位					
			不带雕饰石圆形柱（柱高4～7m）					
			柱径					
			25cm以内	40cm以内	50cm以内	60cm以内	70cm以内	70cm以外
名称		单位	消耗量					
人工	合计工日	工日	27.500	21.200	19.300	16.600	15.800	15.100
	石工 普工	工日	8.250	6.360	5.790	4.980	4.740	4.530
	石工 一般技工	工日	16.500	12.720	11.580	9.960	9.480	9.060
	石工 高级技工	工日	2.750	2.120	1.930	1.660	1.580	1.510
材料	锯成材	m^3	0.0400	0.0400	0.0400	0.0400	0.0400	0.0400
	杉槁4～7m	根	24.0000	12.0000	5.5500	8.0000	8.0000	8.0000
	杉槁7～10m	根	—	—	5.5500	4.0000	4.0000	4.0000
	镀锌铁丝（综合）	kg	5.4000	2.2500	1.8000	1.3500	0.9000	0.9000
	扎绑绳	kg	3.4600	0.6300	0.5000	0.4800	0.4800	0.4800
	大麻绳	kg	2.1600	1.2000	1.2000	1.2000	1.2000	1.2000
	麻刀油灰	m^3	0.3000	0.3000	0.3000	0.3000	0.3000	0.3000
	其他材料费（占材料费）	%	2.00	2.00	2.00	2.00	2.00	2.00

工作内容:将石构件拆下、修整并缝、接头缝、下穿钉、打铁箍等,露明面修整,清理基层重新安装;石构件拆下包括必要的支顶,搭拆、挪移小型起重架,拆卸石构件运至指定地点编码堆放,带雕刻的构件包括包裹保护。

计量单位:m^3

定额编号			2-1-53	2-1-54	2-1-55	2-1-56	2-1-57	2-1-58
项目			拆安归位					
			不带雕饰石圆形柱(柱高7m以外)					
			柱径					
			25cm以内	40cm以内	50cm以内	60cm以内	70cm以内	70cm以外
名称		单位	消耗量					
人工	合计工日	工日	35.780	28.300	24.900	22.400	20.700	19.700
	石工 普工	工日	10.734	8.490	7.470	6.720	6.210	5.910
	石工 一般技工	工日	21.468	16.980	14.940	13.440	12.420	11.820
	石工 高级技工	工日	3.578	2.830	2.490	2.240	2.070	1.970
材料	锯成材	m^3	0.0400	0.0400	0.4000	0.0400	0.0400	0.0400
	杉槁 4~7m	根	12.0000	7.1200	5.5500	4.0000	4.0000	4.0000
	杉槁 7~10m	根	12.0000	10.1400	5.5500	8.0000	8.0000	8.0000
	镀锌铁丝(综合)	kg	5.4000	2.2500	1.8000	1.3500	0.9000	0.9000
	扎绑绳	kg	3.4600	0.6300	0.5000	0.4800	0.4800	0.4800
	大麻绳	kg	2.1600	1.2000	1.2000	1.2000	1.2000	1.2000
	麻刀油灰	m^3	0.3000	0.3000	0.3000	0.3000	0.3000	0.3000
	其他材料费(占材料费)	%	2.00	2.00	2.00	2.00	2.00	2.00

2. 石塔类构件

工作内容：将石构件拆下、按照构件损坏形状套样、制作构件、并缝、对缝、打眼、锚钉、粘接、打磨随形等，露明面修整，清理基层重新安装；石构件拆下包括必要的支顶，搭拆、挪移小型起重架，拆卸石构件运至指定地点编码堆放，带雕刻的构件包括包裹保护。

计量单位：朵

定额编号			2-1-59	2-1-60	2-1-61	2-1-62	2-1-63	2-1-64
项目			拆安归位					
			石铺作			石铺作(半壁)		
			柱头、补间					
			斗口跳	四铺作	五铺作	斗口跳	四铺作	五铺作
名称		单位	消耗量					
人工	合计工日	工日	3.350	12.072	20.870	1.675	6.036	10.435
	石工 普工	工日	1.005	3.622	6.261	0.503	1.811	3.131
	石工 一般技工	工日	2.010	7.243	12.522	1.005	3.622	6.261
	石工 高级技工	工日	0.335	1.207	2.087	0.168	0.604	1.044
材料	麻刀油灰	m^3	0.1000	0.2000	0.5000	0.0500	0.1000	0.2500
	其他材料费(占材料费)	%	2.00	2.00	2.00	2.00	2.00	2.00

工作内容：将石构件拆下、按照构件损坏形状套样、制作构件、并缝、对缝、打眼、锚钉、粘接、打磨随形等，露明面修整，清理基层重新安装；石构件拆下包括必要的支顶，搭拆、挪移小型起重架，拆卸石构件运至指定地点编码堆放，带雕刻的构件包括包裹保护。

计量单位：朵

定额编号			2-1-65	2-1-66	2-1-67	2-1-68	2-1-69	2-1-70
项目			拆安归位					
			石铺作			石铺作(半壁)		
			转角					
			斗口跳	四铺作	五铺作	斗口跳	四铺作	五铺作
名称		单位	消耗量					
人工	合计工日	工日	4.329	18.108	31.305	2.165	9.054	16.653
	石工 普工	工日	1.299	5.432	9.392	0.650	2.716	4.996
	石工 一般技工	工日	2.597	10.865	18.783	1.299	5.432	9.992
	石工 高级技工	工日	0.433	1.811	3.131	0.217	0.905	1.665
材料	麻刀油灰	m^3	0.2000	0.6000	0.8000	0.1000	0.3000	0.4000
	其他材料费(占材料费)	%	2.00	2.00	2.00	2.00	2.00	2.00

工作内容：将石构件拆下、按照构件损坏形状套样、制作构件、并缝、对缝、打眼、锚钉、粘接、打磨随形等，露明面修整，清理基层重新安装；石构件拆下包括必要的支顶，搭拆、挪移小型起重架，拆卸石构件运至指定地点编码堆放，带雕刻的构件包括包裹保护。

计量单位：m^3

定额编号			2-1-71	2-1-72	2-1-73	2-1-74	2-1-75	2-1-76	2-1-77	2-1-78
项目			拆安归位							
			石阑额(额高)				石普拍枋(枋高)		石角梁(梁高)	
			30cm以内	40cm以内	50cm以内	50cm以外	20cm以内	20cm以外	15cm以内	15cm以外
名称		单位	消耗量							
人工	合计工日	工日	25.600	23.040	21.800	19.620	19.200	17.280	19.200	17.280
	石工 普工	工日	7.680	6.912	6.540	5.886	5.760	5.184	5.760	5.184
	石工 一般技工	工日	15.360	13.824	13.080	11.772	11.520	10.368	11.520	10.368
	石工 高级技工	工日	2.560	2.304	2.180	1.962	1.920	1.728	1.920	1.728
材料	麻刀油灰	m^3	1.2600	1.5000	1.8500	2.0000	1.2600	1.5000	1.5000	1.8500
	杉槁 3m 以下	根	19.0000	5.1200	5.5500	3.0000	5.1200	5.1200	1.5700	1.4100
	杉槁 4～7m	根	—	10.2400	5.5500	4.0000	10.2400	10.2400	3.1400	2.8200
	杉槁 7～10m	根	—	—	—	2.0000	—	—	—	—
	扎绑绳	kg	0.7300	0.6600	0.5800	0.4900	0.9600	0.8100	1.1200	0.9600
	大麻绳	kg	0.8000	0.8000	0.8000	0.8000	1.3000	1.2000	0.8000	0.8000
	其他材料费(占材料费)	%	2.00	2.00	2.00	2.00	2.00	2.00	2.00	2.00

工作内容:将石构件拆下、按照构件损坏形状套样、制作构件、并缝、对缝、打眼、锚钉、粘接、打磨随形等,露明面修整,清理基层重新安装;石构件拆下包括必要的支顶,搭拆、挪移小型起重架,拆卸石构件运至指定地点编码堆放,带雕刻的构件包括包裹保护。

计量单位:m^3

定额编号			2-1-79	2-1-80	2-1-81	2-1-82	2-1-83	2-1-84
项目			拆安归位					
			石相轮(高)			火焰宝珠(径)		
			120cm以内	160cm以内	160cm以外	50cm以内	70cm以内	70cm以外
名称		单位	消耗量					
人工	合计工日	工日	32.000	28.800	25.920	26.000	23.400	21.060
	石工 普工	工日	9.600	8.640	7.776	7.800	7.020	6.318
	石工 一般技工	工日	19.200	17.280	15.552	15.600	14.040	12.636
	石工 高级技工	工日	3.200	2.880	2.592	2.600	2.340	2.106
材料	麻刀油灰	m^3	1.8600	2.2000	2.6000	1.2000	1.6500	1.8600
	锯成材	m^3	0.0400	0.0400	0.0400	0.0400	0.0400	0.4000
	杉槁 3m 以下	根	8.0000	8.0000	8.0000	6.0000	6.0000	6.0000
	扎绑绳	kg	1.2000	1.3200	1.5000	1.2000	1.3200	1.5000
	大麻绳	kg	1.6500	1.8500	2.0000	1.6500	1.8500	2.0000
	其他材料费(占材料费)	%	2.00	2.00	2.00	2.00	2.00	2.00

工作内容：将石构件拆下、按照构件损坏形状套样、制作构件、并缝、对缝、打眼、锚钉、粘接、打磨随形等，露明面修整，清理基层重新安装；石构件拆下包括必要的支顶，搭拆、挪移小型起重架，拆卸石构件运至指定地点编码堆放，带雕刻的构件包括包裹保护。

计量单位：m^3

定额编号			2-1-85	2-1-86	2-1-87	2-1-88	2-1-89	2-1-90
项目			拆安归位					
			覆钵(径)			受花(径)		
			80cm以内	120cm以内	120cm以外	50cm以内	70cm以内	70cm以外
名称		单位	消耗量					
人工	合计工日	工日	28.000	25.200	22.680	25.000	22.500	20.250
	石工 普工	工日	8.400	7.560	6.804	7.500	6.750	6.075
	石工 一般技工	工日	16.800	15.120	13.608	15.000	13.500	12.150
	石工 高级技工	工日	2.800	2.520	2.268	2.500	2.250	2.025
材料	麻刀油灰	m^3	1.3000	1.5000	1.7000	1.2000	1.5000	1.7000
	锯成材	m^3	0.0400	0.0400	0.0400	0.0400	0.0400	0.0400
	杉槁 3m 以下	根	8.0000	8.0000	8.0000	6.0000	6.0000	6.0000
	扎绑绳	kg	1.1000	1.2000	1.4000	1.2000	1.3200	1.5000
	大麻绳	kg	1.3500	1.5000	1.6000	1.6500	1.8500	2.0000
	其他材料费(占材料费)	%	2.00	2.00	2.00	2.00	2.00	2.00

工作内容：将石构件拆下、按照构件损坏形状套样、制作构件、并缝、对缝、打眼、锚钉、粘接、打磨随形等，露明面修整，清理基层重新安装；石构件拆下包括必要的支顶，搭拆、挪移小型起重架，拆卸石构件运至指定地点编码堆放，带雕刻的构件包括包裹保护。

计量单位：m^3

定额编号			2-1-91	2-1-92	2-1-93	2-1-94	2-1-95	2-1-96
项目			拆安归位					
			石露盘(径)			石椽飞檐	铺首门环门	石乳钉门
			60cm以内	100cm以内	100cm以外			
名称		单位	消耗量					
人工	合计工日	工日	25.000	22.500	20.250	28.500	22.000	24.000
	石工 普工	工日	7.500	6.750	6.075	8.550	6.600	7.200
	石工 一般技工	工日	15.000	13.500	12.150	17.100	13.200	14.400
	石工 高级技工	工日	2.500	2.250	2.025	2.850	2.200	2.400
材料	麻刀油灰	m^3	1.1000	1.3000	1.5000	1.5000	1.2500	1.2500
	锯成材	m^3	0.0400	0.0400	0.0400	0.0400	0.0300	0.0300
	杉槁 3m 以下	根	6.0000	6.0000	6.0000	10.0000	4.0000	4.0000
	扎绑绳	kg	0.9600	1.2000	1.3000	1.2000	0.6000	0.6000
	大麻绳	kg	1.2500	1.4500	1.5500	1.5000	0.7500	0.7500
	其他材料费(占材料费)	%	2.00	2.00	2.00	2.00	2.00	2.00

工作内容：将石构件拆下、按照构件损坏形状套样、制作构件、并缝、对缝、打眼、锚钉、粘接、打磨随形等，露明面修整，清理基层重新安装；石构件拆下包括必要的支顶，搭拆、挪移小型起重架，拆卸石构件运至指定地点编码堆放，带雕刻的构件包括包裹保护。

计量单位：m^2

定额编号			2-1-97	2-1-98	2-1-99
项目			拆安归位		
			石板门门扇（门厚）		
			6cm 以内	8cm 以内	8cm 以外
名称		单位	消耗量		
人工	合计工日	工日	6.000	6.600	7.260
	石工 普工	工日	1.800	1.980	2.178
	石工 一般技工	工日	3.600	3.960	4.356
	石工 高级技工	工日	0.600	0.660	0.726
材料	麻刀油灰	m^3	0.1000	0.1000	0.1000
	锯成材	m^3	0.0010	0.0010	0.0010
	杉槁 3m 以下	根	1.1500	1.1500	1.1500
	扎绑绳	kg	0.6000	0.6000	0.6000
	大麻绳	kg	0.8500	0.8500	0.8500
	其他材料费（占材料费）	%	2.00	2.00	2.00

工作内容：将石构件拆下、按照构件损坏形状套样、制作构件、并缝、对缝、打眼、锚钉、粘接、打磨随形等，露明面修整，清理基层重新安装；石构件拆下包括必要的支顶，搭拆、挪移小型起重架，拆卸石构件运至指定地点编码堆放，带雕刻的构件包括包裹保护。

定额编号			2-1-100	2-1-101	2-1-102	2-1-103	2-1-104	2-1-105
项目			拆安归位					
			额颊、地栿、槫柱（肘板宽）		破子棂窗（窗扇面积）		板棂窗（窗扇面积）	
			10cm 以内	10cm 以外	$1m^2$ 以内	$1m^2$ 以外	$1m^2$ 以内	$1m^2$ 以外
单位			m	m	m^2	m^2	m^2	m^2
名称		单位	消耗量					
人工	合计工日	工日	0.200	0.300	16.600	14.940	15.500	13.900
	石工 普工	工日	0.060	0.090	4.980	4.482	4.650	4.170
	石工 一般技工	工日	0.120	0.180	9.960	8.964	9.300	8.340
	石工 高级技工	工日	0.020	0.030	1.660	1.494	1.550	1.390
材料	麻刀油灰	m^3	0.0200	0.0200	0.1000	0.1000	0.1000	0.1000
	扎绑绳	kg	0.0800	0.0900	0.1200	0.1200	0.1200	0.1200
	其他材料费(占材料费)	%	2.00	2.00	2.00	2.00	2.00	2.00

3. 其　他

工作内容：将石构件拆下、修整并缝、接头缝、下穿钉、打铁箍等，露明面修整，清理基层重新安装；石构件拆下包括必要的支顶，搭拆、挪移小型起重架，拆卸石构件运至指定地点编码堆放，带雕刻的构件包括包裹保护。

计量单位：m^3

定额编号			2-1-106	2-1-107	2-1-108	2-1-109	2-1-110	2-1-111
项目			拆安归位					
			剜凿流盃渠	叠造流盃渠	项子石	水斗子	渠道石	卷輂水窗
名称		单位	消耗量					
人工	合计工日	工日	17.280	15.000	13.500	14.400	16.800	32.500
	石工 普工	工日	5.184	4.500	4.050	4.320	5.040	9.750
	石工 一般技工	工日	10.368	9.000	8.100	8.640	10.080	19.500
	石工 高级技工	工日	1.728	1.500	1.350	1.440	1.680	3.250
材料	麻刀油灰	m^3	1.2000	1.1000	1.2000	1.2000	1.2000	1.5000
	其他材料费(占材料费)	%	2.00	2.00	2.00	2.00	2.00	2.00

工作内容:将石构件拆下、修整并缝、接头缝、下穿钉、打铁箍等,露明面修整,清理基层重新安装;石构件拆下包括必要的支顶,搭拆、挪移小型起重架,拆卸石构件运至指定地点编码堆放,带雕刻的构件包括包裹保护。

计量单位:m^3

定额编号			2-1-112	2-1-113	2-1-114	2-1-115	2-1-116	2-1-117	2-1-118
项目			拆安归位						
			笏头碣(高)				绞龙碑(高)		
			180cm以内	245cm以内	310cm以内	310cm以外	320cm以内	480cm以内	640cm以内
名称		单位	消耗量						
人工	合计工日	工日	18.000	17.000	16.000	15.000	28.000	27.000	26.000
	石工 普工	工日	5.400	5.100	4.800	4.500	8.400	8.100	7.800
	石工 一般技工	工日	10.800	10.200	9.600	9.000	16.800	16.200	15.600
	石工 高级技工	工日	1.800	1.700	1.600	1.500	2.800	2.700	2.600
材料	麻刀油灰	m^3	1.5500	1.7000	1.8000	1.8500	1.8500	1.8500	1.9500
	锯成材	m^3	0.0200	0.0200	0.0200	0.0200	0.0200	0.0200	0.0200
	杉槁 3m 以下	根	8.0000	8.0000	8.0000	8.0000	10.0000	10.0000	10.0000
	扎绑绳	kg	1.2000	1.2000	1.3000	1.3000	1.3000	1.3000	1.4000
	大麻绳	kg	1.5000	1.5000	1.6000	1.6000	1.6000	1.6000	1.7500
	其他材料费(占材料费)	%	2.00	2.00	2.00	2.00	2.00	2.00	2.00

工作内容：将石构件拆下、修整并缝、接头缝、下穿钉、打铁箍等，露明面修整，清理基层重新安装；石构件拆下包括必要的支顶，搭拆、挪移小型起重架，拆卸石构件运至指定地点编码堆放，带雕刻的构件包括包裹保护。 **计量单位**：m^3

定额编号			2-1-119	2-1-120	2-1-121	2-1-122	2-1-123	2-1-124	2-1-125
项目			拆安归位						
			叠涩石	仰莲	合莲	壶门柱	壶门板	束腰	独立叠涩座
名称		单位	消耗量						
人工	合计工日	工日	15.600	18.000	18.000	16.800	15.600	15.600	16.800
	石工 普工	工日	4.680	5.400	5.400	5.040	4.680	4.680	5.040
	石工 一般技工	工日	9.360	10.800	10.800	10.080	9.360	9.360	10.080
	石工 高级技工	工日	1.560	1.800	1.800	1.680	1.560	1.560	1.680
材料	麻刀油灰	m^3	0.3000	0.3000	0.3000	0.4000	0.4000	0.3000	0.3000
	其他材料费(占材料费)	%	2.00	2.00	2.00	2.00	2.00	2.00	2.00

工作内容：将石构件拆下、修整并缝、接头缝、下穿钉、打铁箍等，露明面修整，清理基层重新安装；石构件拆下包括必要的支顶，搭拆、挪移小型起重架，拆卸石构件运至指定地点编码堆放，带雕刻的构件包括包裹保护。

定额编号			2-1-126	2-1-127	2-1-128	2-1-129	2-1-130	2-1-131
项目			拆安归位					
			单钩阑	重台钩阑	望柱(高)			剁斧见新
					120cm以内	150cm以内	150cm以外	
单位			m^2	m^2	根	根	根	m^2
名称		单位	消耗量					
人工	合计工日	工日	3.000	3.600	1.380	1.560	1.680	2.160
	石工 普工	工日	0.900	1.080	0.414	0.468	0.504	0.648
	石工 一般技工	工日	1.800	2.160	0.828	0.936	1.008	1.296
	石工 高级技工	工日	0.300	0.360	0.138	0.156	0.168	0.216
材料	麻刀油灰	m^3	0.5000	0.5000	0.0010	0.0010	0.0010	—
	其他材料费(占材料费)	%	2.00	2.00	2.00	2.00	2.00	—

工作内容:1. 石构件挠洗包括挠净污渍、洗净污痕。
2. 石构件安扒锔和安银锭均包括剔凿卯眼、灌注胶粘剂、安装铁锔或银锭稍。

定额编号			2-1-132	2-1-133	2-1-134	2-1-135	2-1-136	2-1-137
项目			挠洗见新		旧条石截头	旧条石夹肋	下扒锔	下银锭
			素面	雕刻面				
单位			m^2	m^2	块	m	个	个
名称		单位	消耗量					
人工	合计工日	工日	0.960	1.680	0.480	0.960	0.300	0.360
	石工 普工	工日	0.288	0.504	0.144	0.288	0.090	0.108
	石工 一般技工	工日	0.576	1.008	0.288	0.576	0.180	0.216
	石工 高级技工	工日	0.096	0.168	0.048	0.096	0.030	0.036
材料	麻刀油灰	m^3	—	—	—	—	0.1260	0.9400
	其他材料费(占材料费)	%	—	—	—	—	2.00	2.00

二、石构件制作

1. 殿阁、厅堂、余屋类构件

工作内容:选料、画线、剔凿成型、露明面剁斧或打道、褊棱、扁光或粗磨,做接头缝和并缝。 **计量单位**:m^3

定额编号			2-1-138	2-1-139	2-1-140	2-1-141	2-1-142	2-1-143
项目			土衬(厚)			叠涩石(厚)		
			15cm 以内	20cm 以内	20cm 以外	15cm 以内	20cm 以内	20cm 以外
名称		单位	消耗量					
人工	合计工日	工日	33.080	24.110	19.670	46.310	33.740	27.540
	石工 普工	工日	9.924	7.233	5.901	13.893	10.122	8.262
	石工 一般技工	工日	16.540	12.055	9.835	23.155	16.870	13.770
	石工 高级技工	工日	6.616	4.822	3.934	9.262	6.748	5.508
材料	青白石	m^3	1.4970	1.3770	1.3180	1.6250	1.4720	1.3970
	其他材料费(占材料费)	%	0.50	0.50	0.50	0.50	0.50	0.50

工作内容：选料、画线、剔凿成型、露明面剁斧或打道、褊棱、扁光或粗磨，做接头缝和并缝。

定额编号			2-1-144	2-1-145	2-1-146
项目			地面石	线道石	石卧立柣
单位			m^3	m^3	件
名称		单位	消耗量		
人工	合计工日	工日	35.000	23.500	7.500
	石工 普工	工日	10.500	7.050	2.250
	石工 一般技工	工日	17.500	11.750	3.750
	石工 高级技工	工日	7.000	4.700	1.500
材料	青白石	m^3	1.4500	1.4700	0.2600
	其他材料费(占材料费)	%	0.50	0.50	0.50

工作内容：选料、画线、剔凿成型、露明面剁斧或打道、褊棱、扁光或粗磨，做接头缝和并缝。 **计量单位：**m^3

定额编号			2-1-147	2-1-148	2-1-149	2-1-150
项目			压阑石(厚)		角石	
			20cm 以内	20cm 以外	20cm 以内	20cm 以外
名称		单位	消耗量			
人工	合计工日	工日	46.900	39.120	50.040	42.160
	石工 普工	工日	14.070	11.736	15.012	12.648
	石工 一般技工	工日	23.450	19.560	25.020	21.080
	石工 高级技工	工日	9.380	7.824	10.008	8.432
材料	青白石(单体 0.25m^3 以内)	m^3	1.4720	1.3970	1.5100	1.4410
	其他材料费(占材料费)	%	0.50	0.50	0.50	0.50

工作内容：选料、画线、剔凿成型、露明面剁斧或打道、褊棱、扁光或粗磨，做接头缝和并缝。　**计量单位**：m^3

定额编号			2-1-151	2-1-152	2-1-153	2-1-154
项目			角柱(普通阶基)			
			30cm 以内	40cm 以内	50cm 以内	60cm 以内
名称		单位	消耗量			
人工	合计工日	工日	60.980	48.340	38.320	32.520
	石工 普工	工日	18.294	14.502	11.496	9.756
	石工 一般技工	工日	30.490	24.170	19.160	16.260
	石工 高级技工	工日	12.196	9.668	7.664	6.504
材料	青白石(单体 $0.25m^3$ 以内)	m^3	1.5770	1.3710	—	—
	青白石(单体 $0.50m^3$ 以内)	m^3	—	—	1.2950	—
	青白石(单体 $0.75m^3$ 以内)	m^3	—	—	—	1.2610
	其他材料费(占材料费)	%	0.50	0.50	0.50	0.50

工作内容：选料、画线、剔凿成型、露明面剁斧或打道、褊棱、扁光或粗磨，做接头缝和并缝。　**计量单位**：m^3

定额编号			2-1-155	2-1-156	2-1-157	2-1-158
项目			角柱(叠涩座)			
			30cm 以内	40cm 以内	50cm 以内	60cm 以内
名称		单位	消耗量			
人工	合计工日	工日	64.526	53.170	42.150	35.770
	石工 普工	工日	19.358	15.951	12.645	10.731
	石工 一般技工	工日	32.263	26.585	21.075	17.885
	石工 高级技工	工日	12.905	10.634	8.430	7.154
材料	青白石(单体 $0.25m^3$ 以内)	m^3	1.5770	1.3710	—	—
	青白石(单体 $0.50m^3$ 以内)	m^3	—	—	1.2950	—
	青白石(单体 $0.75m^3$ 以内)	m^3	—	—	—	1.2610
	其他材料费(占材料费)	%	0.50	0.50	0.50	0.50

工作内容：选料、画线、剔凿成型、露明面剁斧或打道、褊棱、扁光或粗磨，做接头缝和并缝。 **计量单位**：m^3

定额编号			2-1-159	2-1-160	2-1-161	2-1-162	2-1-163	2-1-164
项目			不带雕饰石方形柱(柱高4m以内)					
			柱径					
			25cm以内	40cm以内	50cm以内	60cm以内	70cm以内	70cm以外
名称		单位	消耗量					
人工	合计工日	工日	76.288	62.840	49.810	42.280	36.500	32.000
	石工 普工	工日	22.886	18.852	14.943	12.684	10.950	9.600
	石工 一般技工	工日	38.144	31.420	24.905	21.140	18.250	16.000
	石工 高级技工	工日	15.258	12.568	9.962	8.456	7.300	6.400
材料	青白石	m^3	1.5770	1.3710	1.2950	1.2610	1.2300	1.2000
	其他材料费(占材料费)	%	0.50	0.50	0.50	0.50	0.50	0.50

工作内容：选料、画线、剔凿成型、露明面剁斧或打道、褊棱、扁光或粗磨，做接头缝和并缝。 **计量单位**：m^3

定额编号			2-1-165	2-1-166	2-1-167	2-1-168	2-1-169	2-1-170
项目			不带雕饰石方形柱(柱高4m～7m)					
			柱径					
			25cm以内	40cm以内	50cm以内	60cm以内	70cm以内	70cm以外
名称		单位	消耗量					
人工	合计工日	工日	70.223	58.000	45.980	39.000	33.500	30.000
	石工 普工	工日	21.067	17.400	13.794	11.700	10.050	9.000
	石工 一般技工	工日	35.111	29.000	22.990	19.500	16.750	15.000
	石工 高级技工	工日	14.045	11.600	9.196	7.800	6.700	6.000
材料	青白石	m^3	1.5770	1.3710	1.3200	1.2610	1.2300	1.2000
	其他材料费(占材料费)	%	0.50	0.50	0.50	0.50	0.50	0.50

工作内容：选料、画线、剔凿成型、露明面剁斧或打道、褊棱、扁光或粗磨，做接头缝和并缝。　**计量单位**：m^3

定额编号			2-1-171	2-1-172	2-1-173	2-1-174	2-1-175	2-1-176
项目			不带雕饰石方形柱(柱高7m以外)					
			柱径					
			25cm以内	40cm以内	50cm以内	60cm以内	70cm以内	70cm以外
名称		单位	消耗量					
人工	合计工日	工日	64.561	53.170	42.150	35.770	30.500	28.300
	石工 普工	工日	19.368	15.951	12.645	10.731	9.150	8.490
	石工 一般技工	工日	32.281	26.585	21.075	17.885	15.250	14.150
	石工 高级技工	工日	12.912	10.634	8.430	7.154	6.100	5.660
材料	青白石	m^3	1.6200	1.5770	1.3710	1.2950	1.2610	1.2330
	其他材料费(占材料费)	%	0.50	0.50	0.50	0.50	0.50	0.50

工作内容：选料、画线、剔凿成型、露明面剁斧或打道、褊棱、扁光或粗磨，做接头缝和并缝。　**计量单位**：m^3

定额编号			2-1-177	2-1-178	2-1-179	2-1-180	2-1-181	2-1-182
项目			不带雕饰石圆形柱(柱高4m以内)					
			柱径					
			25cm以内	40cm以内	50cm以内	60cm以内	70cm以内	70cm以外
名称		单位	消耗量					
人工	合计工日	工日	82.171	67.680	53.650	45.530	41.200	38.000
	石工 普工	工日	24.651	20.304	16.095	13.659	12.360	11.400
	石工 一般技工	工日	41.086	33.840	26.825	22.765	20.600	19.000
	石工 高级技工	工日	16.434	13.536	10.730	9.106	8.240	7.600
材料	青白石	m^3	1.7800	1.5600	1.4700	1.3650	1.2560	1.2200
	其他材料费(占材料费)	%	0.50	0.50	0.50	0.50	0.50	0.50

工作内容：选料、画线、剔凿成型、露明面剁斧或打道、褊棱、扁光或粗磨，做接头缝和并缝。　　**计量单位**：m^3

定额编号			2-1-183	2-1-184	2-1-185	2-1-186	2-1-187	2-1-188
项目			不带雕饰石圆形柱(柱高4m～7m)					
			柱径					
			25cm以内	40cm以内	50cm以内	60cm以内	70cm以内	70cm以外
名称		单位	消耗量					
人工	合计工日	工日	76.356	62.840	49.820	42.280	37.300	33.500
	石工 普工	工日	22.907	18.852	14.946	12.684	11.190	10.050
	石工 一般技工	工日	38.178	31.420	24.910	21.140	18.650	16.750
	石工 高级技工	工日	15.271	12.568	9.964	8.456	7.460	6.700
材料	青白石	m^3	1.8300	1.7500	1.6000	1.5770	1.3710	1.2950
	其他材料费(占材料费)	%	0.50	0.50	0.50	0.50	0.50	0.50

工作内容：选料、画线、剔凿成型、露明面剁斧或打道、褊棱、扁光或粗磨，做接头缝和并缝。　　**计量单位**：m^3

定额编号			2-1-189	2-1-190	2-1-191	2-1-192	2-1-193	2-1-194
项目			不带雕饰石圆形柱(柱高7m以外)					
			柱径					
			25cm以内	40cm以内	50cm以内	60cm以内	70cm以内	70cm以外
名称		单位	消耗量					
人工	合计工日	工日	70.431	58.000	45.980	39.020	35.300	31.200
	石工 普工	工日	21.129	17.400	13.794	11.706	10.590	9.360
	石工 一般技工	工日	35.216	29.000	22.990	19.510	17.650	15.600
	石工 高级技工	工日	14.086	11.600	9.196	7.804	7.060	6.240
材料	青白石	m^3	1.8800	1.7600	1.6220	1.5770	1.3710	1.2950
	其他材料费(占材料费)	%	0.50	0.50	0.50	0.50	0.50	0.50

工作内容:选料、画线、剔凿成型、露明面剁斧或打道、褊棱、扁光或粗磨,做接头缝和并缝。

定额编号			2-1-195	2-1-196	2-1-197	2-1-198	2-1-199	2-1-200
项目			石榥(径)				石脊(脊高)	
			40cm以内	55cm以内	70cm以内	70cm以外	20cm以内	20cm以外
单位			m^3	m^3	m^3	m^3	m	m
名称		单位	消耗量					
人工	合计工日	工日	43.420	40.400	29.560	24.990	5.740	4.520
	石工 普工	工日	13.026	12.120	8.868	7.497	1.722	1.356
	石工 一般技工	工日	21.710	20.200	14.780	12.495	2.870	2.260
	石工 高级技工	工日	8.684	8.080	5.912	4.998	1.148	0.904
材料	青白石(单体0.25m^3以内)	m^3	1.4280	1.3600	1.2620	—	0.0600	0.0500
	青白石(单体0.50m^3以内)	m^3	—	—	—	1.2240	—	—
	其他材料费(占材料费)	%	0.50	0.50	0.50	0.50	0.50	0.50

工作内容:选料、画线、剔凿成型、露明面剁斧或打道、褊棱、扁光或粗磨,做接头缝和并缝。

定额编号			2-1-201	2-1-202	2-1-203	2-1-204
项目			踏道副子	踏道		象眼
				副子踏道	如意踏道	
单位			m^2	m^2	m^2	m^3
名称		单位	消耗量			
人工	合计工日	工日	11.220	7.380	9.200	37.120
	石工 普工	工日	3.366	2.214	2.760	11.136
	石工 一般技工	工日	5.610	3.690	4.600	18.560
	石工 高级技工	工日	2.244	1.476	1.840	7.424
材料	青白石(单体0.25m^3以内)	m^3	0.2470	0.2390	0.2390	1.5600
	其他材料费(占材料费)	%	0.50	0.50	0.50	0.50

工作内容:选料、画线、剔凿成型、露明面剁斧或打道、褊棱、扁光或粗磨,做接头缝和并缝。 **计量单位**:m³

定额编号			2-1-205	2-1-206	2-1-207	2-1-208	2-1-209	2-1-210	2-1-211
项目			方柱础(见方)						
			60cm以内	70cm以内	80cm以内	90cm以内	100cm以内	110cm以内	110cm以外
	名称	单位	消耗量						
人工	合计工日	工日	36.936	29.160	24.300	15.650	14.900	14.250	13.740
	石工 普工	工日	11.081	8.748	7.290	4.695	4.470	4.275	4.122
	石工 一般技工	工日	18.468	14.580	12.150	7.825	7.450	7.125	6.870
	石工 高级技工	工日	7.387	5.832	4.860	3.130	2.980	2.850	2.748
材料	青白石(单体0.25m³ 以内)	m³	1.2840	1.2620	—	—	—	—	—
	青白石(单体0.50m³ 以内)	m³	—	—	1.2240	—	—	—	—
	青白石(单体0.75m³ 以内)	m³	—	—	—	1.2000	1.1910	—	—
	青白石(单体1.00m³ 以内)	m³	—	—	—	—	—	1.1760	—
	青白石(单体1.00m³ 以外)	m³	—	—	—	—	—	—	1.1360
	其他材料费(占材料费)	%	0.50	0.50	0.50	0.50	0.50	0.50	0.50

工作内容:选料、画线、剔凿成型、露明面剁斧或打道、褊棱、扁光或粗磨,做接头缝和并缝。 **计量单位**:m³

定额编号			2-1-212	2-1-213	2-1-214	2-1-215	2-1-216	2-1-217	2-1-218
项目			素平覆盆柱础(见方)						
			60cm以内	70cm以内	80cm以内	90cm以内	100cm以内	110cm以内	110cm以外
	名称	单位	消耗量						
人工	合计工日	工日	30.960	29.560	24.990	22.160	20.550	18.830	17.840
	石工 普工	工日	9.288	8.868	7.497	6.648	6.165	5.649	5.352
	石工 一般技工	工日	15.480	14.780	12.495	11.080	10.275	9.415	8.920
	石工 高级技工	工日	6.192	5.912	4.998	4.432	4.110	3.766	3.568
材料	青白石(单体0.25m³ 以内)	m³	1.2840	1.2620	—	—	—	—	—
	青白石(单体0.50m³ 以内)	m³	—	—	1.2240	—	—	—	—
	青白石(单体0.75m³ 以内)	m³	—	—	—	1.2000	1.1910	—	—
	青白石(单体1.00m³ 以内)	m³	—	—	—	—	—	1.1760	—
	青白石(单体1.00m³ 以外)	m³	—	—	—	—	—	—	1.1640
	其他材料费(占材料费)	%	0.50	0.50	0.50	0.50	0.50	0.50	0.50

工作内容：选料、画线、剔凿成型、露明面剁斧或打道、褊棱、扁光或粗磨，做接头缝和并缝。　**计量单位：**块

定额编号			2-1-219	2-1-220	2-1-221	2-1-222	2-1-223	2-1-224
项目			剔地起突门砧石(长)				素平门砧石(长)	
			70cm以内	80cm以内	100cm以内	120cm以内	70cm以内	80cm以内
名称		单位	消耗量					
人工	合计工日	工日	14.980	25.980	37.400	51.350	4.800	7.500
	石工 普工	工日	4.494	7.794	11.220	15.405	1.440	2.250
	石工 一般技工	工日	7.490	12.990	18.700	25.675	2.400	3.750
	石工 高级技工	工日	2.996	5.196	7.480	10.270	0.960	1.500
材料	青白石(单体0.25m^3以内)	m^3	0.0680	0.1230	0.1950	—	0.0680	0.1230
	青白石(单体0.50m^3以内)	m^3	—	—	—	0.3120	—	—
	其他材料费(占材料费)	%	0.50	0.50	0.50	0.50	0.50	0.50

工作内容：选料、画线、剔凿成型、露明面剁斧或打道、褊棱、扁光或粗磨，做接头缝和并缝。　**计量单位：**块

定额编号			2-1-225	2-1-226	2-1-227	2-1-228	2-1-229	2-1-230	2-1-231
项目			素平门砧石(长)		止扉石(长)		素平门限石(长)		
			100cm以内	120cm以内	70cm以内	100cm以内	110cm以内	130cm以内	160cm以内
名称		单位	消耗量						
人工	合计工日	工日	10.860	14.890	1.610	2.870	1.960	2.940	4.500
	石工 普工	工日	3.258	4.467	0.483	0.861	0.588	0.882	1.350
	石工 一般技工	工日	5.430	7.445	0.805	1.435	0.980	1.470	2.250
	石工 高级技工	工日	2.172	2.978	0.322	0.574	0.392	0.588	0.900
材料	青白石(单体0.25m^3以内)	m^3	0.1950	—	0.0670	0.1420	0.0770	0.1320	0.2330
	青白石(单体0.50m^3以内)	m^3	—	0.3120	—	—	—	—	—
	其他材料费(占材料费)	%	0.50	0.50	0.50	0.50	0.50	0.50	0.50

2. 石塔类构件

工作内容:选料、画线、剔凿成型、露明面剁斧或打道、褊棱、扁光或粗磨,做接头缝和并缝。 **计量单位**:朵

定额编号			2-1-232	2-1-233	2-1-234	2-1-235	2-1-236	2-1-237
项目			石铺作			石铺作(半壁)		
			柱头、补间					
			斗口跳	四铺作	五铺作	斗口跳	四铺作	五铺作
名称		单位	消耗量					
人工	合计工日	工日	11.950	28.670	49.400	7.170	17.400	29.000
	石工 普工	工日	2.390	5.734	9.880	1.434	3.480	5.800
	石工 一般技工	工日	7.170	17.202	29.640	4.302	10.440	17.400
	石工 高级技工	工日	2.390	5.734	9.880	1.434	3.480	5.800
材料	青白石	m^3	0.2500	0.6200	1.1200	0.1300	0.3100	0.5600
	其他材料费(占材料费)	%	0.50	0.50	0.50	0.50	0.50	0.50

工作内容:选料、画线、剔凿成型、露明面剁斧或打道、褊棱、扁光或粗磨,做接头缝和并缝。 **计量单位**:朵

定额编号			2-1-238	2-1-239	2-1-240	2-1-241	2-1-242	2-1-243
项目			石铺作			石铺作(半壁)		
			转角					
			斗口跳	四铺作	五铺作	斗口跳	四铺作	五铺作
名称		单位	消耗量					
人工	合计工日	工日	22.000	58.000	98.800	11.500	34.800	59.280
	石工 普工	工日	4.400	11.600	19.760	2.300	6.960	11.856
	石工 一般技工	工日	13.200	34.800	59.280	6.900	20.880	35.568
	石工 高级技工	工日	4.400	11.600	19.760	2.300	6.960	11.856
材料	青白石	m^3	0.4000	1.4800	2.4200	0.2000	0.7600	1.3000
	其他材料费(占材料费)	%	0.50	0.50	0.50	0.50	0.50	0.50

工作内容：选料、画线、剔凿成型、露明面剁斧或打道、褊棱、扁光或粗磨，做接头缝和并缝。 **计量单位**：m^3

定额编号			2-1-244	2-1-245	2-1-246	2-1-247	2-1-248	2-1-249
项目			石阑额(额高)			石普拍枋(枋高)		
			30cm 以内	40cm 以内	50cm 以内	50cm 以外	20cm 以内	20cm 以外
名称		单位	消耗量					
人工	合计工日	工日	46.900	39.120	35.700	31.260	40.260	34.650
	石工 普工	工日	14.070	11.736	10.710	9.378	12.078	10.395
	石工 一般技工	工日	23.450	19.560	17.850	15.630	20.130	17.325
	石工 高级技工	工日	9.380	7.824	7.140	6.252	8.052	6.930
材料	青白石	m^3	1.4970	1.3970	1.2800	1.2250	1.4720	1.3970
	其他材料费(占材料费)	%	0.50	0.50	0.50	0.50	0.50	0.50

工作内容：选料、画线、剔凿成型、露明面剁斧或打道、褊棱、扁光或粗磨，做接头缝和并缝。 **计量单位**：m^3

定额编号			2-1-250	2-1-251	2-1-252	2-1-253
项目			石角梁(梁高)		石生头木(高)	
			15cm 以内	15cm 以外	15cm 以内	15cm 以外
名称		单位	消耗量			
人工	合计工日	工日	55.050	50.040	46.900	39.120
	石工 普工	工日	16.515	15.012	14.070	11.736
	石工 一般技工	工日	27.525	25.020	23.450	19.560
	石工 高级技工	工日	11.010	10.008	9.380	7.824
材料	青白石	m^3	1.5100	1.4410	1.5100	1.4410
	其他材料费(占材料费)	%	0.50	0.50	0.50	0.50

工作内容：选料、画线、剔凿成型、露明面剁斧或打道、褊棱、扁光或粗磨，做接头缝和并缝。 计量单位：m^3

定额编号			2-1-254	2-1-255	2-1-256	2-1-257	2-1-258	2-1-259
项目			石相轮(高)			火焰宝珠(径)		
			120cm以内	160cm以内	160cm以外	50cm以内	70cm以内	70cm以外
名称		单位	消耗量					
人工	合计工日	工日	72.800	63.500	54.600	89.900	67.480	57.590
	石工 普工	工日	21.840	19.050	16.380	26.970	20.244	17.277
	石工 一般技工	工日	36.400	31.750	27.300	44.950	33.740	28.795
	石工 高级技工	工日	14.560	12.700	10.920	17.980	13.496	11.518
材料	青白石	m^3	1.5770	1.3710	1.2950	1.4800	1.3600	1.2840
	其他材料费(占材料费)	%	0.50	0.50	0.50	0.50	0.50	0.50

工作内容：选料、画线、剔凿成型、露明面剁斧或打道、褊棱、扁光或粗磨，做接头缝和并缝。 计量单位：m^3

定额编号			2-1-260	2-1-261	2-1-262	2-1-263	2-1-264	2-1-265
项目			覆钵(径)			受花(径)		
			80cm以内	120cm以内	120cm以外	50cm以内	70cm以内	70cm以外
名称		单位	消耗量					
人工	合计工日	工日	46.500	40.300	33.700	45.800	41.200	36.400
	石工 普工	工日	13.950	12.090	10.110	13.740	12.360	10.920
	石工 一般技工	工日	23.250	20.150	16.850	22.900	20.600	18.200
	石工 高级技工	工日	9.300	8.060	6.740	9.160	8.240	7.280
材料	青白石	m^3	1.4280	1.3600	1.2840	1.3600	1.2840	1.2620
	其他材料费(占材料费)	%	0.50	0.50	0.50	0.50	0.50	0.50

工作内容：选料、画线、剔凿成型、露明面剁斧或打道、褊棱、扁光或粗磨，做接头缝和并缝。　**计量单位**：m^3

定额编号			2-1-266	2-1-267	2-1-268	2-1-269	2-1-270	2-1-271
项目			石伞盖(径)			石露盘(径)		
			60cm以内	70cm以内	70cm以外	60cm以内	100cm以内	100cm以外
名称		单位	消耗量					
人工	合计工日	工日	35.960	34.560	29.860	30.960	25.600	22.400
	石工 普工	工日	10.788	10.368	8.958	9.288	7.680	6.720
	石工 一般技工	工日	17.980	17.280	14.930	15.480	12.800	11.200
	石工 高级技工	工日	7.192	6.912	5.972	6.192	5.120	4.480
材料	青白石	m^3	1.3850	1.3520	1.3240	1.2840	1.2360	1.2130
	其他材料费(占材料费)	%	0.50	0.50	0.50	0.50	0.50	0.50

工作内容：选料、画线、剔凿成型、露明面剁斧或打道、褊棱、扁光或粗磨，做接头缝和并缝。　**计量单位**：m^3

定额编号			2-1-272	2-1-273	2-1-274
项目			石椽飞檐	铺首门环门	石乳钉门
名称		单位	消耗量		
人工	合计工日	工日	72.600	76.870	82.700
	石工 普工	工日	21.780	23.061	24.810
	石工 一般技工	工日	36.300	38.435	41.350
	石工 高级技工	工日	14.520	15.374	16.540
材料	青白石	m^3	1.3600	1.2240	1.2620
	其他材料费(占材料费)	%	0.50	0.50	0.50

工作内容:选料、画线、剔凿成型、露明面剁斧或打道、褊棱、扁光或粗磨,做接头缝和并缝。 **计量单位**:m²

定额编号			2-1-275	2-1-276	2-1-277
项目			石板门门扇(门厚)		
			6cm 以内	8cm 以内	8cm 以外
名称		单位	消耗量		
人工	合计工日	工日	35.600	32.200	30.400
	石工 普工	工日	10.680	9.660	9.120
	石工 一般技工	工日	17.800	16.100	15.200
	石工 高级技工	工日	7.120	6.440	6.080
材料	青白石	m³	0.0800	0.1100	0.1600
	其他材料费(占材料费)	%	0.50	0.50	0.50

工作内容:选料、画线、剔凿成型、露明面剁斧或打道、褊棱、扁光或粗磨,做接头缝和并缝。

定额编号			2-1-278	2-1-279	2-1-280	2-1-281	2-1-282	2-1-283
项目			额颊、地栿、槫柱(肘板宽)		破子棂窗(窗扇面积)		板棂窗(窗扇面积)	
			10cm 以内	10cm 以外	1m² 以内	1m² 以外	1m² 以内	1m² 以外
单位			m	m	m²	m²	m²	m²
名称		单位	消耗量					
人工	合计工日	工日	0.620	0.570	37.300	34.200	35.780	32.160
	石工 普工	工日	0.186	0.171	11.190	10.260	10.734	9.648
	石工 一般技工	工日	0.310	0.285	18.650	17.100	17.890	16.080
	石工 高级技工	工日	0.124	0.114	7.460	6.840	7.156	6.432
材料	青白石	m³	0.0220	0.0285	0.1400	0.1400	0.1350	0.1350
	其他材料费(占材料费)	%	0.50	0.50	0.50	0.50	0.50	0.50

3.其　　他

工作内容:选料、画线、剔凿成型、露明面剁斧或打道、褊棱、扁光或粗磨,做接头缝和并缝。

定额编号			2-1-284	2-1-285	2-1-286	2-1-287	2-1-288	2-1-289
项目			剜凿流盃渠	叠造流盃渠	笏头碣			
					碣座(高)			
					30cm以内	42cm以内	52cm以内	52cm以外
单位			m^3	m^3	个	个	个	个
名称		单位	消耗量					
人工	合计工日	工日	48.220	39.320	11.190	15.180	19.170	21.170
	石工 普工	工日	14.466	11.796	3.357	4.554	5.751	6.351
	石工 一般技工	工日	24.110	19.660	5.595	7.590	9.585	10.585
	石工 高级技工	工日	9.644	7.864	2.238	3.036	3.834	4.234
材料	青白石	m^3	1.3770	1.3180	0.3382	0.4590	0.5797	0.6401
	其他材料费(占材料费)	%	0.50	0.50	0.50	0.50	0.50	0.50

工作内容:选料、画线、剔凿成型、露明面剁斧或打道、褊棱、扁光或粗磨,做接头缝和并缝。　　**计量单位:**个

定额编号			2-1-290	2-1-291	2-1-292	2-1-293
项目			笏头碣			
			碣身(高)			
			150cm以内	210cm以内	260cm以内	260cm以外
名称		单位	消耗量			
人工	合计工日	工日	34.120	46.300	58.500	64.580
	石工 普工	工日	10.236	13.890	17.550	19.374
	石工 一般技工	工日	17.060	23.150	29.250	32.290
	石工 高级技工	工日	6.824	9.260	11.700	12.916
材料	青白石	m^3	0.7214	0.9872	1.2473	1.3769
	其他材料费(占材料费)	%	0.50	0.50	0.50	0.50

工作内容：选料、画线、剔凿成型、露明面剁斧或打道、褊棱、扁光或粗磨，做接头缝和并缝。 **计量单位**：个

定额编号			2-1-294	2-1-295	2-1-296	2-1-297	2-1-298	2-1-299
项目			绞龙碑					
			碑座(高)					
			74cm以内	96cm以内	111cm以内	133cm以内	148cm以内	148cm以外
名称		单位	消耗量					
人工	合计工日	工日	104.350	135.660	156.530	187.840	208.700	240.010
	石工 普工	工日	31.305	40.698	46.959	56.352	62.610	72.003
	石工 一般技工	工日	52.175	67.830	78.265	93.920	104.350	120.005
	石工 高级技工	工日	20.870	27.132	31.306	37.568	41.740	48.002
材料	青白石	m^3	3.2089	4.1715	4.8133	5.7760	6.4177	7.3804
	其他材料费(占材料费)	%	0.50	0.50	0.50	0.50	0.50	0.50

工作内容：选料、画线、剔凿成型、露明面剁斧或打道、褊棱、扁光或粗磨，做接头缝和并缝。 **计量单位**：个

定额编号			2-1-300	2-1-301	2-1-302	2-1-303	2-1-304	2-1-305
项目			绞龙碑					
			碑身(高)					
			165cm以内	215cm以内	250cm以内	296cm以内	330cm以内	330cm以外
名称		单位	消耗量					
人工	合计工日	工日	53.370	69.390	80.060	96.070	106.750	122.760
	石工 普工	工日	16.011	20.817	24.018	28.821	32.025	36.828
	石工 一般技工	工日	26.685	34.695	40.030	48.035	53.375	61.380
	石工 高级技工	工日	10.674	13.878	16.012	19.214	21.350	24.552
材料	青白石	m^3	1.0666	1.3866	1.5999	1.9199	2.1332	2.4532
	其他材料费(占材料费)	%	0.50	0.50	0.50	0.50	0.50	0.50

工作内容：选料、画线、剔凿成型、露明面剁斧或打道、褊棱、扁光或粗磨，做接头缝和并缝。　**计量单位**：个

定额编号			2-1-306	2-1-307	2-1-308	2-1-309	2-1-310	2-1-311
项目			绞龙碑					
			云盘(高)					
			10cm以内	13cm以内	15cm以内	18cm以内	20cm以内	20cm以外
名称		单位	消耗量					
人工	合计工日	工日	8.470	11.020	12.710	15.240	17.500	20.600
	石工 普工	工日	2.541	3.306	3.813	4.572	5.250	6.180
	石工 一般技工	工日	4.235	5.510	6.355	7.620	8.750	10.300
	石工 高级技工	工日	1.694	2.204	2.542	3.048	3.500	4.120
材料	青白石	m^3	0.1805	0.2347	0.2708	0.3249	0.3610	0.4152
	其他材料费(占材料费)	%	0.50	0.50	0.50	0.50	0.50	0.50

工作内容：选料、画线、剔凿成型、露明面剁斧或打道、褊棱、扁光或粗磨，做接头缝和并缝。　**计量单位**：个

定额编号			2-1-312	2-1-313	2-1-314	2-1-315	2-1-316	2-1-317
项目			绞龙碑					
			碑首(高)					
			73cm以内	94cm以内	110cm以内	130cm以内	145cm以内	145cm以外
名称		单位	消耗量					
人工	合计工日	工日	30.920	40.190	46.370	55.650	61.830	71.110
	石工 普工	工日	9.276	12.057	13.911	16.695	18.549	21.333
	石工 一般技工	工日	15.460	20.095	23.185	27.825	30.915	35.555
	石工 高级技工	工日	6.184	8.038	9.274	11.130	12.366	14.222
材料	青白石	m^3	0.6592	0.8569	0.9888	1.1865	1.3184	1.5161
	其他材料费(占材料费)	%	0.50	0.50	0.50	0.50	0.50	0.50

工作内容：选料、画线、剔凿成型、露明面剁斧或打道、褊棱、扁光或粗磨，做接头缝和并缝。

定额编号			2-1-318	2-1-319	2-1-320	2-1-321	2-1-322
项目			石平座	石兽头(高)			
				15cm 以内	30cm 以内	60cm 以内	60cm 以外
单位			m^3	个	个	个	个
名称		单位	消耗量				
人工	合计工日	工日	35.920	19.847	26.513	33.733	45.180
	石工 普工	工日	10.776	5.954	7.954	10.120	13.554
	石工 一般技工	工日	17.960	9.924	13.257	16.867	22.590
	石工 高级技工	工日	7.184	3.969	5.303	6.747	9.036
材料	青白石	m^3	1.3650	0.1100	0.2900	0.6700	1.1600
	其他材料费(占材料费)	%	0.50	0.50	0.50	0.50	0.50

工作内容：选料、画线、剔凿成型、露明面剁斧或打道、褊棱、扁光或粗磨，做接头缝和并缝。　**计量单位**：m^3

定额编号			2-1-323	2-1-324	2-1-325	2-1-326
项目			项子石	水斗子	渠道石	卷輂水窗
名称		单位	消耗量			
人工	合计工日	工日	32.600	33.520	26.700	48.260
	石工 普工	工日	9.780	10.056	8.010	14.478
	石工 一般技工	工日	16.300	16.760	13.350	24.130
	石工 高级技工	工日	6.520	6.704	5.340	9.652
材料	青白石	m^3	1.4650	1.4720	1.3970	1.6250
	其他材料费(占材料费)	%	0.50	0.50	0.50	0.50

工作内容：选料、画线、剔凿成型、露明面剁斧或打道、褊棱、扁光或粗磨，做接头缝和并缝。

定额编号			2-1-327	2-1-328	2-1-329	2-1-330	2-1-331	2-1-332	2-1-333
项目			独立叠涩座(高)			钩阑(高)	重台钩阑(高)	素四方头望柱(高)	
			70cm以内	100cm以内	130cm以内	120cm以内	130cm以内	150cm以内	150cm以外
单位			m^3	m^3	m^3	m^2	m^2	m^3	m^3
名称		单位	消耗量						
人工	合计工日	工日	311.170	271.820	259.720	38.290	53.740	126.800	105.350
	石工 普工	工日	93.351	81.546	77.916	11.487	16.122	38.040	31.605
	石工 一般技工	工日	155.585	135.910	129.860	19.145	26.870	63.400	52.675
	石工 高级技工	工日	62.234	54.364	51.944	7.658	10.748	25.360	21.070
材料	汉白玉	m^3	1.2600	1.1800	1.1400	—	—	—	—
	青白石(单体0.25m^3以内)	m^3	—	—	—	0.1600	0.2120	—	—
	青白石(单体0.50m^3以内)	m^3	—	—	—	—	—	1.4240	1.4180
	其他材料费(占材料费)	%	0.50	0.50	0.50	0.50	0.50	0.50	0.50

工作内容：选料、打荒、找规矩、画线、绘制图样、剔凿成型、露明面剁斧或打道、褊棱、扁光或粗磨，做接头缝和并缝。

计量单位：m^3

定额编号			2-1-334	2-1-335	2-1-336	2-1-337
项目			狮子头望柱(高)		石榴头望柱(高)	
			150cm以内	150cm以外	150cm以内	150cm以外
名称		单位	消耗量			
人工	合计工日	工日	398.180	382.310	254.770	243.830
	石工 普工	工日	119.454	114.693	76.431	73.149
	石工 一般技工	工日	199.090	191.155	127.385	121.915
	石工 高级技工	工日	79.636	76.462	50.954	48.766
材料	青白石(单体0.50m^3以内)	m^3	1.4240	1.4180	1.4240	1.4180
	其他材料费(占材料费)	%	0.50	0.50	0.50	0.50

三、石构件安装

1. 殿阁、厅堂、余屋类构件

工作内容：准备工具、支顶、安全监护、成品保护、调制灰浆、修理接头缝和并缝、就位、垫塞稳安、灌浆及搭拆、挪移小型起重架。

计量单位：m^3

定额编号			2-1-338	2-1-339	2-1-340	2-1-341	2-1-342	2-1-343	2-1-344
项目			土衬	叠涩石	角柱		压阑石	角石	象眼
					普通阶基	叠涩座			
名称		单位	消耗量						
人工	合计工日	工日	12.000	12.600	15.600	18.600	14.400	15.600	12.600
	石工 普工	工日	3.600	3.780	4.680	5.580	4.320	4.680	3.780
	石工 一般技工	工日	6.000	6.300	7.800	9.300	7.200	7.800	6.300
	石工 高级技工	工日	2.400	2.520	3.120	3.720	2.880	3.120	2.520
材料	白灰浆	m^3	0.2000	0.2500	0.2500	0.2500	0.2500	0.2500	0.2500
	麻刀油灰	m^3	0.0020	0.0020	0.0020	0.0020	0.0020	0.0020	0.0020
	铅板	kg	—	0.3500	0.3500	0.3500	—	—	0.3500
	其他材料费(占材料费)	%	2.00	2.00	2.00	2.00	2.00	2.00	2.00

工作内容：准备工具、支顶、安全监护、成品保护、调制灰浆、修理接头缝和并缝、就位、垫塞稳安、灌浆及搭拆、挪移小型起重架。

定额编号			2-1-345	2-1-346	2-1-347	2-1-348	2-1-349	2-1-350	2-1-351
项目			地面石	线道石	卷輂水窗	石卧立柣	石椽飞檐	铺首门环	石乳钉
单位			m^3	m^3	m^3	件	m	m^2	m^2
名称		单位	消耗量						
人工	合计工日	工日	12.600	13.200	16.600	1.260	6.200	4.200	0.500
	石工 普工	工日	3.780	3.960	4.980	0.378	1.860	1.260	0.150
	石工 一般技工	工日	6.300	6.600	8.300	0.630	3.100	2.100	0.250
	石工 高级技工	工日	2.520	2.640	3.320	0.252	1.240	0.840	0.100
材料	白灰浆	m^3	0.2800	0.2800	0.2800	0.2500	—	—	—
	麻刀油灰	m^3	0.0200	0.0200	0.0200	0.0200	0.3700	0.2200	0.0160
	其他材料费(占材料费)	%	2.00	2.00	2.00	2.00	2.00	2.00	2.00

工作内容：准备工具、支顶、安全监护、成品保护、调制灰浆、修理接头缝和并缝、就位、垫塞稳安、灌浆及搭拆、挪移小型起重架。

计量单位：m^3

定额编号			2-1-352	2-1-353	2-1-354	2-1-355	2-1-356	2-1-357
项目			方形柱、圆形柱、梭柱、梅花柱吊装(柱高7m以内)					
			柱径					
			25cm以内	40cm以内	50cm以内	60cm以内	70cm以内	70cm以外
名称		单位	消耗量					
人工	合计工日	工日	16.500	15.320	14.120	13.330	11.260	10.600
	石工 普工	工日	4.950	4.596	4.236	3.999	3.378	3.180
	石工 一般技工	工日	8.250	7.660	7.060	6.665	5.630	5.300
	石工 高级技工	工日	3.300	3.064	2.824	2.666	2.252	2.120
材料	麻刀油灰	m^3	0.1800	0.1800	0.1600	0.1600	0.1500	0.1400
	铅板	kg	0.4200	0.4600	0.5000	0.6200	0.6200	0.6200
	其他材料费(占材料费)	%	2.00	2.00	2.00	2.00	2.00	2.00

工作内容：准备工具、支顶、安全监护、成品保护、调制灰浆、修理接头缝和并缝、就位、垫塞稳安、灌浆及搭拆、挪移小型起重架。

定额编号			2-1-358	2-1-359	2-1-360	2-1-361	2-1-362	2-1-363
项目			石榥(径)				石脊(脊高)	
			40cm以内	55cm以内	70cm以内	70cm以外	20cm以内	20cm以外
单位			m^3	m^3	m^3	m^3	m	m
名称		单位	消耗量					
人工	合计工日	工日	12.000	11.200	10.300	9.260	1.600	1.380
	石工 普工	工日	3.600	3.360	3.090	2.778	0.480	0.414
	石工 一般技工	工日	6.000	5.600	5.150	4.630	0.800	0.690
	石工 高级技工	工日	2.400	2.240	2.060	1.852	0.320	0.276
材料	麻刀油灰	m^3	0.1800	0.1600	0.1400	0.1200	0.1200	0.1100
	其他材料费(占材料费)	%	2.00	2.00	2.00	2.00	2.00	2.00

工作内容：准备工具、支顶、安全监护、成品保护、调制灰浆、修理接头缝和并缝、就位、垫塞稳安、灌浆及搭拆、挪移小型起重架。

计量单位：块

定额编号			2-1-364	2-1-365	2-1-366	2-1-367	2-1-368	2-1-369	2-1-370
项目			门砧石(长)			门限石(长)		止扉石(长)	
			70cm以内	100cm以内	100cm以外	130cm以内	130cm以外	70cm以内	70cm以外
名称		单位	消耗量						
人工	合计工日	工日	1.080	1.560	2.160	1.800	2.400	0.840	1.200
	石工 普工	工日	0.324	0.468	0.648	0.540	0.720	0.252	0.360
	石工 一般技工	工日	0.540	0.780	1.080	0.900	1.200	0.420	0.600
	石工 高级技工	工日	0.216	0.312	0.432	0.360	0.480	0.168	0.240
材料	麻刀油灰	m^3	0.0040	0.0050	0.0070	0.2100	0.2600	0.2600	0.2100
	其他材料费(占材料费)	%	2.00	2.00	2.00	2.00	2.00	2.00	2.00

工作内容：准备工具、支顶、安全监护、成品保护、调制灰浆、修理接头缝和并缝、就位、垫塞稳安、灌浆及搭拆、挪移小型起重架。

定额编号			2-1-371	2-1-372	2-1-373	2-1-374	2-1-375
项目			柱础安装(见方)			踏道	
			70cm 以内	120cm 以内	120cm 以外	副子	如意
单位			m^3	m^3	m^3	m^2	m^2
名称		单位	消耗量				
人工	合计工日	工日	12.000	11.400	10.800	2.280	2.160
	石工 普工	工日	3.600	3.420	3.240	0.684	0.648
	石工 一般技工	工日	6.000	5.700	5.400	1.140	1.080
	石工 高级技工	工日	2.400	2.280	2.160	0.456	0.432
材料	麻刀油灰	m^3	0.3200	0.2500	0.2100	0.0530	0.0530
	其他材料费(占材料费)	%	2.00	2.00	2.00	2.00	2.00

2. 石塔类构件

工作内容：准备工具、支顶、安全监护、成品保护、调制灰浆、修理接头缝和并缝、就位、垫塞稳安、灌浆及搭拆、挪移小型起重架。

计量单位：朵

定额编号			2-1-376	2-1-377	2-1-378	2-1-379	2-1-380	2-1-381
项目			石铺作			石铺作(半壁)		
			柱头					
			斗口跳	四铺作	五铺作	斗口跳	四铺作	五铺作
名称		单位	消耗量					
人工	合计工日	工日	3.050	5.600	8.500	1.560	3.000	4.500
	石工 普工	工日	0.915	1.680	2.550	0.468	0.900	1.350
	石工 一般技工	工日	1.525	2.800	4.250	0.780	1.500	2.250
	石工 高级技工	工日	0.610	1.120	1.700	0.312	0.600	0.900
材料	麻刀油灰	m^3	0.0430	0.0700	0.1800	0.0280	0.0350	0.1000
	其他材料费(占材料费)	%	2.00	2.00	2.00	2.00	2.00	2.00

工作内容:准备工具、支顶、安全监护、成品保护、调制灰浆、修理接头缝和并缝、就位、垫塞稳安、灌浆及搭拆挪移小型起重架。

计量单位:朵

定额编号			2-1-382	2-1-383	2-1-384	2-1-385	2-1-386	2-1-387
项目			石铺作			石铺作(半壁)		
			补间					
			斗口跳	四铺作	五铺作	斗口跳	四铺作	五铺作
名称		单位	消耗量					
人工	合计工日	工日	3.600	6.200	9.000	1.800	3.200	4.700
	石工 普工	工日	1.080	1.860	2.700	0.540	0.960	1.410
	石工 一般技工	工日	1.800	3.100	4.500	0.900	1.600	2.350
	石工 高级技工	工日	0.720	1.240	1.800	0.360	0.640	0.940
材料	麻刀油灰	m^3	0.0430	0.0700	0.1800	0.0280	0.0350	0.1000
	其他材料费(占材料费)	%	2.00	2.00	2.00	2.00	2.00	2.00

工作内容:准备工具、支顶、安全监护、成品保护、调制灰浆、修理接头缝和并缝、就位、垫塞稳安、灌浆及搭拆挪移小型起重架。

计量单位:朵

定额编号			2-1-388	2-1-389	2-1-390	2-1-391	2-1-392	2-1-393
项目			石铺作			石铺作(半壁)		
			转角					
			斗口跳	四铺作	五铺作	斗口跳	四铺作	五铺作
名称		单位	消耗量					
人工	合计工日	工日	5.200	10.600	13.500	2.600	5.500	7.000
	石工 普工	工日	1.560	3.180	4.050	0.780	1.650	2.100
	石工 一般技工	工日	2.600	5.300	6.750	1.300	2.750	3.500
	石工 高级技工	工日	1.040	2.120	2.700	0.520	1.100	1.400
材料	麻刀油灰	m^3	0.0750	0.1600	0.3000	0.0400	0.0800	0.1500
	其他材料费(占材料费)	%	2.00	2.00	2.00	2.00	2.00	2.00

工作内容：准备工具、支顶、安全监护、成品保护、调制灰浆、修理接头缝和并缝、就位、垫塞稳安、灌浆及搭拆、挪移小型起重架。

定额编号			2-1-394	2-1-395	2-1-396	2-1-397	2-1-398
项目			石板门门扇(门厚)			额颊、地栿、槫柱(肘板宽)	
			6cm 以内	8cm 以内	8cm 以外	10cm 以内	10cm 以外
单位			m^2	m^2	m^2	m	m
名称		单位	消耗量				
人工	合计工日	工日	4.200	4.600	4.850	0.500	0.560
	石工 普工	工日	1.260	1.380	1.455	0.150	0.168
	石工 一般技工	工日	2.100	2.300	2.425	0.250	0.280
	石工 高级技工	工日	0.840	0.920	0.970	0.100	0.112
材料	麻刀油灰	m^3	0.0420	0.0420	0.0500	0.0070	0.0080
	其他材料费(占材料费)	%	2.00	2.00	2.00	2.00	2.00

工作内容：准备工具、支顶、安全监护、成品保护、调制灰浆、修理接头缝和并缝、就位、垫塞稳安、灌浆及搭拆、挪移小型起重架。

定额编号			2-1-399	2-1-400	2-1-401	2-1-402	2-1-403	2-1-404	2-1-405
项目			石生头木(高)			破子棂窗(窗扇面积)		板棂窗(窗扇面积)	
			10cm 以内	20cm 以内	20cm 以外	$1m^2$ 以内	$1m^2$ 以外	$1m^2$ 以内	$1m^2$ 以外
单位			m^3	m^3	m^3	m^2	m^2	m^2	m^2
名称		单位	消耗量						
人工	合计工日	工日	14.400	12.300	10.300	3.600	2.800	3.250	2.650
	石工 普工	工日	4.320	3.690	3.090	1.080	0.840	0.975	0.795
	石工 一般技工	工日	7.200	6.150	5.150	1.800	1.400	1.625	1.325
	石工 高级技工	工日	2.880	2.460	2.060	0.720	0.560	0.650	0.530
材料	麻刀油灰	m^3	0.2500	0.2300	0.2000	0.0750	0.0750	0.0700	0.0700
	其他材料费(占材料费)	%	2.00	2.00	2.00	2.00	2.00	2.00	2.00

工作内容:准备工具、支顶、安全监护、成品保护、调制灰浆、修理接头缝和并缝、就位、垫塞稳安、灌浆及搭拆、挪移小型起重架。

计量单位:m^3

定额编号			2-1-406	2-1-407	2-1-408	2-1-409	2-1-410	2-1-411
项目			石阑额(额高)				石普拍枋(枋高)	
			30cm 以内	40cm 以内	50cm 以内	50cm 以外	20cm 以内	20cm 以外
名称		单位	消耗量					
人工	合计工日	工日	16.300	15.200	13.150	11.500	13.700	11.600
	石工 普工	工日	4.890	4.560	3.945	3.450	4.110	3.480
	石工 一般技工	工日	8.150	7.600	6.575	5.750	6.850	5.800
	石工 高级技工	工日	3.260	3.040	2.630	2.300	2.740	2.320
材料	麻刀油灰	m^3	0.2300	0.2100	0.2100	0.2200	0.2100	0.2100
	其他材料费(占材料费)	%	2.00	2.00	2.00	2.00	2.00	2.00

工作内容:准备工具、支顶、安全监护、成品保护、调制灰浆、修理接头缝和并缝、就位、垫塞稳安、灌浆及搭拆、挪移小型起重架。

计量单位:m^3

定额编号			2-1-412	2-1-413	2-1-414	2-1-415	2-1-416	2-1-417
项目			石相轮(高)			火焰宝珠(径)		
			120cm 以内	160cm 以内	160cm 以外	50cm 以内	70cm 以内	70cm 以外
名称		单位	消耗量					
人工	合计工日	工日	15.200	14.400	13.000	16.400	14.600	12.100
	石工 普工	工日	4.560	4.320	3.900	4.920	4.380	3.630
	石工 一般技工	工日	7.600	7.200	6.500	8.200	7.300	6.050
	石工 高级技工	工日	3.040	2.880	2.600	3.280	2.920	2.420
材料	麻刀油灰	m^3	0.2500	0.2500	0.2200	0.2000	0.1500	0.1500
	铅板	kg	0.3600	0.3600	0.3600	0.3000	0.2500	0.2200
	其他材料费(占材料费)	%	2.00	2.00	2.00	2.00	2.00	2.00

工作内容:准备工具、支顶、安全监护、成品保护、调制灰浆、修理接头缝和并缝、就位、垫塞稳安、灌浆及搭拆、挪移小型起重架。

计量单位:m^3

定额编号			2-1-418	2-1-419	2-1-420	2-1-421	2-1-422	2-1-423
项目			覆钵(径)			受花(径)		
			80cm以内	120cm以内	120cm以外	50cm以内	70cm以内	70cm以外
名称		单位	消耗量					
人工	合计工日	工日	12.200	11.200	10.500	13.400	12.200	11.350
	石工 普工	工日	3.660	3.360	3.150	4.020	3.660	3.405
	石工 一般技工	工日	6.100	5.600	5.250	6.700	6.100	5.675
	石工 高级技工	工日	2.440	2.240	2.100	2.680	2.440	2.270
材料	麻刀油灰	m^3	0.2500	0.2300	0.2000	0.2500	0.2500	0.2500
	铅板	kg	0.2500	0.2500	0.2500	0.2000	0.2000	0.2000
	其他材料费(占材料费)	%	2.00	2.00	2.00	2.00	2.00	2.00

工作内容:准备工具、支顶、安全监护、成品保护、调制灰浆、修理接头缝和并缝、就位、垫塞稳安、灌浆及搭拆、挪移小型起重架。

计量单位:m^3

定额编号			2-1-424	2-1-425	2-1-426	2-1-427	2-1-428	2-1-429
项目			石伞盖(径)			石露盘(径)		
			60cm以内	70cm以内	70cm以外	60cm以内	100cm以内	100cm以外
名称		单位	消耗量					
人工	合计工日	工日	13.200	12.200	10.800	13.800	12.300	10.400
	石工 普工	工日	3.960	3.660	3.240	4.140	3.690	3.120
	石工 一般技工	工日	6.600	6.100	5.400	6.900	6.150	5.200
	石工 高级技工	工日	2.640	2.440	2.160	2.760	2.460	2.080
材料	麻刀油灰	m^3	0.2000	0.1800	0.1500	0.2000	0.1800	0.1600
	铅板	kg	0.3000	0.2500	0.2000	0.3500	0.3000	0.2500
	其他材料费(占材料费)	%	2.00	2.00	2.00	2.00	2.00	2.00

3.其　他

工作内容：准备工具、支顶、安全监护、成品保护、调制灰浆、修理接头缝和并缝、就位、垫塞稳安、灌浆及搭拆、挪移小型起重架。

定额编号			2-1-430	2-1-431	2-1-432	2-1-433	2-1-434	2-1-435
项目			剜凿流盃渠	叠造流盃渠	笏头碣			
					碣座(高)			
					30cm以内	42cm以内	52cm以内	52cm以外
单位			m^3	m^3	个	个	个	个
名称		单位	消耗量					
人工	合计工日	工日	16.500	14.600	5.280	15.180	19.170	21.170
	石工 普工	工日	4.950	4.380	1.584	4.554	5.751	6.351
	石工 一般技工	工日	8.250	7.300	2.640	7.590	9.585	10.585
	石工 高级技工	工日	3.300	2.920	1.056	3.036	3.834	4.234
材料	白灰浆	m^3	—	—	0.1420	0.1920	0.2100	0.2300
	麻刀油灰	m^3	0.2000	0.3000	—	—	—	—
	铅板	kg	0.3500	0.4000	0.1218	0.1652	0.2087	0.2304
	其他材料费(占材料费)	%	2.00	2.00	2.00	2.00	2.00	2.00

工作内容:准备工具、支顶、安全监护、成品保护、调制灰浆、修理接头缝和并缝、就位、垫塞稳安、灌浆及搭拆、挪移小型起重架。

计量单位:个

定额编号			2-1-436	2-1-437	2-1-438	2-1-439
项目			笏头碣			
			碣身(高)			
			150cm 以内	210cm 以内	260cm 以内	260cm 以外
名称		单位	消耗量			
人工	合计工日	工日	10.050	13.740	17.360	19.170
	石工 普工	工日	3.015	4.122	5.208	5.751
	石工 一般技工	工日	5.025	6.870	8.680	9.585
	石工 高级技工	工日	2.010	2.748	3.472	3.834
材料	白灰浆	m^3	0.2000	0.1800	0.1600	0.1400
	其他材料费(占材料费)	%	2.00	2.00	2.00	2.00

工作内容:准备工具、支顶、安全监护、成品保护、调制灰浆、修理接头缝和并缝、就位、垫塞稳安、灌浆及搭拆、挪移小型起重架。

计量单位:个

定额编号			2-1-440	2-1-441	2-1-442	2-1-443	2-1-444	2-1-445
项目			绞龙碑					
			碑座(高)					
			74cm 以内	96cm 以内	111cm 以内	133cm 以内	148cm 以内	148cm 以外
名称		单位	消耗量					
人工	合计工日	工日	44.670	58.070	67.000	80.400	89.330	102.740
	石工 普工	工日	13.401	17.421	20.100	24.120	26.799	30.822
	石工 一般技工	工日	22.335	29.035	33.500	40.200	44.665	51.370
	石工 高级技工	工日	8.934	11.614	13.400	16.080	17.866	20.548
材料	白灰浆	m^3	0.1500	0.1600	0.1800	0.2000	0.2000	0.2200
	铅板	kg	1.1552	1.5017	1.7328	2.0794	2.3104	2.6569
	其他材料费(占材料费)	%	2.00	2.00	2.00	2.00	2.00	2.00

工作内容：准备工具、支顶、安全监护、成品保护、调制灰浆、修理接头缝和并缝、就位、垫塞稳安、灌浆及搭拆、挪移小型起重架。

计量单位：个

定额编号			2-1-446	2-1-447	2-1-448	2-1-449	2-1-450	2-1-451
项目			绞龙碑					
			碑身(高)					
			165cm以内	215cm以内	250cm以内	296cm以内	330cm以内	330cm以外
名称		单位	消耗量					
人工	合计工日	工日	14.850	19.300	22.270	26.720	29.690	34.150
	石工 普工	工日	4.455	5.790	6.681	8.016	8.907	10.245
	石工 一般技工	工日	7.425	9.650	11.135	13.360	14.845	17.075
	石工 高级技工	工日	2.970	3.860	4.454	5.344	5.938	6.830
材料	白灰浆	m^3	0.0600	0.0700	0.0700	0.0800	0.1000	0.1200
	其他材料费(占材料费)	%	2.00	2.00	2.00	2.00	2.00	2.00

工作内容：准备工具、支顶、安全监护、成品保护、调制灰浆、修理接头缝和并缝、就位、垫塞稳安、灌浆及搭拆、挪移小型起重架。

计量单位：个

定额编号			2-1-452	2-1-453	2-1-454	2-1-455	2-1-456	2-1-457
项目			绞龙碑					
			云盘(高)					
			10cm以内	13cm以内	15cm以内	18cm以内	20cm以内	20cm以外
名称		单位	消耗量					
人工	合计工日	工日	2.510	3.270	3.770	4.520	5.030	5.780
	石工 普工	工日	0.753	0.981	1.131	1.356	1.509	1.734
	石工 一般技工	工日	1.255	1.635	1.885	2.260	2.515	2.890
	石工 高级技工	工日	0.502	0.654	0.754	0.904	1.006	1.156
材料	白灰浆	m^3	0.0300	0.0400	0.0500	0.0700	0.0900	0.1000
	其他材料费(占材料费)	%	2.00	2.00	2.00	2.00	2.00	2.00

工作内容：准备工具、支顶、安全监护、成品保护、调制灰浆、修理接头缝和并缝、就位、垫塞稳安、灌浆及搭拆、挪移小型起重架。

计量单位：个

定额编号			2-1-458	2-1-459	2-1-460	2-1-461	2-1-462	2-1-463
项目			绞龙碑					
			碑首(高)					
			73cm以内	94cm以内	110cm以内	130cm以内	145cm以内	145cm以外
名称		单位	消耗量					
人工	合计工日	工日	9.180	11.930	13.760	16.520	18.350	21.100
	石工 普工	工日	2.754	3.579	4.128	4.956	5.505	6.330
	石工 一般技工	工日	4.590	5.965	6.880	8.260	9.175	10.550
	石工 高级技工	工日	1.836	2.386	2.752	3.304	3.670	4.220
材料	白灰浆	m^3	0.0050	0.0060	0.0070	0.0070	0.0080	0.0100
	其他材料费(占材料费)	%	2.00	2.00	2.00	2.00	2.00	2.00

工作内容：准备工具、支顶、安全监护、成品保护、调制灰浆、修理接头缝和并缝、就位、垫塞稳安、灌浆及搭拆、挪移小型起重架。

定额编号			2-1-464	2-1-465	2-1-466	2-1-467	2-1-468
项目			石平座	石兽头			
				15cm以内	30cm以内	60cm以内	60cm以外
单位			m^3	个	个	个	个
名称		单位	消耗量				
人工	合计工日	工日	12.600	1.230	1.500	1.750	2.360
	石工 普工	工日	3.780	0.369	0.450	0.525	0.708
	石工 一般技工	工日	6.300	0.615	0.750	0.875	1.180
	石工 高级技工	工日	2.520	0.246	0.300	0.350	0.472
材料	白灰浆	m^3	0.2500	0.0190	0.0190	0.0190	0.0420
	铅板	kg	0.2500	—	—	—	—
	其他材料费(占材料费)	%	2.00	2.00	2.00	2.00	2.00

工作内容：准备工具、支顶、安全监护、成品保护、调制灰浆、修理接头缝和并缝、就位、垫塞稳安、灌浆及搭拆、挪移小型起重架。

定额编号			2-1-469	2-1-470	2-1-471	2-1-472	2-1-473	2-1-474	2-1-475
项目			项子石	水斗子	渠道石	石角梁(梁高)			石牌
						10cm以内	15cm以内	20cm以内	
单位			m^3	m^3	m^3	根	根	根	m^3
名称		单位	消耗量						
人工	合计工日	工日	12.300	11.400	13.360	5.600	5.120	4.850	11.200
	石工 普工	工日	3.690	3.420	4.008	1.680	1.536	1.455	3.360
	石工 一般技工	工日	6.150	5.700	6.680	2.800	2.560	2.425	5.600
	石工 高级技工	工日	2.460	2.280	2.672	1.120	1.024	0.970	2.240
材料	白灰浆	m^3	0.3000	0.3000	0.3000	0.0700	0.0700	0.0600	0.4200
	其他材料费(占材料费)	%	2.00	2.00	2.00	2.00	2.00	2.00	2.00

工作内容：准备工具、支顶、安全监护、成品保护、调制灰浆、修理接头缝和并缝、就位、垫塞稳安、灌浆及搭拆、挪移小型起重架。

计量单位：m^3

定额编号			2-1-476	2-1-477	2-1-478	2-1-479	2-1-480	2-1-481	2-1-482
项目			带雕饰叠涩座(长)				独立叠涩座(高)		
			100cm以内	160cm以内	230cm以内	230cm以外	70cm以内	100cm以内	100cm以外
名称		单位	消耗量						
人工	合计工日	工日	18.000	16.800	15.600	13.200	15.600	13.200	12.000
	石工 普工	工日	5.400	5.040	4.680	3.960	4.680	3.960	3.600
	石工 一般技工	工日	9.000	8.400	7.800	6.600	7.800	6.600	6.000
	石工 高级技工	工日	3.600	3.360	3.120	2.640	3.120	2.640	2.400
材料	白灰浆	m^3	0.3000	0.3000	0.3000	0.3000	0.1500	0.1500	0.2000
	其他材料费(占材料费)	%	2.00	2.00	2.00	2.00	2.00	2.00	2.00

工作内容：准备工具、支顶、安全监护、成品保护、调制灰浆、修理接头缝和并缝、就位、垫塞稳安、灌浆及搭拆、挪移小型起重架。

定额编号			2-1-483	2-1-484	2-1-485	2-1-486
项目			单钩阑	重台钩阑	望柱(高)	
					150cm 以内	150cm 以外
单位			m^2	m^2	m^3	m^3
名称		单位	消耗量			
人工	合计工日	工日	4.800	6.000	12.000	13.200
	石工 普工	工日	1.440	1.800	3.600	3.960
	石工 一般技工	工日	2.400	3.000	6.000	6.600
	石工 高级技工	工日	0.960	1.200	2.400	2.640
材料	白灰浆	m^3	0.0420	0.0530	0.0740	0.0630
	其他材料费(占材料费)	%	2.00	2.00	2.00	2.00

第二章　砌 体 工 程

说　　明

一、本章定额包括砌体拆除及整修、砌筑两节，共 171 个子目。

二、墙面剔补定额已考虑了不同部位所用砖件的情况，除需雕饰外其余均不得调整。

三、细砖墙拆砌、砖檐拆砌及新砌均不包括里皮的糙砖衬砌。

四、大片整体拆砌为一砖厚的墙体，超过一砖厚的墙体按照相应的墙体局部拆砌定额执行。

五、砖铺作的整体拆砌按墙体的大片整体拆砌子目定额乘以系数 1.3 执行。

六、版筑城墙已综合考虑上面的护险墙、女头墙，实际工程中不论其具体部位定额均不调整。

七、卷輂包括牛头砖卷輂、牛头砖覆背和条砖缴背。

八、定额已综合考虑了所需的八字砖、转头砖、透风砖的用量及砍制加工，实际工程中不论其具体部位定额均不调整。

九、砖塔各部分砌筑已综合考虑转角处的用砖和加工，实际工程中不论其具体部位定额均不调整，其中砖铺作为塔檐半壁铺作。

十、本章定额中须弥座、方砖心均以无雕饰为准，若有雕饰要求另增雕刻费用。

十一、宋式建筑用砖规格见下表。

宋式建筑用砖规格一览表

名称	用砖位置	宋营造尺	标准单位规格(mm)
方砖	殿阁等十一间以上用之	2 尺×2 尺×3 寸	640×640×96
	殿阁等七间以上用之	1.7 尺×1.7 尺×2.8 寸	544×544×89.6
	殿阁等五间以上用之	1.5 尺×1.5 尺×2.7 寸	480×480×86.4
	殿阁、厅堂、亭榭用之	1.3 尺×1.3 尺×2.5 寸	416×416×80
	行廊、小亭榭、散屋用之	1.2 尺×1.2 尺×2 寸	384×384×64
条砖	压阑砖	2.1 尺×1.1 尺×2.5 寸	672×352×80
	砌阶级、地面	1.3 尺×6.5 寸×2.5 寸	416×208×80
	砌阶级、地面	1.2 尺×6 寸×2 寸	384×192×64
	砖碇	11.5 寸×11.5 寸×4.3 寸	368×368×137.6

十二、带雕饰者每平方米按下表补充人工消耗量另行计算。

带雕饰者每平方米补充人工消耗量表

项目	单位	砖雕						
		平雕	阴雕	浅浮雕	深浮雕	单面透雕	双面透雕	镂雕
人工	工日	4.214	6.678	6.725	14.841	19.133	30.146	49.350

十三、拆砌项目已综合考虑了利用旧砖、添配新砖因素。砖墙体拆砌均以新砖添配率在 30% 以内为准，超过 30% 的部分(不包含 30%)按照比例增加砖件及其他材料费的消耗量。

十四、砖塔类子目、卷輂、城壁水道、慢道、副子、象眼子目的剔补、拆砌均以尺三条砖为例。当砖件为尺二条砖时，以块或朵为单位的子目砖件消耗量不变，砖件外的材料和人工消耗量乘以系数 0.93 计算，以“m”为单位的子目所有消耗量乘以系数 1.08 计算，以“m^2”为单位的子目所有消耗量乘以系数 1.35 计算。

十五、砖塔类子目若为特制整体构件另行计算。

工程量计算规则

一、整砖墙、碎砖墙、旧基础、版筑墙、土坯砖墙及背里拆除按实际体积以“m^3”为单位计算。

二、细砌墙面清理、粗细墙面墁干活、刷浆打点按垂直投影面积计算，扣除 0.50m^2 以外门窗洞口、石构件等所占面积，门窗洞口内侧壁按展开面积并入相应工程量。

三、拆方砖心、拆拱眼壁、拆砖雕、大片整体拆砌、细砖墙局部拆砌、细砖阶基砌筑、细砖隔减砌筑、细砖墙身砌筑、拱眼壁砌筑均按垂直投影面积计算，扣除 0.50m^2 以外门窗洞口、石构件等所占面积。

四、墙面、铺作、须弥座及其他砖件、饰件剔补均按所补换砖件的块数计算。

五、铺作的拆砌及砌筑按朵计算。

六、糙砖墙局部拆砌，糙砖阶基、隔减、墙身砌筑，背里的拆砌与砌筑按实际体积以“m^3”为单位计算，扣除门窗、过人洞、嵌入墙体内的柱梁及细砖墙面所占体积，不扣除伸入墙内的梁头、榑头所占体积。

七、城墙排水道的拆砌与砌筑按其实际长度以“m”为单位计算。

八、版筑墙、版筑土城墙、土坯砖墙砌筑按体积以“m^3”为单位计算，不扣除内部的立柱、襻竹等构件所占体积。

九、牛头卷輂按体积以“m^3”为单位计算，按其垂直投影面积乘以券洞长计算体积。

十、踏道、副子、慢道按水平投影面积计算。

十一、象眼按垂直投影面积计算。

十二、须弥座拆砌、砌筑均按最长外边线以“m”为单位计算。

十三、檐口按角梁端头中点连线长分段以“m”为单位计算，其中檐口包含榑、角梁、生头木、椽飞、大小连檐等。

十四、倚柱、门楣、由额、阑额、普拍枋、覆钵、受花、砖向轮、火焰宝珠的拆砌均按拆砌砖件的块数计算，其中倚柱、覆钵、受花、砖向轮、火焰宝珠砌筑按其水平投影的最大面积乘以垂直投影的最大高度以立方米为单位计算，门楣、由额、阑额、普拍枋按其垂直投影以“m^2”为单位计算。

十五、砖瓦檐按实际长度以“m”单位计算。

十六、砖平作拆砌与砌筑以“m”为单位计算。

一、砌体拆除及整修

1.墙 体 类

工作内容：支顶、拆除已损坏的砌体，挑选能重新使用的旧砖件、清理、编号、码放。

定额编号			2-2-1	2-2-2	2-2-3	2-2-4
项目			拆整砖墙	拆碎砖墙	拆旧基础	拆方砖心
单位			m^3	m^3	m^3	m^2
名称		单位	消耗量			
人工	合计工日	工日	0.780	0.540	0.840	0.180
	瓦工 普工	工日	0.546	0.378	0.588	0.126
	瓦工 一般技工	工日	0.156	0.108	0.168	0.036
	瓦工 高级技工	工日	0.078	0.054	0.084	0.018

工作内容：支顶、拆除已损坏的砌体，挑选能重新使用的旧砖件、清理、编号、码放。

定额编号			2-2-5	2-2-6	2-2-7	2-2-8	2-2-9
项目			拆版筑墙	拆土坯砖墙	拆拱眼壁	拆背里	拆砖雕
单位			m^3	m^3	m^2	m^3	m^2
名称		单位	消耗量				
人工	合计工日	工日	0.620	0.650	1.200	0.680	1.750
	瓦工 普工	工日	0.434	0.455	0.840	0.476	1.225
	瓦工 一般技工	工日	0.124	0.130	0.240	0.136	0.350
	瓦工 高级技工	工日	0.062	0.065	0.120	0.068	0.175

工作内容：清扫墙面、勾抹灰缝、刷浆、描缝。 计量单位：m²

定额编号			2-2-10	2-2-11	2-2-12	2-2-13
项目			细砌墙面清理	细砖墙墁干活	粗砖墙打点	刷浆打点
名称		单位	消耗量			
人工	合计工日	工日	0.860	0.720	0.500	0.250
	瓦工 普工	工日	0.258	0.216	0.150	0.075
	瓦工 一般技工	工日	0.430	0.360	0.250	0.125
	瓦工 高级技工	工日	0.172	0.144	0.100	0.050
材料	石灰	kg	—	—	—	2.0000
	煤粉	kg	—	—	—	0.3000
	麻刀	kg	—	—	—	0.0600
	骨胶	kg	—	—	—	0.0100
	其他材料费(占材料费)	%	—	—	—	2.00

工作内容:剔除残损旧砖,砖洞的清理、浸水,新砖件的砍磨加工、浸水、填灰、砌筑、加铁楔片及刷浆打点。

计量单位:块

定额编号			2-2-14	2-2-15	2-2-16	2-2-17	2-2-18	2-2-19
项目			墙面剔补					
			尺三条砖		尺二条砖		方砖墙面	
			5 块以内	5 块以外	5 块以内	5 块以外	5 块以内	5 块以外
名称		单位	消耗量					
人工	合计工日	工日	0.600	0.520	0.600	0.520	0.750	0.680
	瓦工 普工	工日	0.043	0.037	0.043	0.037	0.054	0.049
	瓦工 一般技工	工日	0.300	0.260	0.300	0.260	0.375	0.340
	瓦工 高级技工	工日	0.086	0.074	0.086	0.074	0.107	0.097
	砍砖工 普工	工日	0.017	0.015	0.017	0.015	0.021	0.019
	砍砖工 一般技工	工日	0.120	0.104	0.120	0.104	0.150	0.136
	砍砖工 高级技工	工日	0.034	0.030	0.034	0.030	0.043	0.039
材料	尺三条砖	块	1.1300	1.1300	—	—	—	—
	尺二条砖	块	—	—	1.1300	1.1300	—	—
	尺二方砖	块	—	—	—	—	1.1300	1.1300
	白灰浆	m^3	0.0022	0.0020	0.0023	0.0021	0.0016	0.0014
	其他材料费(占材料费)	%	2.00	2.00	2.00	2.00	2.00	2.00
机械	切砖机	台班	0.0113	0.0113	0.0094	0.0094	0.0141	0.0141

工作内容：支顶、安全监护、编号、单元分割、捆绑、拔馅砖的保护、吊卸、码放、调制灰浆、重新砌筑及刷浆打点、搭拆活动架。

计量单位：m^2

定额编号			2-2-20	2-2-21	2-2-22	2-2-23
项目			大片整体拆砌			
			尺三条砖		尺二条砖	
			30块以内为一单元	30块以外为一单元	30块以内为一单元	30块以外为一单元
名称		单位	消耗量			
人工	合计工日	工日	6.100	6.300	5.600	5.800
	瓦工 普工	工日	0.610	0.630	0.560	0.580
	瓦工 一般技工	工日	4.270	4.410	3.920	4.060
	瓦工 高级技工	工日	1.220	1.260	1.120	1.160
材料	尺三条砖	块	9.4651	9.4651	—	—
	尺二条砖	块	—	—	12.8174	12.8174
	白灰浆	m^3	0.0455	0.0470	0.0430	0.0450
	老浆灰	m^3	0.0130	0.0135	0.0130	0.0150
	其他材料费(占材料费)	%	2.00	2.00	2.00	2.00
机械	切砖机	台班	0.0450	0.0480	0.0467	0.0483

工作内容：支顶、拆除已损坏的旧砌体、整理码放、剔咬接砖渣、清理基层、砍磨加工、浸水、填灰砌筑、刷浆打点。

定额编号			2-2-24	2-2-25	2-2-26	2-2-27	2-2-28
项目			细砖墙局部拆砌			糙砖墙局部拆砌	
			尺三条砖	尺二条砖	尺二方砖	尺三条砖	尺二条砖
单位			m^2	m^2	m^2	m^3	m^3
名称		单位	消耗量				
人工	合计工日	工日	4.220	4.600	4.800	2.820	2.870
	瓦工 普工	工日	0.281	0.307	0.320	0.282	0.287
	瓦工 一般技工	工日	1.969	2.147	2.240	1.974	2.009
	瓦工 高级技工	工日	0.563	0.613	0.640	0.564	0.574
	砍砖工 普工	工日	0.141	0.153	0.160	—	—
	砍砖工 一般技工	工日	0.985	1.073	1.120	—	—
	砍砖工 高级技工	工日	0.281	0.307	0.320	—	—
材料	尺三条砖	块	9.4651	—	—	42.1159	—
	尺二条砖	块	—	12.8174	—	—	60.9135
	尺二方砖	块	—	—	12.8140	—	—
	白灰浆	m^3	0.0455	0.0470	0.0175	0.1740	0.2090
	老浆灰	m^3	0.0003	0.0003	0.0003	—	—
	其他材料费(占材料费)	%	2.00	2.00	2.00	2.00	2.00
机械	切砖机	台班	0.0947	0.1068	0.1068	—	—

2. 砖 塔 类

工作内容：1. 剔除残损旧砖，砖洞的清理、浸水，新砖件的砍磨加工、浸水、填灰、砌筑、加铁楔片及刷浆打点。

2. 支顶、拆除已损坏的旧砌体、整理码放、剔咬接砖渣、清理基层、砍磨加工、浸水、填灰砌筑、刷浆打点。

定额编号			2-2-29	2-2-30	2-2-31	2-2-32	2-2-33	2-2-34
项目			须弥座		倚柱、门楣、由额、阑额、普拍枋等		榑、角梁、生头木	
			剔补	拆砌（单层）	剔补	拆砌	剔补	拆砌
单位			块	m	块	块	块	块
名称		单位	消耗量					
人工	合计工日	工日	0.650	0.957	0.620	0.420	0.640	0.400
	瓦工 普工	工日	0.041	0.058	0.031	0.017	0.032	0.016
	瓦工 一般技工	工日	0.290	0.402	0.217	0.118	0.224	0.112
	瓦工 高级技工	工日	0.083	0.115	0.062	0.034	0.064	0.032
	砍砖工 普工	工日	0.024	0.038	0.031	0.025	0.032	0.024
	砍砖工 一般技工	工日	0.165	0.268	0.217	0.176	0.224	0.168
	砍砖工 高级技工	工日	0.047	0.076	0.062	0.050	0.064	0.048
材料	尺三条砖	块	1.1300	0.7536	1.1300	0.3150	1.1300	0.3150
	白灰浆	m^3	0.0022	0.0030	0.0022	0.0022	0.0022	0.0022
	其他材料费（占材料费）	%	2.00	2.00	2.00	2.00	2.00	2.00
机械	切砖机	台班	0.0113	0.0075	0.0113	0.0032	0.0113	0.0032

工作内容:1. 剔除残损旧砖,砖洞的清理、浸水,新砖件的砍磨加工、浸水、填灰、砌筑、加铁楔片及刷浆打点。

2. 支顶、拆除已损坏的旧砌体、整理码放、剔咬接砖渣、清理基层、砍磨加工、浸水、填灰砌筑、刷浆打点。

定额编号			2-2-35	2-2-36	2-2-37	2-2-38	2-2-39	2-2-40
项目			椽飞		砖檐		砖平作	
			剔补	拆砌	剔补	拆砌	剔补	拆砌
单位			块	m	块	m	块	m
名称		单位	消耗量					
人工	合计工日	工日	0.500	1.500	0.550	1.200	0.550	1.600
	瓦工 普工	工日	0.025	0.060	0.028	0.048	0.028	0.064
	瓦工 一般技工	工日	0.175	0.420	0.193	0.336	0.193	0.448
	瓦工 高级技工	工日	0.050	0.120	0.055	0.096	0.055	0.128
	砍砖工 普工	工日	0.025	0.090	0.028	0.072	0.028	0.096
	砍砖工 一般技工	工日	0.175	0.630	0.193	0.504	0.193	0.672
	砍砖工 高级技工	工日	0.050	0.180	0.055	0.144	0.055	0.192
材料	尺三条砖	块	1.1300	0.7536	1.1300	0.7536	1.1300	0.7536
	白灰浆	m^3	0.0023	0.0083	0.0022	0.0083	0.0022	0.0083
	其他材料费(占材料费)	%	2.00	2.00	2.00	2.00	2.00	2.00
机械	切砖机	台班	0.0113	0.0075	0.0113	0.0075	0.0113	0.0075

工作内容:1. 剔除残损旧砖,砖洞的清理、浸水,新砖件的砍磨加工、浸水、填灰、砌筑、加铁楔片及刷浆打点。
2. 支顶、拆除已损坏的旧砌体、整理码放、剔咬接砖渣、清理基层、砍磨加工、浸水、填灰砌筑、刷浆打点。

计量单位:块

定额编号			2-2-41	2-2-42	2-2-43	2-2-44	2-2-45	2-2-46
项目			覆钵		受花		砖相轮	
			剔补	拆砌	剔补	拆砌	剔补	拆砌
名称		单位	消耗量					
人工	合计工日	工日	0.550	0.450	0.960	0.400	0.860	0.480
	瓦工 普工	工日	0.028	0.018	0.048	0.016	0.043	0.019
	瓦工 一般技工	工日	0.193	0.126	0.336	0.112	0.301	0.134
	瓦工 高级技工	工日	0.055	0.036	0.096	0.032	0.086	0.038
	砍砖工 普工	工日	0.028	0.027	0.048	0.024	0.043	0.029
	砍砖工 一般技工	工日	0.193	0.189	0.336	0.168	0.301	0.202
	砍砖工 高级技工	工日	0.055	0.054	0.096	0.048	0.086	0.058
材料	尺三条砖	块	1.1300	0.3150	1.1300	0.3150	1.1300	0.3150
	白灰浆	m^3	0.0021	0.0022	0.0020	0.0022	0.0023	0.0022
	其他材料费(占材料费)	%	2.00	2.00	2.00	2.00	2.00	2.00
机械	切砖机	台班	0.0113	0.0032	0.0113	0.0032	0.0113	0.0032

工作内容:1. 剔除残损旧砖,砖洞的清理、浸水,新砖件的砍磨加工、浸水、填灰、砌筑、加铁楔片及刷浆打点。
2. 支顶、拆除已损坏的旧砌体、整理码放、剔咬接砖渣、清理基层、砍磨加工、浸水、填灰砌筑、刷浆打点。

计量单位:块

定额编号			2-2-47	2-2-48	2-2-49
项目			火焰宝珠		砖铺作剔补
			剔补	拆砌	
名称		单位	消耗量		
人工	合计工日	工日	0.860	0.480	0.840
	瓦工 普工	工日	0.043	0.019	0.050
	瓦工 一般技工	工日	0.301	0.134	0.353
	瓦工 高级技工	工日	0.086	0.038	0.101
	砍砖工 普工	工日	0.043	0.029	0.034
	砍砖工 一般技工	工日	0.301	0.202	0.235
	砍砖工 高级技工	工日	0.086	0.058	0.067
材料	尺三条砖	块	1.1300	0.3150	1.1300
	白灰浆	m^3	0.0023	0.0022	0.0024
	其他材料费(占材料费)	%	2.00	2.00	2.00
机械	切砖机 1.7kW	台班	0.0113	0.0032	0.0113

工作内容：支顶、拆除已损坏的旧砌体、整理码放、剔咬接砖渣、清理基层、砍磨加工、浸水、填灰砌筑、刷浆打点。

计量单位：朵

定额编号			2-2-50	2-2-51	2-2-52	2-2-53
项目			补间、柱头铺作拆砌			
			斗口跳	把头绞项造	四铺作	五铺作
名称		单位	消耗量			
人工	合计工日	工日	2.785	2.664	11.527	15.511
	瓦工 普工	工日	0.101	0.097	0.419	0.564
	瓦工 一般技工	工日	0.709	0.678	2.934	3.948
	瓦工 高级技工	工日	0.203	0.194	0.838	1.128
	砍砖工 普工	工日	0.178	0.169	0.734	0.987
	砍砖工 一般技工	工日	1.241	1.187	5.135	6.910
	砍砖工 高级技工	工日	0.354	0.339	1.467	1.974
材料	尺三条砖	块	2.8350	1.8900	5.6700	7.5600
	白灰浆	m^3	0.0860	0.0750	0.1500	0.2700
	其他材料费(占材料费)	%	2.00	2.00	2.00	2.00
机械	切砖机	台班	0.0950	0.0198	0.0567	0.0756

工作内容：支顶、拆除已损坏的旧砌体、整理码放、剔咬接砖渣、清理基层、砍磨加工、浸水、填灰砌筑、刷浆打点。

计量单位：朵

定额编号			2-2-54	2-2-55	2-2-56	2-2-57
项目			转角铺作拆砌			
			斗口跳	把头绞项造	四铺作	五铺作
名称		单位	消耗量			
人工	合计工日	工日	4.178	3.996	17.291	23.267
	瓦工 普工	工日	0.152	0.145	0.629	0.846
	瓦工 一般技工	工日	1.064	1.017	4.401	5.923
	瓦工 高级技工	工日	0.304	0.291	1.257	1.692
	砍砖工 普工	工日	0.266	0.255	1.100	1.481
	砍砖工 一般技工	工日	1.861	1.780	7.703	10.364
	砍砖工 高级技工	工日	0.532	0.508	2.201	2.961
材料	尺三条砖	块	7.2450	4.7250	14.1750	18.9000
	白灰浆	m^3	0.1250	0.0960	0.2310	0.5100
	其他材料费(占材料费)	%	2.00	2.00	2.00	2.00
机械	切砖机	台班	0.0725	0.0473	0.1418	0.1890

3. 水道、卷輂、副子、踏道、象眼、慢道

工作内容：1. 剔除残损旧砖，砖洞的清理、浸水，新砖件的砍磨加工、浸水、填灰、砌筑、加铁楔片及刷浆打点。

2. 支顶、拆除已损坏的旧砌体、整理码放、剔咬接砖渣、清理基层、砍磨加工、浸水、填灰砌筑。

定额编号			2-2-58	2-2-59	2-2-60	2-2-61	2-2-62	2-2-63
项目			卷輂		卷輂	城壁水道		城壁水道
			剔补		拆砌	剔补		拆砌
			5块以内	5块以外		5块以内	5块以外	
单位			块	块	m^3	块	块	m^3
名称		单位	消耗量					
人工	合计工日	工日	0.809	0.769	8.037	0.763	0.725	7.553
	瓦工 普工	工日	0.041	0.039	0.322	0.038	0.037	0.302
	瓦工 一般技工	工日	0.283	0.269	2.250	0.267	0.254	2.115
	瓦工 高级技工	工日	0.081	0.077	0.643	0.077	0.073	0.604
	砍砖工 普工	工日	0.041	0.039	0.482	0.038	0.037	0.453
	砍砖工 一般技工	工日	0.283	0.269	3.376	0.267	0.254	3.172
	砍砖工 高级技工	工日	0.081	0.077	0.964	0.077	0.073	0.907
材料	尺三条砖	块	1.1300	1.1300	45.5055	1.1300	1.1300	45.5055
	白灰浆	m^3	0.0022	0.0022	0.1740	0.0022	0.0022	0.1740
	其他材料费(占材料费)	%	2.00	2.00	2.00	2.00	2.00	2.00
机械	切砖机	台班	0.0113	0.0113	0.4551	0.0113	0.0113	0.4551

工作内容：1. 剔除残损旧砖，砖洞的清理、浸水，新砖件的砍磨加工、浸水、填灰、砌筑、加铁楔片及刷浆打点。

2. 支顶、拆除已损坏的旧砌体、整理码放、剔咬接砖渣、清理基层、砍磨加工、浸水、填灰砌筑、刷浆打点。

3. 清理残损基层、雕刻砖件、剔凿安装卯眼、浸水、填灰、安装、刷浆打点。

定额编号			2-2-64	2-2-65	2-2-66
项目			慢道面砖		
			剔补		拆砌
			5块以内	5块以外	
单位			块	块	m^2
名称		单位	消耗量		
人工	合计工日	工日	0.636	0.530	2.708
	瓦工 普工	工日	0.032	0.027	0.108
	瓦工 一般技工	工日	0.223	0.186	0.758
	瓦工 高级技工	工日	0.064	0.053	0.217
	砍砖工 普工	工日	0.032	0.027	0.163
	砍砖工 一般技工	工日	0.223	0.186	1.138
	砍砖工 高级技工	工日	0.064	0.053	0.325
材料	尺三条砖	块	1.1300	1.1300	9.6093
	白灰浆	m^3	0.0022	0.0022	0.0520
	其他材料费(占材料费)	%	2.00	2.00	2.00
机械	切砖机	台班	0.0113	0.0113	0.0961

工作内容：调制灰浆、挑选砖料、砖料的砍磨加工、浸水、铺灰摆砌、勾(抹)砖缝、墁水活打点。

定额编号			2-2-67	2-2-68	2-2-69	2-2-70
项目			细砖副子		糙砖副子	
			剔补	拆砌	剔补	拆砌
单位			块	m^2	块	m^2
名称		单位	消耗量			
人工	合计工日	工日	0.328	3.457	0.230	2.810
	瓦工 普工	工日	0.025	0.247	0.023	0.281
	瓦工 一般技工	工日	0.173	1.729	0.161	1.967
	瓦工 高级技工	工日	0.050	0.494	0.046	0.562
	砍砖工 普工	工日	0.008	0.099	—	—
	砍砖工 一般技工	工日	0.058	0.691	—	—
	砍砖工 高级技工	工日	0.017	0.197	—	—
材料	尺三条砖	块	1.1300	4.4970	1.1300	3.3150
	白灰浆	m^3	0.0022	0.0200	0.0022	0.0156
	其他材料费(占材料费)	%	2.00	2.00	2.00	2.00
机械	切砖机	台班	0.0113	0.0450	—	—

工作内容：调制灰浆、挑选砖料、砖料的砍磨加工、浸水、铺灰摆砌、勾(抹)砖缝、墁水活打点。

定额编号			2-2-71	2-2-72	2-2-73	2-2-74
项目			细砖踏道		糙砖踏道	
			剔补	拆砌	剔补	拆砌
单位			块	m^2	块	m^2
名称		单位	消耗量			
人工	合计工日	工日	0.312	3.292	0.218	2.676
	瓦工 普工	工日	0.023	0.235	0.022	0.268
	瓦工 一般技工	工日	0.164	1.646	0.153	1.873
	瓦工 高级技工	工日	0.047	0.470	0.044	0.535
	砍砖工 普工	工日	0.008	0.094	—	—
	砍砖工 一般技工	工日	0.055	0.658	—	—
	砍砖工 高级技工	工日	0.016	0.188	—	—
材料	尺二条砖	块	1.1300	5.4420	1.1300	4.3650
	白灰浆	m^3	0.0022	0.0292	0.0022	0.3030
	其他材料费(占材料费)	%	2.00	2.00	2.00	2.00
机械	切砖机	台班	0.0113	0.0544	—	—

工作内容:调制灰浆、挑选砖料、砖料的砍磨加工、浸水、铺灰摆砌、勾(抹)砖缝、墁水活打点。

定额编号			2-2-75	2-2-76	2-2-77	2-2-78
项目			细砖象眼		糙砖象眼	
			剔补	拆砌	剔补	拆砌
单位			块	m^2	块	m^2
名称		单位	消耗量			
人工	合计工日	工日	0.720	5.486	0.429	3.479
	瓦工 普工	工日	0.054	0.392	0.043	0.348
	瓦工 一般技工	工日	0.378	2.743	0.300	2.435
	瓦工 高级技工	工日	0.108	0.784	0.086	0.696
	砍砖工 普工	工日	0.018	0.157	—	—
	砍砖工 一般技工	工日	0.126	1.097	—	—
	砍砖工 高级技工	工日	0.036	0.313	—	—
材料	尺三条砖	块	1.1300	9.4651	1.1300	9.4651
	白灰浆	m^3	0.0022	0.0720	0.0022	0.0720
	其他材料费(占材料费)	%	2.00	2.00	2.00	2.00
机械	切砖机	台班	0.0113	0.0947	—	—

二、砌　　筑

1.墙　体　类

工作内容：准备工具、调制灰浆、挑选砖料、砖料的砍磨加工、浸水、挂线、铺灰摆砌、勾(抹)砖缝、墁水活打点。

计量单位：m^2

定额编号			2-2-79	2-2-80	2-2-81	2-2-82
项目			细砌			
			平砌			
			尺三条砖		尺二条砖	
			一顺一丁	三顺一丁	一顺一丁	三顺一丁
名称		单位	消耗量			
人工	合计工日	工日	6.500	6.260	6.760	6.480
	瓦工 普工	工日	0.163	0.157	0.169	0.162
	瓦工 一般技工	工日	1.138	1.096	1.183	1.134
	瓦工 高级技工	工日	0.325	0.313	0.338	0.324
	砍砖工 普工	工日	0.488	0.470	0.507	0.486
	砍砖工 一般技工	工日	3.413	3.287	3.549	3.402
	砍砖工 高级技工	工日	0.975	0.939	1.014	0.972
材料	尺三条砖	块	51.8300	45.0500	—	—
	尺二条砖	块	—	—	74.0900	63.5700
	白灰浆	m^3	0.0370	0.0270	0.0300	0.0190
	打点灰	m^3	0.0040	0.0040	0.0040	0.0040
	其他材料费(占材料费)	%	1.00	1.00	1.00	1.00
机械	切砖机	台班	0.5200	0.4500	0.7410	0.5298

工作内容:准备工具、调制灰浆、挑选砖料、砖料的砍磨加工、浸水、挂线、铺灰摆砌、勾(抹)砖缝、墁水活打点。

计量单位:m^2

定额编号			2-2-83	2-2-84	2-2-85	2-2-86
项目			细砌			
			露龈砌			
			尺三条砖		尺二条砖	
			一顺一丁	三顺一丁	一顺一丁	三顺一丁
	名称	单位	消耗量			
人工	合计工日	工日	6.170	5.900	6.420	6.150
	瓦工 普工	工日	0.154	0.148	0.161	0.154
	瓦工 一般技工	工日	1.080	1.033	1.124	1.076
	瓦工 高级技工	工日	0.309	0.295	0.321	0.308
	砍砖工 普工	工日	0.463	0.443	0.482	0.461
	砍砖工 一般技工	工日	3.239	3.098	3.371	3.229
	砍砖工 高级技工	工日	0.926	0.885	0.963	0.923
材料	尺三条砖	块	51.8300	45.0500	—	—
	尺二条砖	块	—	—	74.0900	63.5700
	白灰浆	m^3	0.0370	0.0270	0.0300	0.0190
	打点灰	m^3	0.0040	0.0040	0.0040	0.0040
	其他材料费(占材料费)	%	1.00	1.00	1.00	1.00
机械	切砖机	台班	0.5200	0.4500	0.6174	0.5298

工作内容：准备工具、调制灰浆、挑选砖料、砖料的砍磨加工、浸水、挂线、铺灰摆砌、勾(抹)砖缝、墁水活打点。

计量单位：m³

定额编号			2-2-87	2-2-88	2-2-89	2-2-90
项目			糙砌			
			平砌			
			尺三条砖		尺二条砖	
			一顺一丁	三顺一丁	一顺一丁	三顺一丁
名称		单位	消耗量			
人工	合计工日	工日	1.360	1.200	1.460	1.330
	瓦工 普工	工日	0.136	0.120	0.146	0.133
	瓦工 一般技工	工日	0.952	0.840	1.022	0.931
	瓦工 高级技工	工日	0.272	0.240	0.292	0.266
材料	尺三条砖	块	143.5100	127.7900	—	—
	尺二条砖	块	—	—	205.6000	182.6200
	白灰浆	m³	0.1460	0.1460	0.1680	0.1680
	其他材料费(占材料费)	%	1.00	1.00	1.00	1.00

工作内容：准备工具、调制灰浆、挑选砖料、砖料的砍磨加工、浸水、挂线、铺灰摆砌、勾(抹)砖缝、墁水活打点。

计量单位：m³

定额编号			2-2-91	2-2-92	2-2-93	2-2-94	2-2-95
项目			糙砌				背里
			露龈砌				
			尺三条砖		尺二条砖		
			一顺一丁	三顺一丁	一顺一丁	三顺一丁	
名称		单位	消耗量				
人工	合计工日	工日	1.500	1.320	1.610	1.460	1.300
	瓦工 普工	工日	0.150	0.132	0.161	0.146	0.130
	瓦工 一般技工	工日	1.050	0.924	1.127	1.022	0.910
	瓦工 高级技工	工日	0.300	0.264	0.322	0.292	0.260
材料	尺三条砖	块	143.5100	127.7900	—	—	—
	尺二条砖	块	—	—	205.6000	182.6200	182.6200
	白灰浆	m³	0.1460	0.1460	0.1680	0.1680	0.1680
	其他材料费(占材料费)	%	1.00	1.00	1.00	1.00	1.00

工作内容:支模板、选土、筛土、拌和、夯实、加抽纴木、墙面补夯、草栅覆盖、浇水养护等,其中版筑土城墙包括立永定柱。 计量单位:m³

定额编号			2-2-96	2-2-97	2-2-98	2-2-99	2-2-100	2-2-101
项目			版筑墙(厚)				版筑土城墙	
			50cm 以内	70cm 以内	100cm 以内	100cm 以外	3m 以内部分	3m 以外部分
名称		单位	消耗量					
人工	合计工日	工日	3.600	3.300	2.800	2.500	1.600	2.200
	瓦工 普工	工日	1.800	1.650	1.400	1.250	0.160	0.220
	瓦工 一般技工	工日	1.440	1.320	1.120	1.000	1.120	1.540
	瓦工 高级技工	工日	0.360	0.330	0.280	0.250	0.320	0.440
材料	黄土	m³	1.4920	1.4920	1.4920	1.4920	1.4920	1.4920
	松木规格料	m³	0.0200	0.0220	0.0240	0.0260	0.0240	0.0240
	大麻绳	kg	5.0000	5.0000	5.0000	5.0000	5.0000	5.0000
	水	kg	25.0000	25.0000	25.0000	25.0000	25.0000	25.0000
	草栅	kg	1.0000	1.0000	1.0000	1.0000	1.0000	1.0000
	其他材料费(占材料费)	%	1.00	1.00	1.00	1.00	1.00	1.00

工作内容:调泥浆、砌土坯砖、铺襻竹(不包含土坯砖的制作)。 计量单位:m³

定额编号			2-2-102	2-2-103	2-2-104	2-2-105
项目			土坯砖墙(厚)			
			20cm 以内	40cm 以内	60cm 以内	60cm 以外
名称		单位	消耗量			
人工	合计工日	工日	1.660	1.500	1.330	1.200
	瓦工 普工	工日	0.166	0.150	0.133	0.120
	瓦工 一般技工	工日	1.162	1.050	0.931	0.840
	瓦工 高级技工	工日	0.332	0.300	0.266	0.240
材料	泥浆	m³	0.1460	0.1460	0.1460	0.1460
	尺二土坯砖	块	212.0000	212.0000	212.0000	212.0000
	其他材料费(占材料费)	%	1.00	1.00	1.00	1.00

2. 砖 塔 类

工作内容：调制灰浆、挑选砖料、砖料的砍磨加工、浸水、铺灰摆砌、勾(抹)砖缝、墁水活打点。

计量单位：m

定额编号			2-2-106	2-2-107	2-2-108	2-2-109	2-2-110	2-2-111
项目			砖须弥座(方砖)					
			土衬	混砖	牙脚	罨牙	合莲	束腰
名称		单位	消耗量					
人工	合计工日	工日	0.530	1.050	1.200	1.060	2.740	0.860
	瓦工 普工	工日	0.011	0.021	0.024	0.021	0.055	0.017
	瓦工 一般技工	工日	0.074	0.147	0.168	0.148	0.384	0.120
	瓦工 高级技工	工日	0.021	0.042	0.048	0.042	0.110	0.034
	砍砖工 普工	工日	0.042	0.084	0.096	0.085	0.219	0.069
	砍砖工 一般技工	工日	0.297	0.588	0.672	0.594	1.534	0.482
	砍砖工 高级技工	工日	0.085	0.168	0.192	0.170	0.438	0.138
材料	尺五方砖	块	2.5000	2.5000	2.5000	2.6500	2.8700	2.5000
	白灰浆	m^3	0.0064	0.0064	0.0064	0.0064	0.0064	0.0064
	其他材料费(占材料费)	%	1.00	1.00	1.00	1.00	1.00	1.00
机械	切砖机	台班	0.0313	0.0313	0.0313	0.0331	0.0359	0.0313

工作内容:调制灰浆、挑选砖料、砖料的砍磨加工、浸水、铺灰摆砌、勾(抹)砖缝、墁水活打点。

计量单位:m

定额编号			2-2-112	2-2-113	2-2-114	2-2-115
项目			砖须弥座(方砖)			
			仰莲	罨涩	壶门三层	压阑砖(二层)
名称		单位	消耗量			
人工	合计工日	工日	2.740	1.060	4.250	1.780
	瓦工 普工	工日	0.055	0.021	0.085	0.036
	瓦工 一般技工	工日	0.384	0.148	0.595	0.249
	瓦工 高级技工	工日	0.110	0.042	0.170	0.071
	砍砖工 普工	工日	0.219	0.085	0.340	0.142
	砍砖工 一般技工	工日	1.534	0.594	2.380	0.997
	砍砖工 高级技工	工日	0.438	0.170	0.680	0.285
材料	尺五方砖	块	2.8700	2.6500	8.6100	3.6300
	白灰浆	m^3	0.0064	0.0064	0.0202	0.0120
	其他材料费(占材料费)	%	1.00	1.00	1.00	1.00
机械	切砖机	台班	0.0359	0.0331	0.1076	0.0454

工作内容：调制灰浆、挑选砖料、砖料的砍磨加工、浸水、铺灰摆砌、勾(抹)砖缝、墁水活打点。

计量单位：m

定额编号			2-2-116	2-2-117	2-2-118	2-2-119	2-2-120	2-2-121
项目			砖须弥座(条砖)					
			土衬	混砖	牙脚	罨牙	台莲	束腰
名称		单位	消耗量					
人工	合计工日	工日	0.500	1.120	1.360	1.360	3.160	0.980
	瓦工 普工	工日	0.010	0.022	0.027	0.027	0.063	0.020
	瓦工 一般技工	工日	0.070	0.157	0.190	0.190	0.442	0.137
	瓦工 高级技工	工日	0.020	0.045	0.054	0.054	0.126	0.039
	砍砖工 普工	工日	0.040	0.090	0.109	0.109	0.253	0.078
	砍砖工 一般技工	工日	0.280	0.627	0.762	0.762	1.770	0.549
	砍砖工 高级技工	工日	0.080	0.179	0.218	0.218	0.506	0.157
材料	尺三条砖	块	5.8000	5.8000	5.8000	6.1600	6.6700	5.8000
	白灰浆	m^3	0.0065	0.0065	0.0065	0.0065	0.0065	0.0065
	其他材料费(占材料费)	%	1.00	1.00	1.00	1.00	1.00	1.00
机械	切砖机	台班	0.0580	0.0580	0.0580	0.0616	0.0667	0.0580

工作内容：调制灰浆、挑选砖料、砖料的砍磨加工、浸水、铺灰摆砌、勾(抹)砖缝、墁水活打点。

计量单位：m

定额编号			2-2-122	2-2-123	2-2-124	2-2-125
项目			砖须弥座(条砖)			
			仰莲	罨涩	壶门三层	压阑砖(二层)
名称		单位	消耗量			
人工	合计工日	工日	3.160	1.360	4.870	1.780
	瓦工 普工	工日	0.063	0.027	0.097	0.036
	瓦工 一般技工	工日	0.442	0.190	0.682	0.249
	瓦工 高级技工	工日	0.126	0.054	0.195	0.071
	砍砖工 普工	工日	0.253	0.109	0.390	0.142
	砍砖工 一般技工	工日	1.770	0.762	2.727	0.997
	砍砖工 高级技工	工日	0.506	0.218	0.779	0.285
材料	尺三条砖	块	6.6700	6.1700	20.0100	10.9300
	白灰浆	m^3	0.0065	0.0065	0.0195	0.0093
	其他材料费(占材料费)	%	1.00	1.00	1.00	1.00
机械	切砖机	台班	0.0667	0.0617	0.2000	0.0353

工作内容：调制灰浆、挑选砖料、砖料的砍磨加工、浸水、铺灰摆砌、勾(抹)砖缝、墁水活打点。

定额编号			2-2-126	2-2-127	2-2-128
项目			倚柱	门楣、由额、阑额、普拍枋等	檐口
单位			m^3	m^2	m
名称		单位	消耗量		
人工	合计工日	工日	13.680	7.150	7.220
	瓦工 普工	工日	0.274	0.143	0.144
	瓦工 一般技工	工日	1.915	1.001	1.011
	瓦工 高级技工	工日	0.547	0.286	0.289
	砍砖工 普工	工日	1.094	0.572	0.578
	砍砖工 一般技工	工日	7.661	4.004	4.043
	砍砖工 高级技工	工日	2.189	1.144	1.155
材料	尺三条砖	块	151.6850	31.5505	2.5240
	白灰浆	m^3	0.1680	0.1680	0.2200
	其他材料费(占材料费)	%	1.00	1.00	1.00
机械	切砖机	台班	1.5169	0.3155	0.0252

工作内容：调制灰浆、挑选砖料、砖料的砍磨加工、浸水、铺灰摆砌、勾（抹）砖缝、墁水活打点。

定额编号			2-2-129	2-2-130	2-2-131	2-2-132	2-2-133	2-2-134
项目			砖瓦檐	砖平作	覆钵	受花	砖向轮	火焰宝珠
单位			m	m	m^3	m^3	m^3	m^3
名称		单位	消耗量					
人工	合计工日	工日	2.930	5.640	4.200	4.520	5.220	7.600
	瓦工 普工	工日	0.059	0.113	0.084	0.090	0.104	0.152
	瓦工 一般技工	工日	0.410	0.790	0.588	0.633	0.731	1.064
	瓦工 高级技工	工日	0.117	0.226	0.168	0.181	0.209	0.304
	砍砖工 普工	工日	0.234	0.451	0.336	0.362	0.418	0.608
	砍砖工 一般技工	工日	1.641	3.158	2.352	2.531	2.923	4.256
	砍砖工 高级技工	工日	0.469	0.902	0.672	0.723	0.835	1.216
材料	尺三条砖	块	5.8000	69.6000	151.6850	151.6850	151.6850	151.6850
	白灰浆	m^3	0.0065	0.0190	0.1680	0.1680	0.1680	0.1680
	其他材料费(占材料费)	%	1.00	1.00	1.00	1.00	1.00	1.00
机械	切砖机	台班	0.0580	0.6960	1.5169	1.5169	1.5169	1.5169

工作内容:调制灰浆、挑选砖料、砖料的砍磨加工、浸水、铺灰摆砌、勾(抹)砖缝、墁水活打点。

计量单位:朵

定额编号			2-2-135	2-2-136	2-2-137	2-2-138
项目			柱头、补间铺作			
			斗口跳		把头绞项造	
			单砖	并砖	单砖	并砖
名称		单位	消耗量			
人工	合计工日	工日	2.240	2.912	1.816	2.724
	瓦工 普工	工日	0.032	0.042	0.026	0.039
	瓦工 一般技工	工日	0.192	0.250	0.156	0.233
	瓦工 高级技工	工日	0.096	0.125	0.078	0.117
	砍砖工 普工	工日	0.192	0.249	0.156	0.233
	砍砖工 一般技工	工日	1.152	1.497	0.934	1.401
	砍砖工 高级技工	工日	0.576	0.749	0.467	0.700
材料	尺三条砖	块	9.0000	18.0000	6.0000	12.0000
	白灰浆	m^3	0.0075	0.0150	0.0065	0.0130
	其他材料费(占材料费)	%	1.00	1.00	1.00	1.00
机械	切砖机	台班	0.0900	0.1800	0.0600	0.1200

工作内容:调制灰浆、挑选砖料、砖料的砍磨加工、浸水、铺灰摆砌、勾(抹)砖缝、墁水活打点。

计量单位:朵

定额编号			2-2-139	2-2-140	2-2-141	2-2-142
项目			柱头、补间铺作			
			四铺作		五铺作	
			单砖	并砖	单砖	并砖
名称		单位	消耗量			
人工	合计工日	工日	4.895	6.363	7.685	9.991
	瓦工 普工	工日	0.070	0.091	0.110	0.143
	瓦工 一般技工	工日	0.420	0.545	0.659	0.856
	瓦工 高级技工	工日	0.210	0.273	0.329	0.428
	砍砖工 普工	工日	0.420	0.545	0.659	0.856
	砍砖工 一般技工	工日	2.517	3.273	3.952	5.139
	砍砖工 高级技工	工日	1.259	1.636	1.977	2.569
材料	尺三条砖	块	18.0000	36.0000	24.0000	48.0000
	白灰浆	m^3	0.0760	0.1520	0.1300	0.2600
	其他材料费(占材料费)	%	1.00	1.00	1.00	1.00
机械	切砖机	台班	0.1800	0.3600	0.2400	0.4800

工作内容:调制灰浆、挑选砖料、砖料的砍磨加工、浸水、铺灰摆砌、勾(抹)砖缝、墁水活打点。

计量单位:朵

定额编号			2-2-143	2-2-144	2-2-145	2-2-146
项目			转角铺作			
			斗口跳		把头绞项造	
			单砖	并砖	单砖	并砖
名称		单位	消耗量			
人工	合计工日	工日	3.360	5.040	4.155	6.233
	瓦工 普工	工日	0.048	0.072	0.059	0.089
	瓦工 一般技工	工日	0.288	0.432	0.356	0.534
	瓦工 高级技工	工日	0.144	0.216	0.178	0.267
	砍砖工 普工	工日	0.288	0.432	0.357	0.534
	砍砖工 一般技工	工日	1.728	2.592	2.137	3.206
	砍砖工 高级技工	工日	0.864	1.296	1.069	1.603
材料	尺三条砖	块	23.0000	46.0000	15.0000	30.0000
	白灰浆	m^3	0.0104	0.0208	0.0082	0.0164
	其他材料费(占材料费)	%	1.00	1.00	1.00	1.00
机械	切砖机	台班	0.2300	0.4600	0.1500	0.3000

工作内容：调制灰浆、挑选砖料、砖料的砍磨加工、浸水、铺灰摆砌、勾(抹)砖缝、熡水活打点。

定额编号			2-2-147	2-2-148	2-2-149	2-2-150	2-2-151
项目			转角铺作				
			四铺作		五铺作		拱眼壁
			单砖	并砖	单砖	并砖	
单位			朵	朵	朵	朵	m²
名称		单位	消耗量				
人工	合计工日	工日	7.343	11.014	11.528	17.292	4.550
	瓦工 普工	工日	0.105	0.157	0.165	0.247	0.228
	瓦工 一般技工	工日	0.629	0.944	0.988	1.482	1.365
	瓦工 高级技工	工日	0.315	0.472	0.494	0.741	0.683
	砍砖工 普工	工日	0.629	0.944	0.988	1.482	0.228
	砍砖工 一般技工	工日	3.777	5.664	5.929	8.893	1.365
	砍砖工 高级技工	工日	1.888	2.832	2.964	4.447	0.683
材料	尺三条砖	块	45.0000	90.0000	60.0000	120.0000	18.0000
	白灰浆	m³	0.1720	0.3440	0.2900	0.5800	0.0190
	其他材料费(占材料费)	%	1.00	1.00	1.00	1.00	1.00
机械	切砖机	台班	0.4500	0.9000	0.6000	1.2000	0.1800

3. 水道、卷輂、副子、踏道、象眼、慢道

工作内容：1. 土坯制作、调泥浆、砌土坯砖、铺襻竹；

2. 调制灰浆、挑选砖料、砖料的砍磨加工、浸水、铺灰摆砌、勾(抹)砖缝、墁水活打点。

定额编号			2-2-152	2-2-153
项目			牛头卷輂	城墙排水道
单位			m^3	m
名称		单位	消耗量	
人工	合计工日	工日	13.680	4.260
	瓦工 普工	工日	0.274	0.085
	瓦工 一般技工	工日	1.642	0.511
	瓦工 高级技工	工日	0.821	0.256
	砍砖工 普工	工日	1.094	0.341
	砍砖工 一般技工	工日	6.566	2.045
	砍砖工 高级技工	工日	3.283	1.022
材料	尺三条砖	块	151.6850	28.0000
	白灰浆	m^3	0.1680	0.1200
	其他材料费(占材料费)	%	1.00	1.00
机械	切砖机	台班	1.5169	0.2800

工作内容：调制灰浆、挑选砖料、砖料的砍磨加工、浸水、铺灰摆砌、勾(抹)砖缝、墁水活打点。

计量单位：m^2

定额编号			2-2-154	2-2-155	2-2-156	2-2-157	2-2-158	2-2-159
项目			细砖副子				糙砖副子	
			尺三条砖	尺二条砖	尺三方砖	尺二方砖	尺三条砖	尺二条砖
名称		单位	消耗量					
人工	合计工日	工日	2.400	2.340	1.980	1.990	0.430	0.500
	瓦工 普工	工日	0.080	0.078	0.066	0.066	0.043	0.050
	瓦工 一般技工	工日	0.560	0.546	0.462	0.464	0.301	0.350
	瓦工 高级技工	工日	0.160	0.156	0.132	0.133	0.086	0.100
	砍砖工 普工	工日	0.160	0.156	0.132	0.133	—	—
	砍砖工 一般技工	工日	1.120	1.092	0.924	0.929	—	—
	砍砖工 高级技工	工日	0.320	0.312	0.264	0.265	—	—
材料	尺三条砖	块	14.9900	—	—	—	11.0500	—
	尺二条砖	块	—	17.9900	—	—	—	12.9400
	尺三方砖	块	—	—	7.5440	—	—	—
	尺二方砖	块	—	—	—	9.0700	—	—
	白灰浆	m^3	0.0200	0.0155	0.0146	0.0140	0.0166	0.0156
	其他材料费(占材料费)	%	1.00	1.00	1.00	1.00	1.00	1.00
机械	切砖机	台班	0.1499	0.1499	0.0943	0.1134	—	—

工作内容:调制灰浆、挑选砖料、砖料的砍磨加工、浸水、铺灰摆砌、勾(抹)砖缝、墁水活打点。

计量单位:m²

定额编号			2-2-160	2-2-161	2-2-162	2-2-163	2-2-164	2-2-165
项目			糙砖副子		细砖踏道		糙砖踏道	
			尺三方砖	尺二方砖	尺三条砖	尺二条砖	尺三条砖	尺二条砖
名称		单位	消耗量					
人工	合计工日	工日	0.440	0.430	4.100	4.290	0.520	0.500
	瓦工 普工	工日	0.044	0.043	0.137	0.143	0.052	0.050
	瓦工 一般技工	工日	0.308	0.301	0.957	1.001	0.364	0.350
	瓦工 高级技工	工日	0.088	0.086	0.273	0.286	0.104	0.100
	砍砖工 普工	工日	—	—	0.273	0.286	—	—
	砍砖工 一般技工	工日	—	—	1.913	2.002	—	—
	砍砖工 高级技工	工日	—	—	0.547	0.572	—	—
材料	尺二方砖	块	—	6.6350	—	—	—	—
	尺三方砖	块	5.6700	—	—	—	—	—
	尺二条砖	块	—	—	—	35.9900	—	25.8800
	尺三条砖	块	—	—	18.1400	—	14.5600	—
	白灰浆	m³	0.0142	0.0136	0.0292	0.0309	0.2720	0.3030
	其他材料费(占材料费)	%	1.00	1.00	1.00	1.00	1.00	1.00
机械	切砖机	台班	—	—	0.1814	0.2999	—	—

工作内容:调制灰浆、挑选砖料、砖料的砍磨加工、浸水、铺灰摆砌、勾(抹)砖缝、墁水活打点。

计量单位:m^2

定额编号			2-2-166	2-2-167	2-2-168	2-2-169	2-2-170	2-2-171
项目			细砖象眼		糙砖象眼		慢道	
			尺三条砖	尺二条砖	尺三条砖	尺二条砖	尺三条砖	尺二条砖
名称		单位	消耗量					
人工	合计工日	工日	7.670	7.910	2.250	2.460	2.680	1.086
	瓦工 普工	工日	0.256	0.264	0.225	0.246	0.268	0.362
	瓦工 一般技工	工日	1.790	1.846	1.575	1.722	1.876	0.362
	瓦工 高级技工	工日	0.511	0.527	0.450	0.492	0.536	0.362
	砍砖工 普工	工日	0.511	0.527	—	—	—	—
	砍砖工 一般技工	工日	3.579	3.691	—	—	—	—
	砍砖工 高级技工	工日	1.023	1.055	—	—	—	—
材料	尺三条砖	块	58.5700	—	58.0000	—	32.0309	—
	尺二条砖	块	—	76.2800	—	75.5400	—	43.3752
	白灰浆	m^3	0.0351	0.0247	0.0432	0.0450	0.0078	0.0086
	其他材料费(占材料费)	%	1.00	1.00	1.00	1.00	1.00	1.00
机械	切砖机	台班	0.5857	0.7628	—	—	0.3203	0.3615

第三章　地 面 工 程

说　　明

一、本章定额包括地面整修及拆除，地面揭墁，细砖地面、散水、墁道，糙砖地面、散水、墁道四节，共157个子目。

二、地面、散水、墁道剔补定额以所补换砖相连面积在 $1m^2$ 以内为准，相连砖面积之和超过 $1m^2$ 时应执行拆除和新作定额。

三、道线剔补以相连砖累计长度在1m以内为准，超过1m时执行拆除和新作定额。

四、方砖地面揭墁已综合了直铺和斜铺的不同情况，实际工程中揭墁方砖地面不论其排砖方式如何，定额均不调整。

五、地面平铺条砖系指砖的大面向上的做法，侧铺为砖的条面向上的做法。

六、墁檐廊地面定额只适用于室内外分别铺墁的情况，若室内外通墁者不得执行该项定额。

七、各种砖地面铺墁、揭墁定额已综合考虑了遇柱顶掏卡口等因素。

八、本章定额各种地面结合层灰浆种类及厚度见下表，实际工程中所使用的灰浆种类和厚度与表中规定不符时应予换算，但人工不调整。

各种地面结合层灰浆种类及厚度

项　　目	灰浆种类	厚度(mm)	备　　注
细墁尺二、尺三、尺五方砖，尺二、尺三条砖	麻刀油灰	50	砖棱挂 麻刀油灰
细墁尺七、二尺方砖	麻刀油灰	60	
糙墁方砖、条砖	4∶6掺灰泥	30	砖棱挂4∶6掺灰泥

九、揭墁项目已综合考虑了利用旧砖、添配新砖因素。地面揭墁均以新砖添配率在30%以内为准，超过30%的部分（不含30%）按照比例增加砖件及其他材料费的消耗量。

工程量计算规则

一、地面、路面、散水剔补按所补换砖的块数计算。

二、地面揭墁按实揭面积计算。

三、地面铺墁:室内按主墙间面积计算,无围护墙者按压阑石(砖)里口围成的面积计算,檐廊部分按压阑石(砖)里皮至围护墙外皮间面积计算,均不扣除柱础、隔间所占面积;庭院地面、路面、散水按线道砖里口围成的面积计算,礓㦃按斜长面积计算,均不扣除 $1m^2$ 以内的井口、树池、花池所占面积。

四、道线按其中心线长累计计算。

一、地面整修及拆除

工作内容：剔除残损旧砖、清理基层、新砖件的砍磨加工、铺灰补装新砖。　　**计量单位：**块

定额编号			2-3-1	2-3-2	2-3-3	2-3-4	2-3-5
项目			细砖地面剔补				
			尺二方砖	尺三方砖	尺五方砖	尺七方砖	二尺方砖
名称		单位	消耗量				
人工	合计工日	工日	0.840	0.860	1.000	1.480	2.100
	瓦工 普工	工日	0.126	0.129	0.150	0.222	0.315
	瓦工 一般技工	工日	0.441	0.452	0.525	0.777	1.103
	瓦工 高级技工	工日	0.063	0.065	0.075	0.111	0.158
	砍砖工 普工	工日	0.042	0.043	0.050	0.074	0.105
	砍砖工 一般技工	工日	0.147	0.151	0.175	0.259	0.368
	砍砖工 高级技工	工日	0.021	0.022	0.025	0.037	0.053
材料	尺二方砖	块	1.1300	—	—	—	—
	尺三方砖	块	—	1.1300	—	—	—
	尺五方砖	块	—	—	1.1300	—	—
	尺七方砖	块	—	—	—	1.1300	—
	二尺方砖	块	—	—	—	—	1.1300
	白灰	kg	2.2000	3.3800	3.6050	5.4400	7.9900
	黄土	m^3	0.0063	0.0076	0.0103	0.0157	0.0231
	其他材料费(占材料费)	%	2.00	2.00	2.00	2.00	2.00
机械	切砖机	台班	0.0141	0.0141	0.0141	0.0141	0.0141

工作内容:剔除残损旧砖、清理基层、新砖件的砍磨加工、铺灰补装新砖。 **计量单位**:块

定额编号			2-3-6	2-3-7	2-3-8	2-3-9
项目			细砖地面剔补			
			尺二条砖		尺三条砖	
			平铺	侧铺	平铺	侧铺
名称		单位	消耗量			
人工	合计工日	工日	0.600	0.550	0.720	0.650
	瓦工 普工	工日	0.090	0.083	0.108	0.098
	瓦工 一般技工	工日	0.315	0.289	0.378	0.341
	瓦工 高级技工	工日	0.045	0.041	0.054	0.049
	砍砖工 普工	工日	0.030	0.028	0.036	0.033
	砍砖工 一般技工	工日	0.105	0.096	0.126	0.114
	砍砖工 高级技工	工日	0.015	0.014	0.018	0.016
材料	尺二条砖	块	1.1300	1.1300	—	—
	尺三条砖	块	—	—	1.1300	1.1300
	白灰	kg	1.1470	0.6800	1.3900	0.4430
	黄土	m^3	0.0032	0.0014	0.0038	0.0018
	其他材料费(占材料费)	%	2.00	2.00	2.00	2.00
机械	切砖机	台班	0.0094	0.0094	0.0113	0.0113

工作内容：剔除残损旧砖、清理基层、新砖件的砍磨加工、铺灰补装新砖。　　**计量单位：**块

定额编号			2-3-10	2-3-11	2-3-12	2-3-13	2-3-14	2-3-15
项目			细尺二条砖道线剔补				细尺三条砖道线剔补	
			1/4 砖立栽	1/2 砖立栽	1/4 砖侧栽	整砖侧栽	1/4 砖立栽	1/2 砖立栽
名称		单位	消耗量					
人工	合计工日	工日	0.440	0.440	0.410	0.410	0.540	0.540
	瓦工 普工	工日	0.066	0.066	0.062	0.062	0.081	0.081
	瓦工 一般技工	工日	0.231	0.231	0.215	0.215	0.284	0.284
	瓦工 高级技工	工日	0.033	0.033	0.031	0.031	0.041	0.041
	砍砖工 普工	工日	0.022	0.022	0.021	0.021	0.027	0.027
	砍砖工 一般技工	工日	0.077	0.077	0.072	0.072	0.095	0.095
	砍砖工 高级技工	工日	0.011	0.011	0.010	0.010	0.014	0.014
材料	尺二条砖	块	1.1300	1.1300	1.1300	1.1300	—	—
	尺三条砖	块	—	—	—	—	1.1300	1.1300
	白灰	kg	0.7470	0.4430	0.3710	0.7700	0.3400	0.3400
	黄土	m^3	0.0006	0.0008	0.0010	0.0012	0.0008	0.0011
	其他材料费(占材料费)	%	2.00	2.00	2.00	2.00	2.00	2.00
机械	切砖机	台班	0.0094	0.0094	0.0094	0.0094	0.0113	0.0113

工作内容:剔除残损旧砖、清理基层、新砖件的砍磨加工、铺灰补装新砖。 **计量单位**:块

定额编号			2-3-16	2-3-17	2-3-18	2-3-19	2-3-20	2-3-21	2-3-22
项目			细尺三条砖道线剔补		糙砖地面剔补				
			1/4 砖侧栽	整砖侧栽	尺二方砖	尺三方砖	尺五方砖	尺七方砖	二尺方砖
名称		单位	消耗量						
人工	合计工日	工日	0.410	0.410	0.120	0.120	0.130	0.160	0.200
	瓦工 普工	工日	0.062	0.062	0.024	0.024	0.026	0.032	0.040
	瓦工 一般技工	工日	0.215	0.215	0.084	0.084	0.091	0.112	0.140
	瓦工 高级技工	工日	0.031	0.031	0.012	0.012	0.013	0.016	0.020
	砍砖工 普工	工日	0.021	0.021	—	—	—	—	—
	砍砖工 一般技工	工日	0.072	0.072	—	—	—	—	—
	砍砖工 高级技工	工日	0.010	0.010	—	—	—	—	—
材料	尺二方砖	块	—	—	1.0300	—	—	—	—
	尺三方砖	块	—	—	—	1.0300	—	—	—
	尺五方砖	块	—	—	—	—	1.0300	—	—
	尺七方砖	块	—	—	—	—	—	1.0300	—
	二尺方砖	块	—	—	—	—	—	—	1.0300
	尺三条砖	块	1.1300	1.1300	—	—	—	—	—
	白灰	kg	0.5150	1.0000	1.4200	1.6800	2.2400	2.8700	3.9800
	黄土	m^3	0.0013	0.0023	0.0042	0.0050	0.0071	0.0087	0.0120
	其他材料费(占材料费)	%	2.00	2.00	2.00	2.00	2.00	2.00	2.00
机械	切砖机	台班	0.0113	0.0113	—	—	—	—	—

工作内容:剔除残损旧砖、清理基层、铺灰补装新砖。　　　　**计量单位**:块

定额编号			2-3-23	2-3-24	2-3-25	2-3-26	2-3-27	2-3-28
项目			糙砖地面剔补				糙砖道线剔补 尺二条砖	
			尺二条砖		尺三条砖		1/4 砖 立栽	1/2 砖 立栽
			平铺	侧铺	平铺	侧铺		
名称		单位	消耗量					
人工	合计工日	工日	0.100	0.100	0.110	0.110	0.160	0.160
	瓦工 普工	工日	0.020	0.020	0.022	0.022	0.032	0.032
	瓦工 一般技工	工日	0.070	0.070	0.077	0.077	0.112	0.112
	瓦工 高级技工	工日	0.010	0.010	0.011	0.011	0.016	0.016
材料	尺二条砖	块	1.0300	1.0300	—	—	1.0300	1.0300
	尺三条砖	块	—	—	1.0300	1.0300	—	—
	白灰	kg	0.7100	0.2400	0.8300	0.3200	0.1240	0.1240
	黄土	m^3	0.0022	0.0007	0.0025	0.0009	0.0003	0.0003
	其他材料费(占材料费)	%	2.00	2.00	2.00	2.00	2.00	2.00

工作内容:剔除残损旧砖、清理基层、铺灰补装新砖。　　　　**计量单位**:块

定额编号			2-3-29	2-3-30	2-3-31	2-3-32	2-3-33	2-3-34
项目			糙砖道线剔补 尺二条砖		糙砖道线剔补 尺三条砖			
			1/4 砖 侧栽	整砖 侧栽	1/4 砖 立栽	1/2 砖 立栽	1/4 砖 侧栽	整砖 侧栽
名称		单位	消耗量					
人工	合计工日	工日	0.160	0.160	0.170	0.170	0.170	0.170
	瓦工 普工	工日	0.032	0.032	0.034	0.034	0.034	0.034
	瓦工 一般技工	工日	0.112	0.112	0.119	0.119	0.119	0.119
	瓦工 高级技工	工日	0.016	0.016	0.017	0.017	0.017	0.017
材料	尺二条砖	块	1.0300	1.0300	—	—	—	—
	尺三条砖	块	—	—	1.0300	1.0300	1.0300	1.0300
	白灰	kg	0.2470	0.2470	0.1650	0.1650	0.3190	0.3190
	黄土	m^3	0.0007	0.0007	0.0005	0.0005	0.0009	0.0009
	其他材料费(占材料费)	%	2.00	2.00	2.00	2.00	2.00	2.00

工作内容：拆旧砖件、结合成，旧砖件的整理码放，不包括拆垫层。

定额编号			2-3-35	2-3-36	2-3-37	2-3-38	2-3-39
项目			拆除				
			细砖地面		糙砖地面		
			方砖	条砖	方砖	条砖	条砖道线
单位			m^2	m^2	m^2	m^2	m
名称		单位	消耗量				
人工	合计工日	工日	0.120	0.120	0.070	0.070	0.040
	瓦工 普工	工日	0.060	0.060	0.035	0.035	0.020
	瓦工 一般技工	工日	0.060	0.060	0.035	0.035	0.020

二、地 面 揭 墁

工作内容:拆旧地面、挑选整理拆下的旧砖件、所利用旧砖件的重新磨面、添配新砖重新铺墁、新砖件的砍磨加工。

计量单位:m^2

定额编号			2-3-40	2-3-41	2-3-42	2-3-43	2-3-44
项目			细砖地面揭墁				
			尺二方砖	尺三方砖	尺五方砖	尺七方砖	二尺方砖
名称		单位	消耗量				
人工	合计工日	工日	1.460	1.500	1.540	1.500	1.490
	瓦工 普工	工日	0.209	0.214	0.220	0.214	0.213
	瓦工 一般技工	工日	0.730	0.750	0.770	0.750	0.745
	瓦工 高级技工	工日	0.104	0.107	0.110	0.107	0.106
	砍砖工 普工	工日	0.083	0.086	0.088	0.086	0.085
	砍砖工 一般技工	工日	0.292	0.300	0.308	0.300	0.298
	砍砖工 高级技工	工日	0.042	0.043	0.044	0.043	0.043
材料	尺二方砖	块	2.7700	—	—	—	—
	尺三方砖	块	—	2.2900	—	—	—
	尺五方砖	块	—	—	1.6900	—	—
	尺七方砖	块	—	—	—	1.3000	—
	二尺方砖	块	—	—	—	—	0.9200
	白灰	kg	16.9700	17.0600	17.0200	20.1800	20.1800
	黄土	m^3	0.0494	0.0496	0.0495	0.0590	0.0590
	其他材料费(占材料费)	%	2.00	2.00	2.00	2.00	2.00
机械	切砖机	台班	0.0346	0.0286	0.0211	0.0141	0.0115

工作内容：拆旧地面、挑选整理拆下的旧砖件、所利用旧砖件的重新磨面、添配新砖重新铺墁、新砖件的砍磨加工。

定额编号			2-3-45	2-3-46	2-3-47	2-3-48	2-3-49	2-3-50
项目			细砖地面揭墁				细砖道线拆栽尺二条砖	
			尺二条砖		尺三条砖		1/4 砖立栽	1/2 砖立栽
			平铺	侧铺	平铺	侧铺		
单位			m^2	m^2	m^2	m^2	m	m
名称		单位	消耗量					
人工	合计工日	工日	1.620	2.770	1.610	2.590	0.370	0.640
	瓦工 普工	工日	0.231	0.396	0.230	0.370	0.053	0.091
	瓦工 一般技工	工日	0.810	1.385	0.805	1.295	0.185	0.320
	瓦工 高级技工	工日	0.116	0.198	0.115	0.185	0.026	0.046
	砍砖工 普工	工日	0.093	0.158	0.092	0.148	0.021	0.037
	砍砖工 一般技工	工日	0.324	0.554	0.322	0.518	0.074	0.128
	砍砖工 高级技工	工日	0.046	0.079	0.046	0.074	0.011	0.018
材料	尺二条砖	块	5.5300	16.7000	—	—	1.9300	0.8400
	尺三条砖	块	—	—	4.6000	12.2800	—	—
	白灰	kg	17.3900	24.7000	17.5400	23.8500	1.1950	3.4000
	黄土	m^3	0.0501	0.0597	0.0503	0.0587	0.0032	0.0117
	其他材料费(占材料费)	%	2.00	2.00	2.00	2.00	2.00	2.00
机械	切砖机	台班	0.0461	0.1392	0.0460	0.1228	0.0161	0.0070

工作内容：拆旧地面、挑选整理拆下的旧砖件、所利用旧砖件的重新磨面、添配新砖重新铺墁、新砖件的砍磨加工。

计量单位：m

定额编号			2-3-51	2-3-52	2-3-53	2-3-54	2-3-55	2-3-56
项目			细砖道线拆栽 尺二条砖		细砖道线拆栽 尺三条砖			
			1/4 砖 侧栽	整砖 侧栽	1/4 砖 立栽	1/2 砖 立栽	1/4 砖 侧栽	整砖 侧栽
名称		单位	消耗量					
人工	合计工日	工日	0.240	0.820	0.360	0.760	0.240	0.700
	瓦工 普工	工日	0.034	0.117	0.051	0.109	0.034	0.100
	瓦工 一般技工	工日	0.120	0.410	0.180	0.380	0.120	0.350
	瓦工 高级技工	工日	0.017	0.059	0.026	0.054	0.017	0.050
	砍砖工 普工	工日	0.014	0.047	0.021	0.043	0.014	0.040
	砍砖工 一般技工	工日	0.048	0.164	0.072	0.152	0.048	0.140
	砍砖工 高级技工	工日	0.007	0.023	0.010	0.022	0.007	0.020
材料	尺二条砖	块	0.9700	5.8400	—	—	—	—
	尺三条砖	块	—	—	0.8800	4.7100	0.8800	4.7100
	白灰	kg	0.9890	8.1500	2.0500	8.7700	2.0500	8.7700
	黄土	m^3	0.0029	0.0512	0.0036	0.0218	0.0036	0.0218
	其他材料费(占材料费)	%	2.00	2.00	2.00	2.00	2.00	2.00
机械	切砖机	台班	0.0081	0.0487	0.0088	0.0471	0.0088	0.0471

工作内容：拆旧地面、挑选整理拆下的旧砖件、添配新砖重新铺墁。 **计量单位**：m^2

定额编号			2-3-57	2-3-58	2-3-59	2-3-60	2-3-61
项目			糙砖地面揭墁				
			尺二方砖	尺三方砖	尺五方砖	尺七方砖	二尺方砖
名称		单位	消耗量				
人工	合计工日	工日	0.370	0.350	0.310	0.290	0.290
	瓦工 普工	工日	0.074	0.070	0.062	0.058	0.058
	瓦工 一般技工	工日	0.259	0.245	0.217	0.203	0.203
	瓦工 高级技工	工日	0.037	0.035	0.031	0.029	0.029
材料	尺二方砖	块	2.3100	—	—	—	—
	尺三方砖	块	—	1.9500	—	—	—
	尺五方砖	块	—	—	1.4800	—	—
	尺七方砖	块	—	—	—	1.1400	—
	二尺方砖	块	—	—	—	—	0.8200
	白灰	kg	9.7000	9.7000	9.7000	16.1700	16.1700
	黄土	m^3	0.0288	0.0288	0.0288	0.0484	0.0484
	其他材料费(占材料费)	%	2.00	2.00	2.00	2.00	2.00

工作内容：拆旧地面、挑选整理拆下的旧砖件、添配新砖重新铺墁。　　**计量单位**：m²

定额编号			2-3-62	2-3-63	2-3-64	2-3-65
项目			糙砖地面揭墁			
			尺二条砖		尺三条砖	
			平铺	侧铺	平铺	侧铺
名称		单位	消耗量			
人工	合计工日	工日	0.430	0.700	0.380	0.600
	瓦工 普工	工日	0.086	0.140	0.076	0.120
	瓦工 一般技工	工日	0.301	0.490	0.266	0.420
	瓦工 高级技工	工日	0.043	0.070	0.038	0.060
材料	尺二条砖	块	4.1900	12.5700	—	—
	尺三条砖	块	—	—	3.5700	9.2700
	白灰	kg	16.1700	16.1700	16.1700	16.1700
	黄土	m^3	0.0288	0.0288	0.0288	0.0288
	其他材料费(占材料费)	%	2.00	2.00	2.00	2.00

工作内容：拆旧地面、挑选整理拆下的旧砖件、添配新砖重新铺墁。　　**计量单位**：m

定额编号			2-3-66	2-3-67	2-3-68	2-3-69
项目			糙砖道线拆栽 尺二条砖			
			1/4 砖立栽	1/2 砖立栽	1/4 砖侧栽	整砖侧栽
名称		单位	消耗量			
人工	合计工日	工日	0.140	0.250	0.110	0.240
	瓦工 普工	工日	0.028	0.050	0.022	0.048
	瓦工 一般技工	工日	0.098	0.175	0.077	0.168
	瓦工 高级技工	工日	0.014	0.025	0.011	0.024
材料	尺二条砖	块	1.6100	4.8300	0.8000	4.8300
	白灰	kg	0.6700	2.0200	0.6700	4.0800
	黄土	m^3	0.0021	0.0061	0.0023	0.0122
	其他材料费(占材料费)	%	2.00	2.00	2.00	2.00

工作内容:拆旧地面、挑选整理拆下的旧砖件、添配新砖重新铺墁。 **计量单位**:m

定额编号			2-3-70	2-3-71	2-3-72	2-3-73
项目			糙砖道线拆栽 尺三条砖			
			1/4 砖立栽	1/2 砖立栽	1/4 砖侧栽	整砖侧栽
名称		单位	消耗量			
人工	合计工日	工日	0.140	0.220	0.100	0.220
	瓦工 普工	工日	0.028	0.044	0.020	0.044
	瓦工 一般技工	工日	0.098	0.154	0.070	0.154
	瓦工 高级技工	工日	0.014	0.022	0.010	0.022
材料	尺三条砖	块	1.4800	3.8600	0.7400	3.8600
	白灰	kg	0.7800	2.0200	0.7800	4.0400
	黄土	m^3	0.0023	0.0059	0.0023	0.0120
	其他材料费(占材料费)	%	2.00	2.00	2.00	2.00

三、细砖地面、散水、墁道

工作内容：清扫基层、挑选砖料、调制灰浆、砖件的砍制加工、浸水、挂线找规矩铺墁、清理、挂缝、勾缝、扫缝、墁水活打点。

计量单位：m²

定额编号			2-3-74	2-3-75	2-3-76	2-3-77	2-3-78
项目			地面直铺细方砖				
			尺二方砖	尺三方砖	尺五方砖	尺七方砖	二尺方砖
名称		单位	消耗量				
人工	合计工日	工日	2.220	2.350	2.480	2.460	2.540
	瓦工 普工	工日	0.178	0.188	0.198	0.197	0.203
	瓦工 一般技工	工日	0.622	0.658	0.694	0.689	0.711
	瓦工 高级技工	工日	0.089	0.094	0.099	0.098	0.102
	砍砖工 普工	工日	0.266	0.282	0.298	0.295	0.305
	砍砖工 一般技工	工日	0.932	0.987	1.042	1.033	1.067
	砍砖工 高级技工	工日	0.133	0.141	0.149	0.148	0.152
材料	尺二方砖	块	9.2200	—	—	—	—
	尺三方砖	块	—	7.6600	—	—	—
	尺五方砖	块	—	—	5.5800	—	—
	尺七方砖	块	—	—	—	4.3400	—
	二尺方砖	块	—	—	—	—	3.0400
	白灰	kg	16.9700	17.0600	17.0200	20.1800	20.0500
	黄土	m³	0.0490	0.0490	0.0490	0.0587	0.0587
	其他材料费(占材料费)	%	1.00	1.00	1.00	1.00	1.00
机械	切砖机	台班	0.1153	0.0958	0.0698	0.0543	0.0380

工作内容：清扫基层、挑选砖料、调制灰浆、砖件的砍制加工、浸水、挂线找规矩铺墁、清理、挂缝、勾缝、扫缝、墁水活打点。

计量单位：m^2

定额编号			2-3-79	2-3-80	2-3-81	2-3-82	2-3-83
项目			地面斜铺细方砖				
			尺二方砖	尺三方砖	尺五方砖	尺七方砖	二尺方砖
名称		单位	消耗量				
人工	合计工日	工日	2.420	2.550	2.690	2.620	2.700
	瓦工 普工	工日	0.194	0.204	0.215	0.210	0.216
	瓦工 一般技工	工日	0.678	0.714	0.753	0.734	0.756
	瓦工 高级技工	工日	0.097	0.102	0.108	0.105	0.108
	砍砖工 普工	工日	0.290	0.306	0.323	0.314	0.324
	砍砖工 一般技工	工日	1.016	1.071	1.130	1.100	1.134
	砍砖工 高级技工	工日	0.145	0.153	0.161	0.157	0.162
材料	尺二方砖	块	9.3800	—	—	—	—
	尺三方砖	块	—	7.8000	—	—	—
	尺五方砖	块	—	—	5.5800	—	—
	尺七方砖	块	—	—	—	4.4200	—
	二尺方砖	块	—	—	—	—	3.0900
	白灰	kg	16.9700	17.0600	17.0200	20.1800	20.0500
	黄土	m^3	0.0490	0.0490	0.0490	0.0590	0.0590
	其他材料费(占材料费)	%	1.00	1.00	1.00	1.00	1.00
机械	切砖机	台班	0.1173	0.0975	0.0698	0.0553	0.0386

工作内容:清扫基层、挑选砖料、调制灰浆、砖件的砍制加工、浸水、挂线找规矩铺墁、清理、挂缝、勾缝、扫缝、墁水活打点。

计量单位:m^2

定额编号			2-3-84	2-3-85	2-3-86	2-3-87	2-3-88	2-3-89
项目			地面墁细条砖					
			直平铺		侧铺		斜平铺	
			尺二条砖	尺三条砖	尺二条砖	尺三条砖	尺二条砖	尺三条砖
名称		单位	消耗量					
人工	合计工日	工日	2.400	2.350	5.410	4.820	2.740	2.680
	瓦工 普工	工日	0.192	0.188	0.433	0.386	0.219	0.214
	瓦工 一般技工	工日	0.672	0.658	1.515	1.350	0.767	0.750
	瓦工 高级技工	工日	0.096	0.094	0.216	0.193	0.110	0.107
	砍砖工 普工	工日	0.288	0.282	0.649	0.578	0.329	0.322
	砍砖工 一般技工	工日	1.008	0.987	2.272	2.024	1.151	1.126
	砍砖工 高级技工	工日	0.144	0.141	0.325	0.289	0.164	0.161
材料	尺二条砖	块	18.4300	—	55.6600	—	18.4300	—
	尺三条砖	块	—	15.3300	—	40.9400	—	15.3300
	白灰	kg	17.3900	17.5400	24.7000	23.8500	17.3900	17.5400
	黄土	m^3	0.0501	0.0503	0.0597	0.0587	0.0501	0.0503
	其他材料费(占材料费)	%	1.00	1.00	1.00	1.00	1.00	1.00
机械	切砖机	台班	0.1536	0.1533	0.4638	0.4094	0.1536	0.1533

工作内容：清扫基层、挑选砖料、调制灰浆、砖件的砍制加工、浸水、挂线找规矩铺墁、清理、挂缝、勾缝、扫缝、墁水活打点。

计量单位：m^2

定额编号			2-3-90	2-3-91	2-3-92	2-3-93	2-3-94	2-3-95	2-3-96
项目			廊步地面平铺细砖						
			尺二方砖	尺三方砖	尺五方砖	尺七方砖	二尺方砖	尺二条砖	尺三条砖
名称		单位	消耗量						
人工	合计工日	工日	2.560	2.570	2.820	2.620	2.700	2.720	2.560
	瓦工 普工	工日	0.205	0.206	0.226	0.210	0.216	0.218	0.205
	瓦工 一般技工	工日	0.717	0.720	0.790	0.734	0.756	0.762	0.717
	瓦工 高级技工	工日	0.102	0.103	0.113	0.105	0.108	0.109	0.102
	砍砖工 普工	工日	0.307	0.308	0.338	0.314	0.324	0.326	0.307
	砍砖工 一般技工	工日	1.075	1.079	1.184	1.100	1.134	1.142	1.075
	砍砖工 高级技工	工日	0.154	0.154	0.169	0.157	0.162	0.163	0.154
材料	尺二方砖	块	9.2200	—	—	—	—	—	—
	尺三方砖	块	—	7.6600	—	—	—	—	—
	尺五方砖	块	—	—	5.5800	—	—	—	—
	尺七方砖	块	—	—	—	4.3200	—	—	—
	二尺方砖	块	—	—	—	—	3.0400	—	—
	尺二条砖	块	—	—	—	—	—	18.4300	—
	尺三条砖	块	—	—	—	—	—	—	15.3300
	白灰	kg	16.9700	17.0600	17.0200	20.1800	20.0500	17.3900	17.5400
	黄土	m^3	0.0490	0.0490	0.0490	0.0587	0.0587	0.0501	0.0500
	其他材料费(占材料费)	%	1.00	1.00	1.00	1.00	1.00	1.00	1.00
机械	切砖机	台班	0.1153	0.0958	0.0698	0.0540	0.0380	0.1536	0.1533

工作内容:清扫基层、挑选砖料、调制灰浆、砖件的砍制加工、浸水、挂线找规矩铺墁、清理、挂缝、勾缝、扫缝、墁水活打点。

计量单位:m^2

定额编号			2-3-97	2-3-98	2-3-99	2-3-100	2-3-101	2-3-102	2-3-103
项目			散水墁细砖(平铺)						
			尺二方砖	尺三方砖	尺五方砖	尺七方砖	二尺方砖	尺二条砖	尺三条砖
名称		单位	消耗量						
人工	合计工日	工日	2.150	2.160	2.410	2.390	2.470	2.720	2.680
	瓦工 普工	工日	0.172	0.173	0.193	0.191	0.198	0.218	0.214
	瓦工 一般技工	工日	0.602	0.605	0.675	0.669	0.692	0.762	0.750
	瓦工 高级技工	工日	0.086	0.086	0.096	0.096	0.099	0.109	0.107
	砍砖工 普工	工日	0.258	0.259	0.289	0.287	0.296	0.326	0.322
	砍砖工 一般技工	工日	0.903	0.907	1.012	1.004	1.037	1.142	1.126
	砍砖工 高级技工	工日	0.129	0.130	0.145	0.143	0.148	0.163	0.161
材料	尺二方砖	块	9.2200	—	—	—	—	—	—
	尺三方砖	块	—	7.6600	—	—	—	—	—
	尺五方砖	块	—	—	5.5800	—	—	—	—
	尺七方砖	块	—	—	—	4.3400	—	—	—
	二尺方砖	块	—	—	—	—	3.0400	—	—
	尺二条砖	块	—	—	—	—	—	18.4300	—
	尺三条砖	块	—	—	—	—	—	—	15.3300
	白灰	kg	16.9700	17.0600	17.0200	20.1800	20.0500	17.3900	17.5400
	黄土	m^3	0.0490	0.0490	0.0490	0.0587	0.0587	0.0501	0.0503
	其他材料费(占材料费)	%	1.00	1.00	1.00	1.00	1.00	1.00	1.00
机械	切砖机 1.7kW	台班	0.1153	0.0958	0.0698	0.0543	0.0380	0.1536	0.1533

工作内容：清扫基层、挑选砖料、调制灰浆、砖件的砍制加工、浸水、挂线找规矩铺墁、清理、挂缝、勾缝、扫缝、墁水活打点。

计量单位：m

定额编号			2-3-104	2-3-105	2-3-106	2-3-107
项目			细条砖道线 尺二条砖			
			1/4 砖立栽	1/2 砖立栽	1/4 砖侧栽	整砖侧栽
名称		单位	消耗量			
人工	合计工日	工日	0.700	1.830	0.410	1.780
	瓦工 普工	工日	0.056	0.146	0.033	0.142
	瓦工 一般技工	工日	0.196	0.512	0.115	0.498
	瓦工 高级技工	工日	0.028	0.073	0.016	0.071
	砍砖工 普工	工日	0.084	0.220	0.049	0.214
	砍砖工 一般技工	工日	0.294	0.769	0.172	0.748
	砍砖工 高级技工	工日	0.042	0.110	0.025	0.107
材料	尺二条砖	块	6.4500	19.4800	3.2300	19.4800
	白灰	kg	1.2000	5.3400	0.9800	8.1500
	黄土	m^3	0.0032	0.0117	0.0030	0.0520
	其他材料费(占材料费)	%	1.00	1.00	1.00	1.00
机械	切砖机	台班	0.0538	0.1623	0.0269	0.1623

工作内容：清扫基层、挑选砖料、调制灰浆、砖件的砍制加工、浸水、挂线找规矩铺墁、清理、挂缝、勾缝、扫缝、墁水活打点。

计量单位：m

定额编号			2-3-108	2-3-109	2-3-110	2-3-111
项目			细条砖道线 尺三条砖			
			1/4 砖立栽	1/2 砖立栽	1/4 砖侧栽	整砖侧栽
名称		单位	消耗量			
人工	合计工日	工日	0.670	1.670	0.420	1.690
	瓦工 普工	工日	0.054	0.134	0.034	0.135
	瓦工 一般技工	工日	0.188	0.468	0.118	0.473
	瓦工 高级技工	工日	0.027	0.067	0.017	0.068
	砍砖工 普工	工日	0.080	0.200	0.050	0.203
	砍砖工 一般技工	工日	0.281	0.701	0.176	0.710
	砍砖工 高级技工	工日	0.040	0.100	0.025	0.101
材料	尺三条砖	块	5.8900	15.7000	2.9400	15.7000
	白灰	kg	1.5390	5.6340	2.0500	8.7700
	黄土	m^3	0.0040	0.0127	0.0036	0.0218
	其他材料费(占材料费)	%	1.00	1.00	1.00	1.00
机械	切砖机	台班	0.0589	0.1570	0.0294	0.1570

四、糙砖地面、散水、墁道

工作内容：清扫基层、挑选砖料、浸水、调制灰浆、挂线找规矩铺墁、挂缝、清理、勾缝、扫缝等。

计量单位：m^2

定额编号			2-3-112	2-3-113	2-3-114	2-3-115	2-3-116
项目			地面直铺糙方砖				
			尺二方砖	尺三方砖	尺五方砖	尺七方砖	二尺方砖
名称		单位	消耗量				
人工	合计工日	工日	0.250	0.230	0.200	0.180	0.180
	瓦工 普工	工日	0.050	0.046	0.040	0.036	0.036
	瓦工 一般技工	工日	0.175	0.161	0.140	0.126	0.126
	瓦工 高级技工	工日	0.025	0.023	0.020	0.018	0.018
材料	尺二方砖	块	7.0000	—	—	—	—
	尺三方砖	块	—	5.9500	—	—	—
	尺五方砖	块	—	—	4.4800	—	—
	尺七方砖	块	—	—	—	3.4800	—
	二尺方砖	块	—	—	—	—	2.5100
	白灰	kg	9.6900	9.6900	9.6900	9.6900	9.6900
	黄土	m^3	0.0288	0.0288	0.0288	0.0288	0.0288
	其他材料费(占材料费)	%	1.00	1.00	1.00	1.00	1.00

工作内容：清扫基层、挑选砖料、浸水、调制灰浆、挂线找规矩铺墁、挂缝、清理、勾缝、扫缝等。

计量单位：m^2

定额编号			2-3-117	2-3-118	2-3-119	2-3-120	2-3-121
项目			地面斜铺糙方砖				
			尺二方砖	尺三方砖	尺五方砖	尺七方砖	二尺方砖
名称		单位	消耗量				
人工	合计工日	工日	0.280	0.250	0.220	0.200	0.200
	瓦工 普工	工日	0.056	0.050	0.044	0.040	0.040
	瓦工 一般技工	工日	0.196	0.175	0.154	0.140	0.140
	瓦工 高级技工	工日	0.028	0.025	0.022	0.020	0.020
材料	尺二方砖	块	7.0000	—	—	—	—
	尺三方砖	块	—	5.9500	—	—	—
	尺五方砖	块	—	—	4.4800	—	—
	尺七方砖	块	—	—	—	3.4800	—
	二尺方砖	块	—	—	—	—	2.5100
	白灰	kg	9.6900	9.6900	9.6900	9.6900	9.6900
	黄土	m^3	0.0288	0.0288	0.0288	0.0288	0.0288
	其他材料费(占材料费)	%	1.00	1.00	1.00	1.00	1.00

工作内容：清扫基层、挑选砖料、浸水、调制灰浆、挂线找规矩铺墁、挂缝、清理、勾缝、扫缝等。

计量单位：m^2

定额编号			2-3-122	2-3-123	2-3-124	2-3-125	2-3-126	2-3-127
项目			地面直平铺糙条砖		地面斜平铺糙条砖		地面侧铺糙条砖	
			尺二条砖	尺三条砖	尺二条砖	尺三条砖	尺二条砖	尺三条砖
名称		单位	消耗量					
人工	合计工日	工日	0.320	0.310	0.360	0.350	0.610	0.550
	瓦工 普工	工日	0.064	0.062	0.072	0.070	0.122	0.110
	瓦工 一般技工	工日	0.224	0.217	0.252	0.245	0.427	0.385
	瓦工 高级技工	工日	0.032	0.031	0.036	0.035	0.061	0.055
材料	尺二条砖	块	13.9800	—	13.9800	—	41.8700	—
	尺三条砖	块	—	11.8900	—	11.8900	—	30.9000
	白灰	kg	9.6900	9.6900	9.6900	9.6900	9.6900	9.6900
	黄土	m^3	0.0290	0.0290	0.0290	0.0290	0.0290	0.0290
	其他材料费(占材料费)	%	1.00	1.00	1.00	1.00	1.00	1.00

工作内容：清扫基层、挑选砖料、浸水、调制灰浆、挂线找规矩铺墁、挂缝、清理、勾缝、扫缝等。

计量单位：m^2

定额编号			2-3-128	2-3-129	2-3-130	2-3-131	2-3-132	2-3-133	2-3-134
项目			廊步地面平铺糙砖						
			尺二方砖	尺三方砖	尺五方砖	尺七方砖	二尺方砖	尺二条砖	尺三条砖
名称		单位	消耗量						
人工	合计工日	工日	0.280	0.250	0.220	0.200	0.180	0.360	0.350
	瓦工 普工	工日	0.056	0.050	0.044	0.040	0.036	0.072	0.070
	瓦工 一般技工	工日	0.196	0.175	0.154	0.140	0.126	0.252	0.245
	瓦工 高级技工	工日	0.028	0.025	0.022	0.020	0.018	0.036	0.035
材料	尺二方砖	块	7.0000	—	—	—	—	—	—
	尺三方砖	块	—	5.9500	—	—	—	—	—
	尺五方砖	块	—	—	4.4800	—	—	—	—
	尺七方砖	块	—	—	—	3.4800	—	—	—
	二尺方砖	块	—	—	—	—	2.5100	—	—
	尺二条砖	块	—	—	—	—	—	13.9800	—
	尺三条砖	块	—	—	—	—	—	—	11.8900
	白灰	kg	9.6900	9.6900	9.6900	9.6900	9.6900	9.6900	9.6900
	黄土	m^3	0.0288	0.0288	0.0288	0.0288	0.0288	0.0290	0.0290
	其他材料费(占材料费)	%	1.00	1.00	1.00	1.00	1.00	1.00	1.00

工作内容：清扫基层、挑选砖料、浸水、调制灰浆、挂线找规矩铺墁、挂缝、清理、勾缝、扫缝等。

计量单位：m^2

定额编号			2-3-135	2-3-136	2-3-137	2-3-138	2-3-139	2-3-140	2-3-141
项目			散水墁糙砖						
			方砖平铺					条砖平铺	
			尺二方砖	尺三方砖	尺五方砖	尺七方砖	二尺方砖	尺二条砖	尺三条砖
名称		单位	消耗量						
人工	合计工日	工日	0.240	0.220	0.190	0.180	0.170	0.320	0.310
	瓦工 普工	工日	0.048	0.044	0.038	0.036	0.034	0.064	0.062
	瓦工 一般技工	工日	0.168	0.154	0.133	0.126	0.119	0.224	0.217
	瓦工 高级技工	工日	0.024	0.022	0.019	0.018	0.017	0.032	0.031
材料	尺二方砖	块	7.0000	—	—	—	—	—	—
	尺三方砖	块	—	5.9500	—	—	—	—	—
	尺五方砖	块	—	—	4.4800	—	—	—	—
	尺七方砖	块	—	—	—	3.4800	—	—	—
	二尺方砖	块	—	—	—	—	2.5100	—	—
	尺二条砖	块	—	—	—	—	—	13.9800	—
	尺三条砖	块	—	—	—	—	—	—	11.8900
	白灰	kg	9.6900	9.6900	9.6900	9.6900	9.6900	9.6900	9.6900
	黄土	m^3	0.0288	0.0288	0.0288	0.0288	0.0288	0.0290	0.0290
	其他材料费(占材料费)	%	1.00	1.00	1.00	1.00	1.00	1.00	1.00

工作内容：清扫基层、挑选砖料、浸水、调制灰浆、挂线找规矩铺墁、挂缝、清理、勾缝、扫缝等。

计量单位：m

定额编号			2-3-142	2-3-143	2-3-144	2-3-145
项目			糙砖道线 尺二条砖			
			1/4 砖立栽	1/2 砖立栽	1/4 砖侧栽	整砖侧栽
名称		单位	消耗量			
人工	合计工日	工日	0.110	0.200	0.100	0.190
	瓦工 普工	工日	0.022	0.040	0.020	0.038
	瓦工 一般技工	工日	0.077	0.140	0.070	0.133
	瓦工 高级技工	工日	0.011	0.020	0.010	0.019
材料	尺二条砖	块	5.3700	16.1000	2.6800	16.1000
	白灰	kg	0.6700	2.0200	0.6700	4.0600
	黄土	m^3	0.0021	0.0061	0.0021	0.0484
	其他材料费(占材料费)	%	1.00	1.00	1.00	1.00

工作内容：清扫基层、挑选砖料、浸水、调制灰浆、挂线找规矩铺墁、挂缝、清理、勾缝、扫缝等。

计量单位：m^2

定额编号			2-3-146	2-3-147	2-3-148	2-3-149	2-3-150	2-3-151
项目			糙砖道线 尺三条砖				墁道平铺糙砖	
			1/4 砖立栽	1/2 砖立栽	整砖侧栽	1/4 砖侧栽	尺二方砖	尺三方砖
名称		单位	消耗量					
人工	合计工日	工日	0.120	0.190	0.170	0.100	0.230	0.220
	瓦工 普工	工日	0.024	0.038	0.034	0.020	0.046	0.044
	瓦工 一般技工	工日	0.084	0.133	0.119	0.070	0.161	0.154
	瓦工 高级技工	工日	0.012	0.019	0.017	0.010	0.023	0.022
材料	尺二条砖	块	4.9500	12.8700	12.8700	2.4700	—	—
	尺二方砖	块	—	—	—	—	7.0000	—
	尺三方砖	块	—	—	—	—	—	5.9500
	白灰	kg	0.7800	2.0500	4.0400	0.7800	9.6900	9.6900
	黄土	m^3	0.0024	0.0061	0.0122	0.0024	0.0288	0.0288
	其他材料费(占材料费)	%	1.00	1.00	1.00	1.00	1.00	1.00

工作内容：清扫基层、挑选砖料、浸水、调制灰浆、挂线找规矩铺墁、挂缝、清理、勾缝、扫缝等。

计量单位：m^2

定额编号			2-3-152	2-3-153	2-3-154	2-3-155	2-3-156	2-3-157
项目			墁道平铺糙砖		墁道侧铺糙砖		条砖礓礤	
			尺二条砖	尺三条砖	尺二条砖	尺三条砖	尺二条砖	尺三条砖
名称		单位	消耗量					
人工	合计工日	工日	0.280	0.250	0.490	0.460	0.530	0.490
	瓦工 普工	工日	0.056	0.050	0.098	0.092	0.106	0.098
	瓦工 一般技工	工日	0.196	0.175	0.343	0.322	0.371	0.343
	瓦工 高级技工	工日	0.028	0.025	0.049	0.046	0.053	0.049
材料	尺二条砖	块	13.9800	—	13.9800	—	13.9800	—
	尺三条砖	块	—	11.9800	—	11.8900	—	11.8900
	白灰	kg	9.6900	9.6900	9.6900	9.6900	9.6900	9.6900
	黄土	m^3	0.0290	0.0290	0.0290	0.0290	0.0290	0.0290
	其他材料费(占材料费)	%	1.00	1.00	1.00	1.00	1.00	1.00

第四章　屋 面 工 程

说　　明

一、本章定额包括屋面整修、屋面拆除、苫背、新作瓦屋面四节，共226个子目。

二、屋面查补面积超过60%者按屋面揭宽定额执行。

三、屋面苫背厚度以平均厚度计算，其中泥背平均厚度不足5cm时仍按5cm计算，增加厚度不足1cm者仍按1cm计算。

四、屋面拆除包括拆下屋面瓦，不包括屋脊的拆除。

五、本章定额垒瓦条脊包括垒正脊、垂脊、围脊、博脊，实际工程中不论其具体部位定额均不调整，且按垒脊瓦的层数划分子目，垂脊兽前则按筒瓦型号划分子目。

六、龙尾按照鸱尾相应子目定额乘以系数1.4执行。

七、除悬山屋顶外，其他屋顶形式（如攒尖、庑殿、歇山等）单坡面积在$5m^2$以内者，预算价按下表调整系数。

预算价调整系数表

屋面形式	$2m^2$ 以内	$5m^2$ 以内	$10m^2$ 以内
布瓦屋面	1.18	1.14	1.1

八、墙帽的瓦面部分按照相应屋面形式定额乘以系数1.3执行。

九、合瓦揭宽檐头以宽度在1m以内为准，如宽度超过1m，应分别执行相应屋面拆除和新做定额。

十、鸱尾安装包括装配鸱尾及尾座、尾桩、镶铁锔子、铁索链等。

十一、本定额未列琉璃瓦屋面，若工程中出现宋式琉璃瓦屋面按清代定额相应子目执行。

十二、宋式建筑用瓦规格见下表。

宋式建筑用瓦规格一览表

屋宇档次规模		筒瓦规格（宋尺）	标准单位规格（mm）	宋尺底板瓦规格	标准单位规格（mm）
屋面铺筒瓦	殿阁、厅堂等五间以上	1.4×0.65×0.06	448×208×19.2	1.6×1.0×0.1 1.6×1.0×0.08	512×320×32 512×320×25.6
	殿阁、厅堂等三间以下	1.2×0.5×0.05	384×160×16	1.4×0.8×0.07 1.4×0.8×0.06	448×256×22.4 448×256×19.2
	散屋	0.9×0.35×0.035	288×112×11.2	1.2×0.65×0.06 1.2×0.65×0.05	384×208×19.2 384×208×16
	亭榭、柱心方1丈以上	0.8×0.35×0.035	256×112×11.2	1.0×0.6×0.05 1.0×0.6×0.04	320×192×16 320×192×12.8
	小亭榭、柱心方1丈	0.6×0.25×0.03	192×80×9.6	0.85×0.55×0.04 0.85×0.55×0.035	272×176×12.8 272×176×11.2
	小亭榭、柱心方9尺以下	0.4×0.23×0.025	128×73.6×8	0.6×0.45×0.04 0.6×0.45×0.03	197×144×12.8 197×144×9.6
屋面铺板瓦	厅堂五间以上	—	—	1.4×0.8×0.1 1.4×0.8×0.08	448×256×32 448×256×25.6
	厅堂三间以下及廊屋六椽以上	—	—	1.3×0.7×0.06 1.3×0.7×0.055	416×224×19.2 416×224×17.6
	廊四椽及散屋	—	—	1.2×0.65×0.06 1.2×0.65×0.05	384×208×19.2 384×208×16

十三、宋式建筑鸱尾高度见下表。

宋式建筑鸱尾高度一览表

建筑类别	开间与椽数	鸱尾高度(尺)	标准单位规格(mm)	备注
殿屋	九间八椽以上	—	—	—
	有副阶	9~10	2880~3200	—
	无副阶	8	2560	—
	五至七间	7~7.5	2240~2400	不计椽数
	三间	5~5.5	1600~1760	—
楼阁	三檐者	7	2240	与殿五间同
	二檐者	5~5.5	1600~1760	与殿三间同
殿挟类	—	4~4.5	1280~1440	—
廊屋之类	—	3~3.5	960~1120	殿屋即殿前庭院周围的廊庑,其转角正脊用合角鸱尾
小亭殿等	—	2~2.5	640~800	—

工程量计算规则

一、屋面查补、揭宽屋面、屋面拆除、灰背泥拆除、勾抹望板缝、苫胶泥层、苫石灰层、瓦面铺宽均按屋面面积以平方米为单位计算,不扣除各种脊所压占面积,屋角飞檐冲出部分不增加,同一屋顶瓦面做法不同时应分别计算面积,其中屋面查补的屋脊面积不再另行计算。屋面各部位边线及坡长规定如下:

1. 檐头边线以图示木基层或砖檐外边线为准。

2. 悬山建筑两山以博缝外皮为准。

3. 歇山建筑拱山部分边线以博缝外皮为准,撒头上边线以博缝外皮连线为准。

4. 重檐建筑下层檐上边线以重檐金柱(或重檐童柱)外皮连线为准。

5. 坡长按脊中或上述上边线至檐头折线长计算。

二、檐头整修及檐头附件按长度以"m"为单位计算,其中悬山建筑按两博缝外皮间净长计算,带角梁的建筑按子角梁端头中点连接直线长计算。

三、正吻、走兽修补按残损区域实际面积计算。

四、扣脊瓦、线道瓦、垒脊瓦、滚筒瓦归安复位按实作长度以"m"为单位计算。

五、檐头附件、华废、剪边均按实作长度以"m"为单位计算。

六、清砍瓦件以"百个"为单位计算。

七、各种脊均按长度以"m"为单位计算。

1. 带鸱尾正脊应扣除鸱尾所占长度(围脊相同)。

2. 垂脊、戗脊、角脊有垂岔兽者分兽前与兽后分别计算,兽前部分由垂脊、戗脊、角脊下端外皮量至垂岔兽后口,兽前部分由兽后口起,垂脊上端量至正吻外皮,无正吻者量至正脊中线,角脊上端量至合角吻外皮,戗脊量至垂脊外皮。

八、鸱尾、合角鸱尾、套兽、蹲兽、嫔伽按个计算。

一、屋面整修

工作内容：洒水防尘、清扫瓦垄、铺垫灰泥、抽换破瓦、夹垄打点等。　　**计量单位：**m^2

定额编号			2-4-1	2-4-2	2-4-3	2-4-4	2-4-5	2-4-6
项目			筒瓦屋面查补					
			面积在20%以内					
			四寸筒瓦	六寸筒瓦	八寸筒瓦	九寸筒瓦	尺二筒瓦	尺四筒瓦
名称		单位	消耗量					
人工	合计工日	工日	0.360	0.320	0.290	0.250	0.220	0.180
	瓦工 普工	工日	0.072	0.064	0.058	0.050	0.044	0.036
	瓦工 一般技工	工日	0.180	0.160	0.145	0.125	0.110	0.090
	瓦工 高级技工	工日	0.108	0.096	0.087	0.075	0.066	0.054
材料	四寸筒瓦	块	1.4500	—	—	—	—	—
	六寸板瓦	块	1.6700	—	—	—	—	—
	六寸筒瓦	块	—	0.7730	—	—	—	—
	八寸板瓦	块	—	0.8320	—	—	—	—
	八寸筒瓦	块	—	—	0.5430	—	—	—
	一尺板瓦	块	—	—	0.7280	—	—	—
	九寸筒瓦	块	—	—	—	0.4820	—	—
	尺二板瓦	块	—	—	—	0.6030	—	—
	尺二筒瓦	块	—	—	—	—	0.2540	0.1670
	尺四板瓦	块	—	—	—	—	0.3640	—
	尺六板瓦	块	—	—	—	—	—	0.2600
	掺灰泥 5∶5	m^3	0.0148	0.0146	0.0188	0.0185	0.0210	0.0220
	深月白中麻刀灰	m^3	0.0030	0.0023	0.0030	0.0030	0.0042	0.0063
	其他材料费(占材料费)	%	2.00	2.00	2.00	2.00	2.00	2.00

工作内容：洒水防尘、清扫瓦垄、铺垫灰泥、抽换破瓦、夹垄打点等。

计量单位：m^2

定额编号			2-4-7	2-4-8	2-4-9	2-4-10	2-4-11	2-4-12
项目			筒瓦屋面查补					
			面积在40%以内					
			四寸筒瓦	六寸筒瓦	八寸筒瓦	九寸筒瓦	尺二筒瓦	尺四筒瓦
名称		单位	消耗量					
人工	合计工日	工日	0.460	0.420	0.380	0.350	0.310	0.280
	瓦工 普工	工日	0.092	0.084	0.076	0.070	0.062	0.056
	瓦工 一般技工	工日	0.230	0.210	0.190	0.175	0.155	0.140
	瓦工 高级技工	工日	0.138	0.126	0.114	0.105	0.093	0.084
材料	四寸筒瓦	块	2.9000	—	—	—	—	—
	六寸板瓦	块	3.2200	—	—	—	—	—
	六寸筒瓦	块	—	1.5500	—	—	—	—
	八寸板瓦	块	—	1.6600	—	—	—	—
	八寸筒瓦	块	—	—	1.0900	—	—	—
	一尺板瓦	块	—	—	1.4600	—	—	—
	九寸筒瓦	块	—	—	—	0.9630	—	—
	尺二板瓦	块	—	—	—	1.6200	—	—
	尺二筒瓦	块	—	—	—	—	0.5080	—
	尺四筒瓦	块	—	—	—	—	—	0.3350
	尺四板瓦	块	—	—	—	—	0.7280	—
	尺六板瓦	块	—	—	—	—	—	0.5200
	掺灰泥 5∶5	m^3	0.0297	0.0293	0.0375	0.0371	0.0420	0.0441
	深月白中麻刀灰	m^3	0.0060	0.0045	0.0060	0.0060	0.0084	0.0125
	其他材料费(占材料费)	%	2.00	2.00	2.00	2.00	2.00	2.00

工作内容：洒水防尘、清扫瓦垄、铺垫灰泥、抽换破瓦、夹垄打点等。　　计量单位：m^2

定额编号			2-4-13	2-4-14	2-4-15	2-4-16	2-4-17	2-4-18
项目			筒瓦屋面查补					
			面积在60%以内					
			四寸筒瓦	六寸筒瓦	八寸筒瓦	九寸筒瓦	尺二筒瓦	尺四筒瓦
名称		单位	消耗量					
人工	合计工日	工日	0.550	0.520	0.470	0.450	0.410	0.380
	瓦工 普工	工日	0.110	0.104	0.094	0.090	0.082	0.076
	瓦工 一般技工	工日	0.275	0.260	0.235	0.225	0.205	0.190
	瓦工 高级技工	工日	0.165	0.156	0.141	0.135	0.123	0.114
材料	四寸筒瓦	块	5.8000	—	—	—	—	—
	六寸板瓦	块	6.4400	—	—	—	—	—
	六寸筒瓦	块	—	3.1000	—	—	—	—
	八寸板瓦	块	—	3.3200	—	—	—	—
	八寸筒瓦	块	—	—	2.1800	—	—	—
	一尺板瓦	块	—	—	2.9200	—	—	—
	九寸筒瓦	块	—	—	—	1.9260	—	—
	尺二板瓦	块	—	—	—	3.2400	—	—
	尺二筒瓦	块	—	—	—	—	1.0160	—
	尺四筒瓦	块	—	—	—	—	—	0.6700
	尺四板瓦	块	—	—	—	—	1.4560	—
	尺六板瓦	块	—	—	—	—	—	1.0400
	掺灰泥 5:5	m^3	0.0594	0.0586	0.0750	0.0740	0.0840	0.0882
	深月白中麻刀灰	m^3	0.0120	0.0090	0.0120	0.0120	0.0168	0.0250
	其他材料费(占材料费)	%	2.00	2.00	2.00	2.00	2.00	2.00

工作内容:调浆、备料、抽换残损瓦件、基层清理、浸水、归安松动瓦件。　　**计量单位**:m

定额编号			2-4-19	2-4-20	2-4-21	2-4-22	2-4-23	2-4-24
项目			筒瓦屋面檐头整修					
			四寸筒瓦	六寸筒瓦	八寸筒瓦	九寸筒瓦	尺二筒瓦	尺四筒瓦
名称		单位	消耗量					
人工	合计工日	工日	0.900	0.840	0.780	0.720	0.660	0.600
	瓦工 普工	工日	0.180	0.168	0.156	0.144	0.132	0.120
	瓦工 一般技工	工日	0.450	0.420	0.390	0.360	0.330	0.300
	瓦工 高级技工	工日	0.270	0.252	0.234	0.216	0.198	0.180
材料	花头筒瓦 四寸	块	1.2400	—	—	—	—	—
	花头筒瓦 六寸	块	—	0.9900	—	—	—	—
	花头筒瓦 八寸	块	—	—	0.9300	—	—	—
	花头筒瓦 九寸	块	—	—	—	0.9300	—	—
	花头筒瓦 尺二	块	—	—	—	—	0.6500	—
	花头筒瓦 尺四	块	—	—	—	—	—	0.5010
	重唇板瓦 六寸	块	1.2400	—	—	—	—	—
	重唇板瓦 八寸	块	—	0.9900	—	—	—	—
	重唇板瓦 九寸	块	—	—	0.9300	—	—	—
	重唇板瓦 尺二	块	—	—	—	0.9300	—	—
	重唇板瓦 尺四	块	—	—	—	—	0.6500	—
	重唇板瓦 尺六	块	—	—	—	—	—	0.5010
	三寸滴当火珠	块	2.4800	—	—	—	—	—
	四寸滴当火珠	块	—	1.9800	—	—	—	—
	五寸滴当火珠	块	—	—	1.8500	1.8500	—	—
	六寸滴当火珠	块	—	—	—	—	1.3000	—
	八寸滴当火珠	块	—	—	—	—	—	1.0400
	瓦钉	kg	0.3400	0.3500	0.4900	0.5600	0.4500	0.4160
	掺灰泥 5:5	m^3	0.0310	0.0310	0.0390	0.0390	0.0440	0.0460
	深月白中麻刀灰	m^3	0.0062	0.0047	0.0062	0.0062	0.0087	0.0134
	其他材料费(占材料费)	%	2.00	2.00	2.00	2.00	2.00	2.00

工作内容：洒水防尘、清扫瓦垄、铺垫灰泥、抽换破瓦、夹垄打点等。 **计量单位**：m^2

定额编号			2-4-25	2-4-26	2-4-27	2-4-28	2-4-29	2-4-30
项目			合瓦屋面查补					
			面积在20%以内			面积在40%以内		
			尺二板瓦	尺三板瓦	尺四板瓦	尺二板瓦	尺三板瓦	尺四板瓦
名称		单位	消耗量					
人工	合计工日	工日	0.200	0.180	0.160	0.360	0.300	0.240
	瓦工 普工	工日	0.040	0.036	0.032	0.072	0.060	0.048
	瓦工 一般技工	工日	0.100	0.090	0.080	0.180	0.150	0.120
	瓦工 高级技工	工日	0.060	0.054	0.048	0.108	0.090	0.072
材料	尺二板瓦	块	0.8630	—	—	1.7300	—	—
	尺三板瓦	块	—	0.7700	—	—	1.5400	—
	尺四板瓦	块	—	—	0.4780	—	—	0.9600
	掺灰泥 5:5	m^3	0.0210	0.0244	0.0276	0.0420	0.0488	0.0552
	深月白中麻刀灰	m^3	0.0032	0.0037	0.0043	0.0064	0.0074	0.0087
	其他材料费(占材料费)	%	2.00	2.00	2.00	2.00	2.00	2.00

工作内容：洒水防尘、清扫瓦垄、铺垫灰泥、抽换破瓦、夹垄打点等。 **计量单位**：m^2

定额编号			2-4-31	2-4-32	2-4-33
项目			合瓦屋面查补		
			面积在60%以内		
			尺二板瓦	尺三板瓦	尺四板瓦
名称		单位	消耗量		
人工	合计工日	工日	0.650	0.510	0.360
	瓦工 普工	工日	0.130	0.102	0.072
	瓦工 一般技工	工日	0.325	0.255	0.180
	瓦工 高级技工	工日	0.195	0.153	0.108
材料	尺二板瓦	块	2.5890	—	—
	尺三板瓦	块	—	2.3100	—
	尺四板瓦	块	—	—	1.4340
	掺灰泥 5:5	m^3	0.0630	0.0732	0.8280
	深月白中麻刀灰	m^3	0.0096	0.0111	0.0129
	其他材料费(占材料费)	%	2.00	2.00	2.00

工作内容：调浆、备料、抽换残损瓦件、基层清理、浸水、归安松动瓦件。　　**计量单位：**m

定　额　编　号			2-4-34	2-4-35	2-4-36
项　　目			合瓦屋面檐头整修		
			尺二板瓦	尺三板瓦	尺四板瓦
名　称		单位	消　耗　量		
人工	合计工日	工日	0.600	0.530	0.480
	瓦工 普工	工日	0.240	0.212	0.192
	瓦工 一般技工	工日	0.300	0.265	0.240
	瓦工 高级技工	工日	0.060	0.053	0.048
材料	尺二垂尖花头板瓦	块	1.3300	—	—
	尺三垂尖花头板瓦	块	—	1.2500	—
	尺四垂尖花头板瓦	块	—	—	0.8650
	重唇板瓦 尺二	块	0.6700	—	—
	重唇板瓦 尺三	块	—	0.6200	—
	重唇板瓦 尺四	块	—	—	0.4330
	掺灰泥 5：5	m^3	0.0440	0.0520	0.0580
	深月白中麻刀灰	m^3	0.0067	0.0078	0.0092
	其他材料费(占材料费)	%	2.00	2.00	2.00

工作内容：局部拆除瓦面，添配部分瓦件重新宽瓦及捉节夹垄打点等。 **计量单位**：m^2

定额编号			2-4-37	2-4-38	2-4-39	2-4-40	2-4-41	2-4-42
项目			局部揭宽屋面					
			筒瓦屋面					
			四寸筒瓦	六寸筒瓦	八寸筒瓦	九寸筒瓦	尺二筒瓦	尺四筒瓦
名称		单位	消耗量					
人工	合计工日	工日	1.320	1.180	1.090	1.040	0.970	0.900
	瓦工 普工	工日	0.396	0.354	0.327	0.312	0.291	0.270
	瓦工 一般技工	工日	0.660	0.590	0.545	0.520	0.485	0.450
	瓦工 高级技工	工日	0.264	0.236	0.218	0.208	0.194	0.180
材料	四寸筒瓦	块	19.3200	—	—	—	—	—
	六寸筒瓦	块	—	10.3000	—	—	—	—
	八寸筒瓦	块	—	—	7.2300	—	—	—
	九寸筒瓦	块	—	—	—	6.9600	—	—
	尺二筒瓦	块	—	—	—	—	3.7600	—
	尺四筒瓦	块	—	—	—	—	—	2.2300
	六寸板瓦	块	21.4800	—	—	—	—	—
	八寸板瓦	块	—	11.1300	—	—	—	—
	一尺板瓦	块	—	—	9.6600	—	—	—
	尺二板瓦	块	—	—	—	8.0500	—	—
	尺四板瓦	块	—	—	—	—	4.8400	—
	尺六板瓦	块	—	—	—	—	—	3.3900
	掺灰泥 5：5	m^3	0.0620	0.0610	0.0780	0.0770	0.0880	0.0920
	深月白中麻刀灰	m^3	0.0136	0.0104	0.0140	0.0140	0.0190	0.0287
	其他材料费(占材料费)	%	2.00	2.00	2.00	2.00	2.00	2.00

工作内容:1. 局部拆除瓦面,添配部分瓦件重新宽瓦及捉节夹垄打点等;
2. 吻兽烧制、切割、清理基层、粘补。

定额编号			2-4-43	2-4-44	2-4-45	2-4-46
项目			局部揭宽屋面			吻兽修补
			合瓦屋面			
			尺二板瓦	尺三板瓦	尺四板瓦	
单位			m^2	m^2	m^2	dm^2
名称		单位	消耗量			
人工	合计工日	工日	1.010	0.910	0.820	0.730
	瓦工 普工	工日	0.303	0.273	0.246	0.219
	瓦工 一般技工	工日	0.505	0.455	0.410	0.365
	瓦工 高级技工	工日	0.202	0.182	0.164	0.146
材料	尺二板瓦	块	11.5000	—	—	—
	尺三板瓦	块	—	10.2500	—	—
	尺四板瓦	块	—	—	6.4300	—
	掺灰泥 5:5	m^3	0.0874	0.1017	0.1150	—
	深月白中麻刀灰	m^3	0.0147	0.0171	0.0201	0.0655
	其他材料费(占材料费)	%	2.00	2.00	2.00	2.00

工作内容:拆除残损的脊饰、补换新件。 **计量单位**:个

定额编号			2-4-47	2-4-48	2-4-49	2-4-50
项目			添配鸱尾(高)			
			80cm 以内	120cm 以内	160cm 以内	160cm 以外
名称		单位	消耗量			
人工	合计工日	工日	2.390	4.200	7.600	9.200
	瓦工 普工	工日	0.478	0.840	1.520	1.840
	瓦工 一般技工	工日	1.195	2.100	3.800	4.600
	瓦工 高级技工	工日	0.717	1.260	2.280	2.760
材料	二尺五鸱尾	座	1.0000	—	—	—
	三尺五鸱尾	座	—	1.0000	—	—
	五尺鸱尾	座	—	—	1.0000	—
	七尺五鸱尾	座	—	—	—	1.0000
	深月白大麻刀灰	m^3	0.0030	0.0045	0.0060	0.0080
	其他材料费(占材料费)	%	2.00	2.00	2.00	2.00

工作内容:拆除残损的饰件、补换新件。 **计量单位**:个

定额编号			2-4-51	2-4-52	2-4-53	2-4-54	2-4-55
项目			添配套兽(径)				
			25cm 以内	30cm 以内	35cm 以内	40cm 以内	40cm 以外
名称		单位	消耗量				
人工	合计工日	工日	0.200	0.220	0.240	0.260	0.280
	瓦工 普工	工日	0.060	0.066	0.072	0.078	0.084
	瓦工 一般技工	工日	0.100	0.110	0.120	0.130	0.140
	瓦工 高级技工	工日	0.040	0.044	0.048	0.052	0.056
材料	八寸套兽	个	1.0000	—	—	—	—
	九寸套兽	个	—	1.0000	—	—	—
	一尺套兽	个	—	—	1.0000	—	—
	尺二套兽	个	—	—	—	1.0000	1.0000
	深月白大麻刀灰	m^3	0.0030	0.0030	0.0030	0.0040	0.0040
	其他材料费(占材料费)	%	2.00	2.00	2.00	2.00	2.00

工作内容:拆除残损的脊饰、补换新件。

计量单位:个

定额编号			2-4-56	2-4-57	2-4-58	2-4-59	2-4-60	2-4-61
项目			添配嫔伽(高)					
			20cm 以内	26cm 以内	32cm 以内	40cm 以内	52cm 以内	52cm 以外
名称		单位	消耗量					
人工	合计工日	工日	0.420	0.440	0.460	0.480	0.520	0.560
	瓦工 普工	工日	0.126	0.132	0.138	0.144	0.156	0.168
	瓦工 一般技工	工日	0.210	0.220	0.230	0.240	0.260	0.280
	瓦工 高级技工	工日	0.084	0.088	0.092	0.096	0.104	0.112
材料	六寸嫔伽	座	1.0000	—	—	—	—	—
	八寸嫔伽	座	—	1.0000	—	—	—	—
	一尺嫔伽	座	—	—	1.0000	—	—	—
	尺二嫔伽	座	—	—	—	1.0000	—	—
	尺四嫔伽	座	—	—	—	—	1.0000	—
	尺六嫔伽	座	—	—	—	—	—	1.0000
	深月白大麻刀灰	m^3	0.0030	0.0030	0.0030	0.0040	0.0040	0.0040
	其他材料费(占材料费)	%	2.00	2.00	2.00	2.00	2.00	2.00

工作内容：拆除残损的脊饰、补换新件。 计量单位：个

定额编号			2-4-62	2-4-63	2-4-64	2-4-65	2-4-66
项目			添配蹲兽(高)				
			13cm 以内	20cm 以内	26cm 以内	32cm 以内	32cm 以外
名称		单位	消耗量				
人工	合计工日	工日	0.340	0.360	0.380	0.400	0.420
	瓦工 普工	工日	0.102	0.108	0.114	0.120	0.126
	瓦工 一般技工	工日	0.170	0.180	0.190	0.200	0.210
	瓦工 高级技工	工日	0.068	0.072	0.076	0.080	0.084
材料	四寸蹲兽	座	1.0000	—	—	—	—
	六寸蹲兽	座	—	1.0000	—	—	—
	八寸蹲兽	座	—	—	1.0000	—	—
	九寸蹲兽	座	—	—	—	1.0000	—
	一尺蹲兽	座	—	—	—	—	1.0000
	深月白大麻刀灰	m^3	0.0030	0.0030	0.0030	0.0040	0.0050
	其他材料费(占材料费)	%	2.00	2.00	2.00	2.00	2.00

工作内容：拆除松动附件、基层清理、备料、浸水、安装。 计量单位：个

定额编号			2-4-67	2-4-68	2-4-69	2-4-70	2-4-71	2-4-72
项目			脊附件归安复位					
			鸱尾					
			80cm 以内	120cm 以内	160cm 以内	210cm 以内	260cm 以内	320cm 以内
名称		单位	消耗量					
人工	合计工日	工日	5.000	6.000	6.500	7.000	7.500	8.000
	瓦工 普工	工日	1.500	1.800	1.950	2.100	2.250	2.400
	瓦工 一般技工	工日	2.500	3.000	3.250	3.500	3.750	4.000
	瓦工 高级技工	工日	1.000	1.200	1.300	1.400	1.500	1.600
材料	深月白大麻刀灰	m^3	0.0107	0.0247	0.0387	0.0527	0.0667	0.0807
	深月白小麻刀灰	m^3	0.0071	0.0165	0.0259	0.0353	0.0447	0.0541
	其他材料费(占材料费)	%	2.00	2.00	2.00	2.00	2.00	2.00

工作内容：拆除松动附件、基层清理、备料、浸水、安装。　　　　**计量单位：**个

定额编号		2-4-73	2-4-74	2-4-75	2-4-76	2-4-77
项目		脊附件归安复位				
		套兽(径)				
		13cm 以内	20cm 以内	26cm 以内	32cm 以内	40cm 以内
名称	单位	消耗量				
人工 合计工日	工日	1.500	2.000	2.500	3.000	3.500
人工 瓦工 普工	工日	0.450	0.600	0.750	0.900	1.050
人工 瓦工 一般技工	工日	0.750	1.000	1.250	1.500	1.750
人工 瓦工 高级技工	工日	0.300	0.400	0.500	0.600	0.700
材料 深月白大麻刀灰	m^3	0.0030	0.0030	0.0040	0.0040	0.0050
材料 其他材料费(占材料费)	%	2.00	2.00	2.00	2.00	2.00

工作内容：拆除松动附件、基层清理、备料、浸水、修补、安装。　　　　**计量单位：**个

定额编号		2-4-78	2-4-79	2-4-80	2-4-81	2-4-82	2-4-83
项目		脊附件归安复位					
		嫔伽(高)					
		20cm 以内	26cm 以内	32cm 以内	40cm 以内	45cm 以内	52cm 以内
名称	单位	消耗量					
人工 合计工日	工日	0.500	0.600	0.700	0.800	0.900	1.000
人工 瓦工 普工	工日	0.150	0.180	0.210	0.240	0.270	0.300
人工 瓦工 一般技工	工日	0.250	0.300	0.350	0.400	0.450	0.500
人工 瓦工 高级技工	工日	0.100	0.120	0.140	0.160	0.180	0.200
材料 深月白中麻刀灰	m^3	0.0030	0.0030	0.0040	0.0040	0.0050	0.0050
材料 其他材料费(占材料费)	%	2.00	2.00	2.00	2.00	2.00	2.00

工作内容:拆除松动附件、基层清理、备料、浸水、安装。 **计量单位**:个

定额编号			2-4-84	2-4-85	2-4-86	2-4-87	2-4-88
项目			脊附件归安复位				
			蹲兽(高)				
			13cm 以内	20cm 以内	26cm 以内	29cm 以内	32cm 以内
名称		单位	消耗量				
人工	合计工日	工日	0.400	0.420	0.440	0.460	0.480
	瓦工 普工	工日	0.120	0.126	0.132	0.138	0.144
	瓦工 一般技工	工日	0.200	0.210	0.220	0.230	0.240
	瓦工 高级技工	工日	0.080	0.084	0.088	0.092	0.096
材料	深月白中麻刀灰	m^3	0.0030	0.0030	0.0040	0.0040	0.0050
	其他材料费(占材料费)	%	2.00	2.00	2.00	2.00	2.00

工作内容:拆除松动附件、基层清理、备料、浸水、安装。 **计量单位**:m

定额编号			2-4-89	2-4-90	2-4-91
项目			脊附件归安复位		
			扣脊瓦	线道瓦、垒脊瓦	滚筒瓦
名称		单位	消耗量		
人工	合计工日	工日	0.070	0.180	0.360
	瓦工 普工	工日	0.021	0.054	0.108
	瓦工 一般技工	工日	0.035	0.090	0.180
	瓦工 高级技工	工日	0.014	0.036	0.072
材料	深月白中麻刀灰	m^3	0.0030	0.0050	0.0080
	其他材料费(占材料费)	%	2.00	2.00	2.00

二、屋 面 拆 除

工作内容:拆除已损坏的瓦件、整理码放。

定额编号			2-4-92	2-4-93	2-4-94
项目			布瓦屋面拆除		正脊拆除(高9层)
			合瓦	筒瓦	
单位			m^2	m^2	m
名称		单位	消耗量		
人工	合计工日	工日	0.200	0.190	0.340
	瓦工 普工	工日	0.060	0.057	0.102
	瓦工 一般技工	工日	0.100	0.095	0.170
	瓦工 高级技工	工日	0.040	0.038	0.068

工作内容:构件的拆除、清理吻内灰浆、整理码放。　　**计量单位:**个

定额编号			2-4-95	2-4-96	2-4-97	2-4-98	2-4-99	2-4-100
项目			鸱尾拆除					
			80cm以内	120cm以内	160cm以内	210cm以内	260cm以内	320cm以内
名称		单位	消耗量					
人工	合计工日	工日	0.500	1.200	3.000	3.200	3.400	3.600
	瓦工 普工	工日	0.150	0.360	0.900	0.960	1.020	1.080
	瓦工 一般技工	工日	0.250	0.600	1.500	1.600	1.700	1.800
	瓦工 高级技工	工日	0.100	0.240	0.600	0.640	0.680	0.720

工作内容:构件的拆除、整理码放。 **计量单位**:个

定额编号			2-4-101	2-4-102	2-4-103	2-4-104	2-4-105
项目			套兽拆除(径)				
			13cm 以内	20cm 以内	26cm 以内	32cm 以内	40cm 以内
名称		单位	消耗量				
人工	合计工日	工日	0.120	0.140	0.160	0.180	0.200
	瓦工 普工	工日	0.036	0.042	0.048	0.054	0.060
	瓦工 一般技工	工日	0.060	0.070	0.080	0.090	0.100
	瓦工 高级技工	工日	0.024	0.028	0.032	0.036	0.040

工作内容:构件的拆除、整理码放。 **计量单位**:个

定额编号			2-4-106	2-4-107	2-4-108	2-4-109	2-4-110	2-4-111
项目			嫔伽拆除(高)					
			20cm 以内	26cm 以内	32cm 以内	40cm 以内	45cm 以内	52cm 以内
名称		单位	消耗量					
人工	合计工日	工日	0.100	0.120	0.140	0.160	0.180	0.200
	瓦工 普工	工日	0.030	0.036	0.042	0.048	0.054	0.060
	瓦工 一般技工	工日	0.050	0.060	0.070	0.080	0.090	0.100
	瓦工 高级技工	工日	0.020	0.024	0.028	0.032	0.036	0.040

工作内容：构件的拆除、整理码放。 **计量单位**：个

定额编号			2-4-112	2-4-113	2-4-114	2-4-115	2-4-116
项目			蹲兽拆除(高)				
			13cm 以内	20cm 以内	26cm 以内	29cm 以内	32cm 以内
名称		单位	消耗量				
人工	合计工日	工日	0.100	0.120	0.140	0.160	0.180
	瓦工 普工	工日	0.030	0.036	0.042	0.048	0.054
	瓦工 一般技工	工日	0.050	0.060	0.070	0.080	0.090
	瓦工 高级技工	工日	0.020	0.024	0.028	0.032	0.036

工作内容：构件的拆除、整理码放。 **计量单位**：对

定额编号			2-4-117	2-4-118	2-4-119	2-4-120	2-4-121
项目			合角鸱尾拆除(高)				
			50cm 以下	70cm 以下	80cm 以下	100cm 以下	120cm 以下
名称		单位	消耗量				
人工	合计工日	工日	0.380	0.480	0.680	0.880	1.080
	瓦工 普工	工日	0.114	0.144	0.204	0.264	0.324
	瓦工 一般技工	工日	0.190	0.240	0.340	0.440	0.540
	瓦工 高级技工	工日	0.076	0.096	0.136	0.176	0.216

工作内容:1. 挑选可重新使用的瓦件、整理码放。
　　　　　2. 拆下、堆放。

定额编号			2-4-122	2-4-123	2-4-124	2-4-125	2-4-126
项目			清理旧瓦件黏土			灰泥背拆除	
			纯泥	破灰泥	纯白灰	10cm 厚以内	每增加 5cm
单位			百个	百个	百个	m^2	m^2
名称		单位	消耗量				
人工	合计工日	工日	0.320	0.500	0.750	0.110	0.060
	瓦工 普工	工日	0.224	0.350	0.525	0.066	0.036
	瓦工 一般技工	工日	0.096	0.150	0.225	0.033	0.018
	瓦工 高级技工	工日	—	—	—	0.011	0.006

三、苫 背

工作内容：调制灰浆、勾望板缝、护板灰、屋面苫背分层摊抹、泼浆灌封压实等。 计量单位：m^2

定额编号			2-4-127	2-4-128	2-4-129	2-4-130	2-4-131
项目			勾抹瓦板望板缝	胶泥层		麻刀石灰层	
				5cm 以内	每增加1cm	5cm 以内	每增加1cm
名称		单位	消耗量				
人工	合计工日	工日	0.030	0.100	0.020	1.200	0.240
	瓦工 普工	工日	0.021	0.060	0.012	0.720	0.144
	瓦工 一般技工	工日	0.006	0.030	0.006	0.360	0.072
	瓦工 高级技工	工日	0.003	0.010	0.002	0.120	0.024
材料	十尺鸱尾	座	—	0.5200	0.0110	—	—
	深月白中麻刀灰	m^3	0.0010	—	—	—	—
	麻刀	kg	—	0.7700	0.1600	2.0400	0.4100
	水	kg	—	—	—	42.0000	8.4000
	草栅	kg	—	—	—	9.4000	1.9000
	其他材料费(占材料费)	%	1.00	1.00	1.00	1.00	1.00

四、新作瓦屋面

工作内容:揎窠、分中、号垄、铺灰宽瓦、排钉、勾抹瓦口、捉节夹垄、刷浆打点。　　　　计量单位:m^2

定额编号			2-4-132	2-4-133	2-4-134	2-4-135	2-4-136	2-4-137
项目			筒瓦屋面					
			四寸筒瓦	六寸筒瓦	八寸筒瓦	九寸筒瓦	尺二筒瓦	尺四筒瓦
名称		单位	消耗量					
人工	合计工日	工日	2.160	1.680	1.200	1.080	0.960	0.840
	瓦工 普工	工日	0.432	0.336	0.240	0.216	0.192	0.168
	瓦工 一般技工	工日	1.296	1.008	0.720	0.648	0.576	0.504
	瓦工 高级技工	工日	0.432	0.336	0.240	0.216	0.192	0.168
材料	四寸筒瓦	块	48.3200	—	—	—	—	—
	六寸筒瓦	块	—	25.7400	—	—	—	—
	八寸筒瓦	块	—	—	18.0900	—	—	—
	九寸筒瓦	块	—	—	—	16.0500	—	—
	尺二筒瓦	块	—	—	—	—	8.1400	—
	尺四筒瓦	块	—	—	—	—	—	5.5700
	六寸板瓦	块	53.7000	—	—	—	—	—
	八寸板瓦	块	—	27.8300	—	—	—	—
	一尺板瓦	块	—	—	24.1500	—	—	—
	尺二板瓦	块	—	—	—	20.1200	—	—
	尺四板瓦	块	—	—	—	—	12.0900	—
	尺六板瓦	块	—	—	—	—	—	8.4600
	掺灰泥 5∶5	m^3	0.0620	0.0610	0.0780	0.0770	0.0880	0.0920
	深月白中麻刀灰	m^3	0.0103	0.0093	0.0124	0.0124	0.0173	0.0260
	其他材料费(占材料费)	%	1.00	1.00	1.00	1.00	1.00	1.00

工作内容：撤窠、分中、号垄、铺灰宽瓦、排钉、勾抹瓦口、捉节夹垄、刷浆打点。 **计量单位**：m

定额编号			2-4-138	2-4-139	2-4-140	2-4-141	2-4-142	2-4-143
项目			筒瓦屋面檐头附件					
			四寸筒瓦	六寸筒瓦	八寸筒瓦	九寸筒瓦	尺二筒瓦	尺四筒瓦
名称		单位	消耗量					
人工	合计工日	工日	0.360	0.340	0.310	0.290	0.260	0.240
	瓦工 普工	工日	0.072	0.068	0.062	0.058	0.052	0.048
	瓦工 一般技工	工日	0.216	0.204	0.186	0.174	0.156	0.144
	瓦工 高级技工	工日	0.072	0.068	0.062	0.058	0.052	0.048
材料	花头筒瓦 四寸	块	6.1900	—	—	—	—	—
	花头筒瓦 六寸	块	—	4.9500	—	—	—	—
	花头筒瓦 八寸	块	—	—	4.6400	—	—	—
	花头筒瓦 九寸	块	—	—	—	4.6400	—	—
	花头筒瓦 尺二	块	—	—	—	—	3.2500	—
	花头筒瓦 尺四	块	—	—	—	—	—	2.5000
	重唇板瓦 六寸	块	6.1900	—	—	—	—	—
	重唇板瓦 八寸	块	—	4.9500	—	—	—	—
	重唇板瓦 九寸	块	—	—	4.6400	—	—	—
	重唇板瓦 尺二	块	—	—	—	4.6400	—	—
	重唇板瓦 尺四	块	—	—	—	—	3.2500	—
	重唇板瓦 尺六	块	—	—	—	—	—	2.5000
	三寸滴当火珠	块	6.1900	4.9500	—	—	—	—
	四寸滴当火珠	块	—	—	4.6400	—	—	—
	五寸滴当火珠	块	—	—	—	4.6400	—	—
	六寸滴当火珠	块	—	—	—	—	3.2500	—
	八寸滴当火珠	块	—	—	—	—	—	2.5000
	瓦钉	kg	0.8600	0.8900	1.2400	1.3900	1.1300	1.0800
	掺灰泥 5:5	m^3	0.0046	0.0075	0.0134	0.0148	0.0234	0.0210
	深月白中麻刀灰	m^3	0.0015	0.0024	0.0067	0.0081	0.0111	0.0148
	其他材料费(占材料费)	%	1.00	1.00	1.00	1.00	1.00	1.00

工作内容:擸窠、分中、号垄、铺灰宽瓦、排钉、勾抹瓦口、捉节夹垄、刷浆打点。

定额编号			2-4-144	2-4-145	2-4-146	2-4-147	2-4-148	2-4-149
项目			合瓦屋面			合瓦屋面檐头附件		
			尺二板瓦	尺三板瓦	尺四板瓦	尺二板瓦	尺三板瓦	尺四板瓦
单位			m^2	m^2	m^2	m	m	m
名称		单位	消耗量					
人工	合计工日	工日	1.200	1.080	0.960	0.260	0.240	0.220
	瓦工 普工	工日	0.240	0.216	0.192	0.052	0.048	0.044
	瓦工 一般技工	工日	0.720	0.648	0.576	0.156	0.144	0.132
	瓦工 高级技工	工日	0.240	0.216	0.192	0.052	0.048	0.044
材料	尺二板瓦	块	28.7500	—	—	—	—	—
	尺三板瓦	块	—	25.6300	—	—	—	—
	尺四板瓦	块	—	—	16.0800	—	—	—
	尺二垂尖花头板瓦	块	—	—	—	3.3000	—	—
	尺三垂尖花头板瓦	块	—	—	—	—	3.1200	—
	尺四垂尖花头板瓦	块	—	—	—	—	—	2.1600
	重唇板瓦 尺二	块	—	—	—	3.3000	—	—
	重唇板瓦 尺三	块	—	—	—	—	3.1200	—
	重唇板瓦 尺四	块	—	—	—	—	—	2.1600
	掺灰泥 5:5	m^3	0.0874	0.1017	0.1150	0.0234	0.0427	0.0370
	深月白中麻刀灰	m^3	0.0134	0.0155	0.0182	0.0025	0.0045	0.0052
	其他材料费(占材料费)	%	1.00	1.00	1.00	1.00	1.00	1.00

工作内容：1. 砍制砖件、垒当沟瓦、砍磨瓦条、垒线道瓦、垒脊条子瓦、脊心填灰、垒合脊筒瓦、作白道等；
2. 揎窠、分中、号垄、铺灰宽瓦、排钉、勾抹瓦口、捉节夹垄、刷浆打点。

计量单位：m

定额编号			2-4-150	2-4-151	2-4-152	2-4-153	2-4-154	2-4-155
项目			垒布瓦正脊					
			15cm以内	20cm以内	30cm以内	40cm以内	50cm以内	60cm以内
名称		单位	消耗量					
人工	合计工日	工日	1.440	1.680	1.920	2.400	2.640	3.000
	瓦工 普工	工日	0.288	0.336	0.384	0.480	0.528	0.600
	瓦工 一般技工	工日	0.720	0.840	0.960	1.200	1.320	1.500
	瓦工 高级技工	工日	0.432	0.504	0.576	0.720	0.792	0.900
材料	尺二正当沟	块	9.2900	9.2900	9.2900	9.2900	—	—
	六寸板瓦	块	10.8400	10.8400	10.8400	10.8400	—	—
	尺二板瓦	块	13.5600	18.9600	29.7900	40.6200	—	—
	九寸筒瓦	块	3.6100	3.6100	3.6100	3.6100	—	—
	尺二方砖	块	2.7000	2.7000	2.7000	2.7000	—	—
	掺灰泥 5∶5	m^3	0.0482	0.0482	0.0482	0.0482	—	—
	深月白中麻刀灰	m^3	0.0102	0.0148	—	0.0242	—	—
	尺四正当沟	块	—	—	—	—	6.5000	6.5000
	八寸板瓦	块	—	—	—	—	8.1300	8.1300
	尺四板瓦	块	—	—	—	—	39.4300	48.7000
	尺二筒瓦	块	—	—	—	—	2.7000	2.7000
	尺三方砖	块	—	—	—	—	2.5000	2.5000
	其他材料费(占材料费)	%	1.00	1.00	1.00	1.00	1.00	1.00

工作内容：1. 砍制砖件、垒当沟瓦、砍磨瓦条、垒线道瓦、垒脊条子瓦、脊心填灰、垒合脊筒瓦、作白道等；

2. 擸窠、分中、号垄、铺灰宽瓦、排钉、勾抹瓦口、捉节夹垄、刷浆打点。 **计量单位**：m

定额编号			2-4-156	2-4-157	2-4-158	2-4-159	2-4-160
项目			垒布瓦正脊				
			70cm 以内	80cm 以内	90cm 以内	100cm 以内	100cm 以外
名称		单位	消耗量				
人工	合计工日	工日	3.600	4.200	4.800	5.400	6.000
	瓦工 普工	工日	0.720	0.840	0.960	1.080	1.200
	瓦工 一般技工	工日	1.800	2.100	2.400	2.700	3.000
	瓦工 高级技工	工日	1.080	1.260	1.440	1.620	1.800
材料	尺四正当沟	块	6.5000	—	—	—	—
	尺六正当沟	块	—	5.0000	5.0000	5.0000	5.0000
	八寸板瓦	块	8.1300	—	—	—	—
	一尺板瓦	块	—	6.5100	6.5100	6.5100	6.5100
	尺四板瓦	块	57.9800	—	—	—	—
	尺六板瓦	块	—	62.9600	66.1100	69.2300	72.4000
	尺二筒瓦	块	2.7000	—	—	—	—
	尺四筒瓦	块	—	2.3200	2.3200	2.3200	2.3200
	尺三方砖	块	2.5000	—	—	—	—
	尺五方砖	块	—	2.1600	2.1600	2.1600	2.1600
	其他材料费(占材料费)	%	1.00	1.00	1.00	1.00	1.00

工作内容:1. 砍制砖件、垒当沟瓦、砍磨瓦条、垒线道瓦、垒脊条子瓦、脊心填灰、垒合脊筒瓦、作白道等;
2. 擫窠、分中、号垄、铺灰宽瓦、排钉、勾抹瓦口、捉节夹垄、刷浆打点。　**计量单位**:m

定额编号			2-4-161	2-4-162	2-4-163	2-4-164	2-4-165
项目			四阿顶、攒尖顶、悬山、九脊顶瓦条垂脊兽后部分				
			20cm 以内	30cm 以内	40cm 以内	50cm 以内	60cm 以内
名称		单位	消耗量				
人工	合计工日	工日	1.920	2.160	2.640	3.000	3.360
	瓦工 普工	工日	0.384	0.432	0.528	0.600	0.672
	瓦工 一般技工	工日	0.960	1.080	1.320	1.500	1.680
	瓦工 高级技工	工日	0.576	0.648	0.792	0.900	1.008
材料	六寸板瓦	块	10.8400	10.8400	10.8400	10.8400	—
	尺二板瓦	块	18.9300	29.7400	40.5600	51.3800	—
	九寸筒瓦	块	3.6100	3.6100	3.6100	3.6100	—
	尺二方砖	块	2.7000	2.7000	2.7000	2.7000	—
	掺灰泥 5∶5	m^3	0.0370	0.0370	0.0370	0.0370	0.0402
	深月白中麻刀灰	m^3	0.0172	0.0221	0.0268	0.0325	0.0474
	八寸板瓦	块	—	—	—	—	8.1300
	尺四板瓦	块	—	—	—	—	48.7000
	尺二筒瓦	块	—	—	—	—	2.7000
	尺三方砖	块	—	—	—	—	2.5000
	其他材料费(占材料费)	%	1.00	1.00	1.00	1.00	1.00

工作内容：1. 砍制砖件、垒当沟瓦、砍磨瓦条、垒线道瓦、垒脊条子瓦、脊心填灰、垒合脊筒瓦、作白道等；
2. 攛窠、分中、号垄、铺灰宽瓦、排钉、勾抹瓦口、捉节夹垄、刷浆打点。　　计量单位：m

定额编号			2-4-166	2-4-167	2-4-168	2-4-169	2-4-170
项目			四阿顶、攒尖顶、悬山、九脊顶瓦条垂脊兽后部分				
			70cm 以内	80cm 以内	90cm 以内	100cm 以内	100cm 以外
名称		单位	消耗量				
人工	合计工日	工日	3.600	3.840	4.200	4.440	4.680
	瓦工 普工	工日	0.720	0.768	0.840	0.888	0.936
	瓦工 一般技工	工日	1.800	1.920	2.100	2.220	2.340
	瓦工 高级技工	工日	1.080	1.152	1.260	1.332	1.404
材料	掺灰泥 5∶5	m^3	0.0402	0.0402	0.0402	0.0435	0.0435
	深月白中麻刀灰	m^3	0.0537	0.0615	0.0676	0.0739	0.0805
	八寸板瓦	块	8.1300	8.1300	8.1300	—	—
	尺四板瓦	块	57.9800	67.2600	76.4900	—	—
	尺二筒瓦	块	2.7000	2.7000	2.7000	—	—
	尺三方砖	块	2.5000	2.5000	2.5000	—	—
	一尺板瓦	块	—	—	—	6.4200	6.4200
	尺六板瓦	块	—	—	—	72.6500	79.7500
	尺四筒瓦	块	—	—	—	1.9000	1.9000
	泥浆	m^3	—	—	—	2.3000	2.3000
	其他材料费(占材料费)	%	1.00	1.00	1.00	1.00	1.00

工作内容:1. 砍制砖件、垒当沟瓦、砍磨瓦条、垒线道瓦、垒脊条子瓦、脊心填灰、垒合脊筒瓦、作白道等;
2. 擸窠、分中、号垄、铺灰宽瓦、排钉、勾抹瓦口、捉节夹垄、刷浆打点。

计量单位:m

定额编号			2-4-171	2-4-172	2-4-173	2-4-174	2-4-175	2-4-176	2-4-177	2-4-178
项目			四阿顶、攒尖顶、悬山、九脊顶瓦条垂脊兽前部分							
			15cm 以内	20cm 以内	30cm 以内	40cm 以内	50cm 以内	60cm 以内	70cm 以内	70cm 以外
名称		单位	消耗量							
人工	合计工日	工日	1.010	0.800	1.720	2.010	2.350	2.720	3.020	3.350
	瓦工 普工	工日	0.202	0.160	0.344	0.402	0.470	0.544	0.604	0.670
	瓦工 一般技工	工日	0.505	0.400	0.860	1.005	1.175	1.360	1.510	1.675
	瓦工 高级技工	工日	0.303	0.240	0.516	0.603	0.705	0.816	0.906	1.005
材料	六寸板瓦	块	21.6700	21.6700	21.6700	—	—	—	—	—
	八寸板瓦	块	—	—	—	18.2600	23.2600	25.2600	30.2600	35.2600
	尺二板瓦	块	2.7000	2.7000	2.7000	—	—	—	—	—
	尺四板瓦	块	—	—	—	3.5000	5.5000	7.5000	10.5000	13.5000
	六寸筒瓦	块	5.2100	5.2100	—	—	—	—	—	—
	八寸筒瓦	块	—	—	4.0700	—	—	—	—	—
	尺二筒瓦	块	—	—	—	3.8700	6.8700	9.8700	12.8700	13.8700
	尺二方砖	块	2.7000	2.7000	2.7000	—	—	—	—	—
	尺三方砖	块	—	—	—	2.2000	2.7000	3.2000	3.7000	4.2000
	掺灰泥 5:5	m^3	0.0525	0.0525	0.0529	0.0529	0.0534	0.0534	0.0539	0.0539
	深月白中麻刀灰	m^3	0.0088	0.0090	0.0126	0.0225	0.0375	0.0495	0.0615	0.0730
	其他材料费(占材料费)	%	1.00	1.00	1.00	1.00	1.00	1.00	1.00	1.00

工作内容:1. 砍制砖件、垒当沟瓦、砍磨瓦条、垒线道瓦、垒脊条子瓦、脊心填灰、垒合脊筒瓦、作白道等;

2. 攛窠、分中、号垄、铺灰宽瓦、排钉、勾抹瓦口、捉节夹垄、刷浆打点。 **计量单位**:m

定额编号			2-4-179	2-4-180	2-4-181	2-4-182	2-4-183
项目			九脊顶瓦条垒砌博脊				
			30cm 以内	40cm 以内	50cm 以内	60cm 以内	60cm 以外
名称		单位	消耗量				
人工	合计工日	工日	0.720	0.840	0.960	1.100	1.220
	瓦工 普工	工日	0.144	0.168	0.192	0.220	0.244
	瓦工 一般技工	工日	0.360	0.420	0.480	0.550	0.610
	瓦工 高级技工	工日	0.216	0.252	0.288	0.330	0.366
材料	八寸当沟	块	4.6400	4.6400	4.6400	—	—
	尺二当沟	块	—	—	—	2.5000	2.5000
	八寸板瓦	块	8.1300	8.1300	8.1300	8.1300	8.1300
	尺二板瓦	块	29.7400	40.5600	51.3800	—	—
	尺四板瓦	块	—	—	—	57.9800	63.9800
	九寸筒瓦	块	3.6100	3.6100	3.6100	—	—
	尺二筒瓦	块	—	—	—	2.7000	2.7000
	尺二方砖	块	2.7000	2.7000	2.7000	—	—
	尺三方砖	块	—	—	—	2.5000	2.5000
	尺二条砖	块	2.7000	2.7000	2.7000	—	—
	尺三条砖	块	—	—	—	2.5000	2.5000
	深月白中麻刀灰	m^3	0.0594	0.0654	0.0695	0.0817	0.0939
	其他材料费(占材料费)	%	1.00	1.00	1.00	1.00	1.00

工作内容：攛窠、分中、号垄、铺灰宽瓦、排钉、勾抹瓦口、捉节夹垄、刷浆打点。　　**计量单位：**m

定额编号			2-4-184	2-4-185	2-4-186	2-4-187	2-4-188	2-4-189
项目			布瓦垂脊华废					
			四寸筒瓦	六寸筒瓦	八寸筒瓦	九寸筒瓦	尺二筒瓦	尺四筒瓦
名称		单位	消耗量					
人工	合计工日	工日	0.600	0.720	0.860	0.960	1.080	1.200
	瓦工 普工	工日	0.120	0.144	0.172	0.192	0.216	0.240
	瓦工 一般技工	工日	0.300	0.360	0.430	0.480	0.540	0.600
	瓦工 高级技工	工日	0.180	0.216	0.258	0.288	0.324	0.360
材料	六寸当沟	块	6.1900	—	—	—	—	—
	八寸当沟	块	—	4.9500	—	—	—	—
	一尺当沟	块	—	—	4.6400	—	—	—
	尺二当沟	块	—	—	—	4.6400	—	—
	尺四当沟	块	—	—	—	—	2.7000	—
	尺六当沟	块	—	—	—	—	—	2.5000
	六寸板瓦	块	6.1900	—	—	—	—	—
	八寸板瓦	块	—	4.9500	—	—	—	—
	一尺板瓦	块	—	—	4.6400	—	—	—
	尺二板瓦	块	—	—	—	4.6400	—	—
	尺四板瓦	块	—	—	—	—	2.7000	—
	尺六板瓦	块	—	—	—	—	—	2.5000
	花头筒瓦 四寸	块	6.1900	—	—	—	—	—
	花头筒瓦 六寸	块	—	4.9500	—	—	—	—
	花头筒瓦 八寸	块	—	—	4.6400	—	—	—
	花头筒瓦 九寸	块	—	—	—	4.6400	—	—
	花头筒瓦 尺二	块	—	—	—	—	2.7000	—
	花头筒瓦 尺四	块	—	—	—	—	—	2.5000
	重唇板瓦 六寸	块	6.1900	—	—	—	—	—
	重唇板瓦 八寸	块	—	4.9500	—	—	—	—
	重唇板瓦 九寸	块	—	—	4.6400	—	—	—
	重唇板瓦 尺二	块	—	—	—	4.6400	—	—
	重唇板瓦 尺四	块	—	—	—	—	2.7000	—
	重唇板瓦 尺六	块	—	—	—	—	—	2.5000
	三寸滴当火珠	块	6.1900	4.9500	—	—	—	—
	四寸滴当火珠	块	—	—	4.6400	—	—	—
	五寸滴当火珠	块	—	—	—	4.6400	—	—
	六寸滴当火珠	块	—	—	—	—	2.7000	—
	八寸滴当火珠	块	—	—	—	—	—	2.5000
	瓦钉	kg	0.6100	0.4900	0.6000	0.8200	0.7000	0.6600
	掺灰泥 5∶5	m^3	0.0070	0.0093	0.0080	0.0139	0.0185	0.0195
	深月白中麻刀灰	m^3	0.0005	0.0008	0.0015	0.0022	0.0050	0.0056
	其他材料费(占材料费)	%	1.00	1.00	1.00	1.00	1.00	1.00

工作内容：备料、试装、调灰、浸水、安装、刷浆打点。 计量单位：个

定额编号			2-4-190	2-4-191	2-4-192	2-4-193	2-4-194	2-4-195
项目			鸥尾安装(高)					
			80cm以内	120cm以内	160cm以内	225cm以内	260cm以内	320cm以内
名称		单位	消耗量					
人工	合计工日	工日	2.160	5.280	9.600	11.500	13.800	16.500
	瓦工 普工	工日	0.432	1.056	1.920	2.300	2.760	3.300
	瓦工 一般技工	工日	1.080	2.640	4.800	5.750	6.900	8.250
	瓦工 高级技工	工日	0.648	1.584	2.880	3.450	4.140	4.950
材料	尺二当沟	块	6.5000	—	—	—	—	—
	八寸板瓦	块	8.1300	—	—	—	—	—
	二尺五鸱尾	座	1.0000	—	—	—	—	—
	尺四当沟	块	—	6.5000	6.5000	9.5000	9.5000	12.5000
	一尺板瓦	块	—	6.5000	—	—	—	—
	尺五方砖	块	—	1.0400	—	—	—	—
	三尺五鸱尾	座	—	1.0000	—	—	—	—
	尺二板瓦	块	—	—	5.4100	—	—	—
	二尺方砖	块	—	—	1.0400	2.0000	4.0000	6.0000
	五尺鸱尾	座	—	—	1.0000	—	—	—
	七尺五鸱尾	座	—	—	—	1.0000	—	—
	八尺鸱尾	座	—	—	—	—	1.0000	—
	十尺鸱尾	座	—	—	—	—	—	1.0000
	鸱尾桩	kg	0.0210	0.0250	0.0420	0.0590	0.0760	0.0950
	铁锔子	kg	1.3900	2.5800	3.5000	4.3000	5.3000	6.5000
	深月白中麻刀灰	m^3	0.0361	0.1190	0.2060	0.2860	0.3960	0.5160
	铁索链	kg	—	7.7300	9.5800	10.1800	11.2800	12.4800
	其他材料费(占材料费)	%	1.00	1.00	1.00	1.00	1.00	1.00

工作内容:备料、调灰、浸水、安装、刷浆打点。　　**计量单位**:个

定额编号			2-4-196	2-4-197	2-4-198	2-4-199	2-4-200
项目			套兽安装(径)				
			13cm 以内	20cm 以内	26cm 以内	32cm 以内	40cm 以内
名称		单位	消耗量				
人工	合计工日	工日	0.050	0.050	0.050	0.070	0.100
	瓦工 普工	工日	0.010	0.010	0.010	0.014	0.020
	瓦工 一般技工	工日	0.025	0.025	0.025	0.035	0.050
	瓦工 高级技工	工日	0.015	0.015	0.015	0.021	0.030
材料	四寸套兽	个	1.0000	—	—	—	—
	六寸套兽	个	—	1.0000	—	—	—
	八寸套兽	个	—	—	1.0000	—	—
	一尺套兽	个	—	—	—	1.0000	—
	尺二套兽	个	—	—	—	—	1.0000
	深月白中麻刀灰	m^3	0.0010	0.0010	0.0020	0.0020	0.0020
	其他材料费(占材料费)	%	1.00	1.00	1.00	1.00	1.00

工作内容:备料、调灰、浸水、安装、刷浆打点。 **计量单位**:个

定额编号			2-4-201	2-4-202	2-4-203	2-4-204	2-4-205	2-4-206
项目			嫔伽安装(高)					
			20cm以内	26cm以内	32cm以内	40cm以内	45cm以内	52cm以内
名称		单位	消耗量					
人工	合计工日	工日	0.050	0.050	0.050	0.070	0.100	0.120
	瓦工 普工	工日	0.010	0.010	0.010	0.014	0.020	0.024
	瓦工 一般技工	工日	0.025	0.025	0.025	0.035	0.050	0.060
	瓦工 高级技工	工日	0.015	0.015	0.015	0.021	0.030	0.036
材料	六寸嫔伽	座	1.0000	—	—	—	—	—
	八寸嫔伽	座	—	1.0000	—	—	—	—
	一尺嫔伽	座	—	—	1.0000	—	—	—
	尺二嫔伽	座	—	—	—	1.0000	—	—
	尺四嫔伽	座	—	—	—	—	1.0000	—
	尺六嫔伽	座	—	—	—	—	—	1.0000
	深月白中麻刀灰	m^3	0.0010	0.0010	0.0010	0.0020	0.0020	0.0030
	其他材料费(占材料费)	%	1.00	1.00	1.00	1.00	1.00	1.00

工作内容：备料、调灰、浸水、分距安装、刷浆打点。　　**计量单位：**个

定额编号			2-4-207	2-4-208	2-4-209	2-4-210	2-4-211
项目			蹲兽安装（高）				
			13cm 以内	20cm 以内	26cm 以内	29cm 以内	32cm 以内
名称		单位	消耗量				
人工	合计工日	工日	0.050	0.050	0.060	0.070	0.100
	瓦工 普工	工日	0.010	0.010	0.012	0.014	0.020
	瓦工 一般技工	工日	0.025	0.025	0.030	0.035	0.050
	瓦工 高级技工	工日	0.015	0.015	0.018	0.021	0.030
材料	四寸蹲兽	座	1.0000	—	—	—	—
	六寸蹲兽	座	—	1.0000	—	—	—
	八寸蹲兽	座	—	—	1.0000	—	—
	九寸蹲兽	座	—	—	—	1.0000	—
	一尺蹲兽	座	—	—	—	—	1.0000
	深月白中麻刀灰	m^3	0.0010	0.0010	0.0010	0.0020	0.0030
	其他材料费（占材料费）	%	1.00	1.00	1.00	1.00	1.00

工作内容：备料、调灰、浸水、安装、刷浆打点。 **计量单位**：对

定额编号			2-4-212	2-4-213	2-4-214	2-4-215
项目			合角鸱尾安装(高)			
			70cm 以下	80cm 以下	100cm 以下	120cm 以下
名称		单位	消耗量			
人工	合计工日	工日	1.800	3.120	4.800	6.600
	瓦工 普工	工日	0.360	0.624	0.960	1.320
	瓦工 一般技工	工日	0.900	1.560	2.400	3.300
	瓦工 高级技工	工日	0.540	0.936	1.440	1.980
材料	八寸当沟	块	4.6400	—	—	—
	一尺当沟	块	—	4.6400	—	—
	尺二当沟	块	—	—	2.7000	—
	尺四当沟	块	—	—	—	2.5000
	一尺板瓦	块	4.6400	4.6400	—	—
	尺二板瓦	块	—	—	2.7000	—
	尺四板瓦	块	—	—	—	2.5000
	尺三方砖	块	1.0400	1.0400	—	—
	二尺方砖	块	—	—	1.0400	1.0400
	二尺合角鸱尾	座	1.0000	—	—	—
	二尺五合角鸱尾	座	—	1.0000	—	—
	三尺合角鸱尾	座	—	—	1.0000	—
	三尺五合角鸱尾	座	—	—	—	1.0000
	铁兽桩	kg	2.0400	2.2200	2.8000	3.3100
	深月白大麻刀灰	m^3	0.0107	0.0107	0.0247	0.0247
	深月白小麻刀灰	m^3	0.0054	0.0071	0.0124	0.0165
	其他材料费(占材料费)	%	1.00	1.00	1.00	1.00

工作内容：备料、砖件砍磨、调灰、浸水、安装、刷浆打点。　　**计量单位**：份

定额编号			2-4-216	2-4-217	2-4-218	2-4-219	2-4-220
项目			砖砌宝顶座安装(径)				
			64cm 以内	80cm 以内	96cm 以内	100cm 以内	100cm 以外
名称		单位	消耗量				
人工	合计工日	工日	13.920	23.160	36.720	50.280	63.840
	瓦工 普工	工日	2.784	4.632	7.344	10.056	12.768
	瓦工 一般技工	工日	6.960	11.580	18.360	25.140	31.920
	瓦工 高级技工	工日	4.176	6.948	11.016	15.084	19.152
材料	尺二条砖	块	51.0000	77.1400	84.8600	102.8600	123.4300
	深月白中麻刀灰	m^3	0.0790	0.1208	0.1316	0.1595	0.1912
	宝顶桩	kg	2.3000	2.9000	3.1200	3.5600	4.1200
	其他材料费(占材料费)	%	1.00	1.00	1.00	1.00	1.00

工作内容：备料、砖件砍磨、调灰、浸水、安装、刷浆打点。　　**计量单位**：对

定额编号			2-4-221	2-4-222	2-4-223	2-4-224	2-4-225	2-4-226
项目			砖砌宝顶安装(高)					
			48cm 以内	64cm 以内	80cm 以内	96cm 以内	112cm 以内	112cm 以外
名称		单位	消耗量					
人工	合计工日	工日	9.360	25.440	34.800	44.160	53.520	62.880
	瓦工 普工	工日	1.872	5.088	6.960	8.832	10.704	12.576
	瓦工 一般技工	工日	4.680	12.720	17.400	22.080	26.760	31.440
	瓦工 高级技工	工日	2.808	7.632	10.440	13.248	16.056	18.864
材料	尺二方砖	块	28.0000	36.8600	51.2500	61.0700	68.5700	85.7100
	深月白中麻刀灰	m^3	0.0786	0.1034	0.1438	0.1714	0.1924	0.2405
	其他材料费(占材料费)	%	1.00	1.00	1.00	1.00	1.00	1.00

第五章　木构架及木基层

说　　明

一、本章包括木构件制作，木构件吊装、拆卸、整修，博缝板、垂鱼、惹草、雁翅板、木楼板、木楼梯，木基层四节，共954个子目。

二、定额中各类构件、部件分档规格以图示尺寸（即成品净尺寸）为准，柱类直径梭柱以柱中最大截面为准，圆柱直径以图示尺寸为准。

三、新制作的木构件除注明者外，均不包括铁箍、铁件制安。实际工程需要时，按安装加固铁件定额执行。

四、直接用原木经截配、剥刮树皮、稍加整修即弹线、作榫卯，梁、蜀柱、榑等均执行草栿定额。

五、各种柱制安、拆卸定额已综合考虑了角柱的情况，实际工程中遇有角柱的制作定额均不调整。

六、月梁、直梁制作综合考虑制作用工，无论梁头一端入柱或两端头入柱内，均不做调整。

七、榑木制作一端或两端带搭角头（包括脊榑一个端头或两个端头凿透眼）均以同一根榑木为准。

八、替木以两端做拱头为准，一端做拱头者人工乘以系数0.9，用料不变。

九、丁栿制作套用乳栿定额人工乘以系数0.9。

十、柱类制作管脚榫已考虑在内，计算工程量时不再另计算长度。

十一、柱墩接高度以1.50m为准，每增高0.50m原木增加1/3，人工乘以系数1.10，其他用料不变。

十二、垂鱼按竖向长度为标准执行定额，惹草以宽度为标准执行定额。

十三、木构件吊装、拆卸定额以单檐建筑、人工、抱杆或卷扬机起重为准，重檐、三层檐或多层檐建筑木构件吊装、拆卸工料乘以系数1.1。

十四、望板、连檐制安定额以正身为准，翼角部分望板、连檐制安工料乘以系数1.3。同一坡屋面望板（连檐）正身部分的面积（长度）小于翼角部分的面积（长度）时，正身部分与翼角翘飞部分的工程量合并计算，工料乘以系数1.2。

十五、木构件制作所用的样板料是按使用板枋材综合取定的，用其他材料代用时，定额不做调整。

十六、定额中其他材料费以材料费为计算基数。

工程量计算规则

一、木构件制作均按长乘以最大圆形或矩形截面积，以“m^3”为单位计算工程量。

1. 月梁、直梁一律按构件图示最大截面积乘以构件长度，其中月梁的两肩卷杀、腹部挖弯均不扣除，构件长度如为半榫则算至柱中，如为透榫则算至榫头外端。

2. 柱类截面积梭柱以图示柱中最大直径为准，圆形直柱以图示尺寸为准、柱高按图示由柱础或櫍上皮量至梁、普拍枋或欂、栌斗下皮。

3. 额、方、串截面积以宽乘以全高为准，其端头为半榫或银锭榫的长度量至柱中，端头为透榫的长度量至榫头外端，透榫露明长度无图示者按半柱径计，撩檐枋端头量至角梁中心线。

4. 大角梁长 L =（出檐长 + 出跳长 + 椽架平长）×1.414 × 斜率，子角梁 L =（飞子出檐长 + 升出长 + 檐椽出檐长 + 出跳长）×1.414 × 斜率。

5. 蜀柱高按外露尺寸计算。

6. 合楷按图形尺寸计算，不扣除蜀柱所占体积。

7. 槫截面按图形计算，长按每间梁架轴线间距计算，搭角外出头部分按实计入，“不厦两头造”出挑、“厦两头造”收山者，山面量至博风板外皮，硬山建筑山面量至山梁架外皮。

二、博风板按上沿长乘以宽计算面积。

三、直椽按槫中至槫中斜长计算，檐椽出挑量至端头外皮，翼角椽单根长度按其正身檐椽单根长度计算。

四、小连檐、燕颔板“不厦两头造”，硬山建筑两端量至博风板外皮，带角梁的建筑按子角梁端中点连线分段计算。

五、大连檐“不厦两头造”，硬山建筑两端量至博风板外皮，带角梁的建筑端头量至大角梁端中线。

六、望板按屋面不同几何形状的斜面积计算，飞椽、翘飞椽椽尾重叠部分应计算在内，不扣除连檐、角梁所占面积，屋角冲出部分亦不增加。同一屋顶的望板做法不同时应分别计算。各部分界线规定如下：硬山建筑两端以山墙梁中轴线为准，不厦两头造以博风板外皮为准，带角梁者以角梁中线为准，重檐下层以照壁板外皮为准。

七、升头木厦两头造，不厦两头造建筑长量至两端博风板外皮，硬山建筑量至山梁中线，五脊殿建筑均同两端头槫长。

八、驼峰、墩木、木櫍按露明最大尺寸计算。

九、雁翅板按垂直投影面积计算。

十、安装加固铁件重量以“kg”为单位计算，圆钉、倒刺钉、机制螺栓、螺母的重量不计算在内。

十一、楼梯按水平投影面积计算，包括楼梯栏杆望柱在内，不另列栏杆与望柱项目。

一、木构件制作

1.柱类制作

工作内容：选配料、画线、锯截、圆愣、刨光、卷杀、雕凿、制作成型、弹安装线、编写安装号、试装等。

计量单位：m^3

定额编号			2-5-1	2-5-2	2-5-3	2-5-4
项目			梭形内柱制作(柱高4m以内)			
			柱径35cm以内	柱径40cm以内	柱径45cm以内	柱径50cm以内
名称		单位	消耗量			
人工	合计工日	工日	25.723	21.528	18.878	16.781
	木工 普工	工日	5.145	4.306	3.776	3.356
	木工 一般技工	工日	15.434	12.917	11.327	10.069
	木工 高级技工	工日	5.145	4.306	3.776	3.356
材料	原木	m^3	1.4475	1.3813	1.3543	1.3340
	样板料	m^3	0.0230	0.0230	0.0230	0.0230
	其他材料费(占材料费)	%	0.50	0.50	0.50	0.50

工作内容：选配料、画线、锯截、圆愣、刨光、卷杀、雕凿、制作成型、弹安装线、编写安装号、试装等。

计量单位：m^3

定额编号			2-5-5	2-5-6	2-5-7	2-5-8
项目			梭形内柱制作(柱高4m以内)			
			柱径55cm以内	柱径60cm以内	柱径70cm以内	柱径70cm以外
名称		单位	消耗量			
人工	合计工日	工日	14.904	13.358	11.813	10.267
	木工 普工	工日	2.981	2.672	2.363	2.053
	木工 一般技工	工日	8.942	8.015	7.088	6.160
	木工 高级技工	工日	2.981	2.672	2.363	2.053
材料	原木	m^3	1.3170	1.3015	1.2810	1.2708
	样板料	m^3	0.0230	0.0230	0.0230	0.0230
	其他材料费(占材料费)	%	0.50	0.50	0.50	0.50

工作内容:选配料、画线、锯截、圆愣、刨光、卷杀、雕凿、制作成型、弹安装线、编写安装号、试装等。

计量单位:m^3

定额编号			2-5-9	2-5-10	2-5-11	2-5-12
项目			梭形内柱制作(柱高4~7m)			
			柱径45cm以内	柱径50cm以内	柱径55cm以内	柱径60cm以内
名称		单位	消耗量			
人工	合计工日	工日	17.885	15.786	14.352	12.696
	木工 普工	工日	3.577	3.157	2.870	2.539
	木工 一般技工	工日	10.731	9.472	8.611	7.618
	木工 高级技工	工日	3.577	3.157	2.870	2.539
材料	原木	m^3	1.3878	1.3720	1.3560	1.3458
	样板料	m^3	0.0230	0.0230	0.0230	0.0230
	其他材料费(占材料费)	%	0.50	0.50	0.50	0.50

工作内容:选配料、画线、锯截、圆愣、刨光、卷杀、雕凿、制作成型、弹安装线、编写安装号、试装等。

计量单位:m^3

定额编号			2-5-13	2-5-14	2-5-15	2-5-16
项目			梭形内柱制作(柱高4~7m)			
			柱径65cm以内	柱径70cm以内	柱径80cm以内	柱径80cm以外
名称		单位	消耗量			
人工	合计工日	工日	11.242	10.046	9.163	8.170
	木工 普工	工日	2.249	2.009	1.833	1.634
	木工 一般技工	工日	6.745	6.028	5.498	4.902
	木工 高级技工	工日	2.249	2.009	1.833	1.634
材料	原木	m^3	1.3235	1.3177	1.3065	1.2768
	样板料	m^3	0.0230	0.0230	0.0230	0.0230
	其他材料费(占材料费)	%	0.50	0.50	0.50	0.50

工作内容：选配料、画线、锯截、圆愣、刨光、卷杀、雕凿、制作成型、弹安装线、编写安装号、试装等。

计量单位：m^3

定额编号			2-5-17	2-5-18	2-5-19	2-5-20
项目			梭形内柱制作（柱高 7m 以上）			
			柱径 70cm 以内	柱径 75cm 以内	柱径 80cm 以内	柱径 80cm 以外
名称		单位	消耗量			
人工	合计工日	工日	10.046	8.942	7.949	6.845
	木工 普工	工日	2.009	1.789	1.590	1.369
	木工 一般技工	工日	6.028	5.365	4.769	4.107
	木工 高级技工	工日	2.009	1.789	1.590	1.369
材料	原木	m^3	1.3258	1.3041	1.2850	1.2710
	样板料	m^3	0.0230	0.0230	0.0230	0.0230
	其他材料费（占材料费）	%	0.50	0.50	0.50	0.50

工作内容：选配料、画线、锯截、圆愣、刨光、卷杀、雕凿、制作成型、弹安装线、编写安装号、试装等。

计量单位：m^3

定额编号			2-5-21	2-5-22	2-5-23	2-5-24	2-5-25
项目			梭形副阶檐柱制作				
			柱径 65cm 以内	柱径 70cm 以内	柱径 75cm 以内	柱径 80cm 以内	柱径 80cm 以外
名称		单位	消耗量				
人工	合计工日	工日	10.930	9.494	8.390	7.949	7.066
	木工 普工	工日	2.186	1.899	1.678	1.590	1.413
	木工 一般技工	工日	6.558	5.697	5.034	4.769	4.239
	木工 高级技工	工日	2.186	1.899	1.678	1.590	1.413
材料	原木	m^3	1.1314	1.2918	1.2905	1.2894	1.2825
	样板料	m^3	0.0230	0.0230	0.0230	0.0230	0.0230
	其他材料费（占材料费）	%	0.50	0.50	0.50	0.50	0.50

工作内容：选配料、画线、锯截、圆愣、刨光、卷杀、雕凿、制作成型、弹安装线、编写安装号、试装等。

计量单位：m^3

定额编号			2-5-26	2-5-27	2-5-28	2-5-29
项目			梭形单檐柱制作(柱高4m以下)			
			柱径35cm以内	柱径40cm以内	柱径45cm以内	柱径50cm以内
名称		单位	消耗量			
人工	合计工日	工日	21.528	18.658	16.450	14.794
	木工 普工	工日	4.306	3.732	3.290	2.959
	木工 一般技工	工日	12.917	11.195	9.870	8.876
	木工 高级技工	工日	4.306	3.732	3.290	2.959
材料	原木	m^3	1.4475	1.3813	1.3543	1.3340
	样板料	m^3	0.0230	0.0230	0.0230	0.0230
	其他材料费(占材料费)	%	0.50	0.50	0.50	0.50

工作内容：选配料、画线、锯截、圆愣、刨光、卷杀、雕凿、制作成型、弹安装线、编写安装号、试装等。

计量单位：m^3

定额编号			2-5-30	2-5-31	2-5-32	2-5-33
项目			梭形单檐柱制作(柱高4m以下)			
			柱径55cm以内	柱径60cm以内	柱径65cm以内	柱径65cm以外
名称		单位	消耗量			
人工	合计工日	工日	13.358	12.144	11.261	10.046
	木工 普工	工日	2.672	2.429	2.252	2.009
	木工 一般技工	工日	8.015	7.286	6.757	6.028
	木工 高级技工	工日	2.672	2.429	2.252	2.009
材料	原木	m^3	1.3317	1.3015	1.2810	1.2708
	样板料	m^3	0.0230	0.0230	0.0230	0.0230
	其他材料费(占材料费)	%	0.50	0.50	0.50	0.50

工作内容：选配料、画线、锯截、圆愣、刨光、卷杀、雕凿、制作成型、弹安装线、编写安装号、试装等。

计量单位：m^3

定额编号			2-5-34	2-5-35	2-5-36	2-5-37	2-5-38	2-5-39
项目			梭形单檐柱制作(柱高4m以上)					
			柱径50cm以内	柱径55cm以内	柱径60cm以内	柱径65cm以内	柱径70cm以内	柱径70cm以外
名称		单位	消耗量					
人工	合计工日	工日	13.598	11.482	9.936	9.163	8.059	7.397
	木工 普工	工日	2.720	2.296	1.987	1.833	1.612	1.479
	木工 一般技工	工日	8.159	6.889	5.962	5.498	4.836	4.438
	木工 高级技工	工日	2.720	2.296	1.987	1.833	1.612	1.479
材料	原木	m^3	1.3720	1.3560	1.3458	1.3235	1.3177	1.3065
	样板料	m^3	0.0230	0.0230	0.0230	0.0230	0.0230	0.0230
	其他材料费(占材料费)	%	0.50	0.50	0.50	0.50	0.50	0.50

工作内容：选配料、画线、锯截、圆愣、刨光、卷杀、雕凿、制作成型、弹安装线、编写安装号、试装等。

计量单位：m^3

定额编号			2-5-40	2-5-41	2-5-42	2-5-43	2-5-44	2-5-45
项目			梭形副阶殿身檐柱制作					
			柱径45cm以内	柱径50cm以内	柱径55cm以内	柱径60cm以内	柱径70cm以内	柱径70cm以外
名称		单位	消耗量					
人工	合计工日	工日	18.391	16.468	14.131	12.254	10.819	8.722
	木工 普工	工日	3.678	3.294	2.826	2.451	2.164	1.744
	木工 一般技工	工日	11.035	9.881	8.479	7.353	6.492	5.233
	木工 高级技工	工日	3.678	3.294	2.826	2.451	2.164	1.744
材料	原木	m^3	1.4014	1.3720	1.3570	1.3458	1.3177	1.3065
	样板料	m^3	0.0230	0.0230	0.0230	0.0230	0.0230	0.0230
	其他材料费(占材料费)	%	0.50	0.50	0.50	0.50	0.50	0.50

工作内容：选配料、画线、锯截、刨光、圆楞、雕凿、制作成型、弹安装线、编写安装号、试装等。

计量单位：m^3

定额编号			2-5-46	2-5-47	2-5-48	2-5-49	2-5-50	2-5-51
项目			圆形直内柱制作(柱高4m以下)					
			柱径25cm以内	柱径30cm以内	柱径35cm以内	柱径40cm以内	柱径45cm以内	柱径50cm以内
名称		单位	消耗量					
人工	合计工日	工日	26.460	21.708	18.576	16.416	14.148	12.636
	木工 普工	工日	5.292	4.342	3.715	3.283	2.830	2.527
	木工 一般技工	工日	15.876	13.025	11.146	9.850	8.489	7.582
	木工 高级技工	工日	5.292	4.342	3.715	3.283	2.830	2.527
材料	原木	m^3	1.5132	1.4689	1.4475	1.3813	1.3543	1.3340
	样板料	m^3	0.0230	0.0230	0.0230	0.0230	0.0230	0.0230
	其他材料费(占材料费)	%	0.50	0.50	0.50	0.50	0.50	0.50

工作内容：选配料、画线、锯截、刨光、圆楞、雕凿、制作成型、弹安装线、编写安装号、试装等。

计量单位：m^3

定额编号			2-5-52	2-5-53	2-5-54	2-5-55	2-5-56
项目			圆形直内柱制作(柱高4m以下)				
			柱径55cm以内	柱径60cm以内	柱径65cm以内	柱径70cm以内	柱径70cm以外
名称		单位	消耗量				
人工	合计工日	工日	10.908	9.396	8.640	7.992	6.237
	木工 普工	工日	2.182	1.879	1.728	1.598	1.247
	木工 一般技工	工日	6.545	5.638	5.184	4.795	3.742
	木工 高级技工	工日	2.182	1.879	1.728	1.598	1.247
材料	原木	m^3	1.3170	1.3015	1.2936	1.2810	1.2708
	样板料	m^3	0.0230	0.0230	0.0230	0.0230	0.0230
	其他材料费(占材料费)	%	0.50	0.50	0.50	0.50	0.50

工作内容：选配料、画线、锯截、刨光、圆楞、雕凿、制作成型、弹安装线、编写安装号、试装等。

计量单位：m^3

定　额　编　号			2-5-57	2-5-58	2-5-59	2-5-60
项　　目			圆形直内柱制作(柱高4～7m)			
			柱径40cm以内	柱径45cm以内	柱径55cm以内	柱径60cm以内
名　称		单位	消　耗　量			
人工	合计工日	工日	12.852	11.340	10.368	9.396
	木工 普工	工日	2.570	2.268	2.074	1.879
	木工 一般技工	工日	7.711	6.804	6.221	5.638
	木工 高级技工	工日	2.570	2.268	2.074	1.879
材料	原木	m^3	1.4175	1.3878	1.3560	1.3458
	样板料	m^3	0.0230	0.0230	0.0230	0.0230
	其他材料费(占材料费)	%	0.50	0.50	0.50	0.50

工作内容：选配料、画线、锯截、刨光、圆楞、雕凿、制作成型、弹安装线、编写安装号、试装等。

计量单位：m^3

定　额　编　号			2-5-61	2-5-62	2-5-63	2-5-64
项　　目			圆形直内柱制作(柱高4～7m)			
			柱径65cm以内	柱径70cm以内	柱径80cm以内	柱径80cm以外
名　称		单位	消　耗　量			
人工	合计工日	工日	8.532	7.992	7.236	6.480
	木工 普工	工日	1.706	1.598	1.447	1.296
	木工 一般技工	工日	5.119	4.795	4.342	3.888
	木工 高级技工	工日	1.706	1.598	1.447	1.296
材料	原木	m^3	1.3235	1.3177	1.3065	1.2768
	样板料	m^3	0.0230	0.0230	0.0230	0.0230
	其他材料费(占材料费)	%	0.50	0.50	0.50	0.50

工作内容：选配料、画线、锯截、刨光、圆楞、雕凿、制作成型、弹安装线、编写安装号、试装等。

计量单位：m^3

定额编号			2-5-65	2-5-66	2-5-67	2-5-68
项目			圆形直内柱制作(柱高7m以上)			
			柱径70cm以内	柱径75cm以内	柱径80cm以内	柱径80cm以外
名称		单位	消耗量			
人工	合计工日	工日	6.588	5.940	5.184	4.428
	木工 普工	工日	1.318	1.188	1.037	0.886
	木工 一般技工	工日	3.953	3.564	3.110	2.657
	木工 高级技工	工日	1.318	1.188	1.037	0.886
材料	原木	m^3	1.3258	1.3041	1.2850	1.2710
	样板料	m^3	0.0230	0.0230	0.0230	0.0230
	其他材料费(占材料费)	%	0.50	0.50	0.50	0.50

工作内容：选配料、画线、锯截、刨光、圆楞、雕凿、制作成型、弹安装线、编写安装号、试装等。

计量单位：m^3

定额编号			2-5-69	2-5-70	2-5-71	2-5-72	2-5-73
项目			圆形副阶直檐柱制作				
			柱径65cm以内	柱径70cm以内	柱径75cm以内	柱径80cm以内	柱径80cm以外
名称		单位	消耗量				
人工	合计工日	工日	8.100	7.236	6.372	5.508	4.860
	木工 普工	工日	1.620	1.447	1.274	1.102	0.972
	木工 一般技工	工日	4.860	4.342	3.823	3.305	2.916
	木工 高级技工	工日	1.620	1.447	1.274	1.102	0.972
材料	原木	m^3	1.3960	1.3831	1.3612	1.3517	1.3500
	样板料	m^3	0.0230	0.0230	0.0230	0.0230	0.0230
	其他材料费(占材料费)	%	0.50	0.50	0.50	0.50	0.50

工作内容：选配料、画线、锯截、刨光、圆楞、雕凿、制作成型、弹安装线、编写安装号、试装等。

计量单位：m^3

定额编号			2-5-74	2-5-75	2-5-76	2-5-77	2-5-78	2-5-79
项目			圆形直檐柱制作(柱高4m以下)					
			柱径25cm以内	柱径30cm以内	柱径35cm以内	柱径40cm以内	柱径45cm以内	柱径50cm以内
名称		单位	消耗量					
人工	合计工日	工日	23.220	18.477	15.426	13.383	11.772	10.476
	木工 普工	工日	4.644	3.695	3.085	2.677	2.354	2.095
	木工 一般技工	工日	13.932	11.086	9.256	8.030	7.063	6.286
	木工 高级技工	工日	4.644	3.695	3.085	2.677	2.354	2.095
材料	原木	m^3	1.4587	1.4154	1.3886	1.3659	1.3570	1.3215
	样板料	m^3	0.0230	0.0230	0.0230	0.0230	0.0230	0.0230
	其他材料费(占材料费)	%	0.50	0.50	0.50	0.50	0.50	0.50

工作内容：选配料、画线、锯截、刨光、圆楞、雕凿、制作成型、弹安装线、编写安装号、试装等。

计量单位：m^3

定额编号			2-5-80	2-5-81	2-5-82
项目			圆形直檐柱制作(柱高4m以下)		
			柱径55cm以内	柱径60cm以内	柱径60cm以外
名称		单位	消耗量		
人工	合计工日	工日	9.612	8.748	7.452
	木工 普工	工日	1.922	1.750	1.490
	木工 一般技工	工日	5.767	5.249	4.471
	木工 高级技工	工日	1.922	1.750	1.490
材料	原木	m^3	1.3082	1.2989	1.2803
	样板料	m^3	0.0230	0.0230	0.0230
	其他材料费(占材料费)	%	0.50	0.50	0.50

工作内容:选配料、画线、锯截、刨光、圆楞、雕凿、制作成型、弹安装线、编写安装号、试装等。

计量单位:m^3

定额编号			2-5-83	2-5-84	2-5-85	2-5-86	2-5-87	2-5-88
项目			圆形直檐柱制作(柱高4m以上)					
			柱径50cm以内	柱径55cm以内	柱径60cm以内	柱径65cm以内	柱径70cm以内	柱径70cm以外
名称		单位	消耗量					
人工	合计工日	工日	8.748	7.884	7.128	6.372	5.724	5.076
	木工 普工	工日	1.750	1.577	1.426	1.274	1.145	1.015
	木工 一般技工	工日	5.249	4.730	4.277	3.823	3.434	3.046
	木工 高级技工	工日	1.750	1.577	1.426	1.274	1.145	1.015
材料	原木	m^3	1.3742	1.3616	1.3563	1.3429	1.3165	1.2726
	样板料	m^3	0.0230	0.0230	0.0230	0.0230	0.0230	0.0230
	其他材料费(占材料费)	%	0.50	0.50	0.50	0.50	0.50	0.50

工作内容:选配料、画线、锯截、刨光、圆楞、雕凿、制作成型、弹安装线、编写安装号、试装等。

计量单位:m^3

定额编号			2-5-89	2-5-90	2-5-91	2-5-92	2-5-93
项目			圆形副阶殿身直檐柱制作				
			柱径50cm以内	柱径55cm以内	柱径60cm以内	柱径70cm以内	柱径70cm以外
名称		单位	消耗量				
人工	合计工日	工日	10.476	9.369	8.424	7.236	5.832
	木工 普工	工日	2.095	1.874	1.685	1.447	1.166
	木工 一般技工	工日	6.286	5.621	5.054	4.342	3.499
	木工 高级技工	工日	2.095	1.874	1.685	1.447	1.166
材料	原木	m^3	1.4732	1.4272	1.4190	1.4028	1.3598
	样板料	m^3	0.0230	0.0230	0.0230	0.0230	0.0230
	其他材料费(占材料费)	%	0.50	0.50	0.50	0.50	0.50

工作内容：选配料、画线、锯截、圆楞、刨光、雕凿、栽制柱头榫、管脚榫、硬木料制作明暗卯鼓榫、制作成型、弹安装线、编写安装号、试装等。

计量单位：m^3

定额编号			2-5-94	2-5-95	2-5-96	2-5-97	2-5-98
项目			拼合圆直柱制作(柱径)				
			50cm以内	55cm以内	60cm以内	65cm以内	65cm以外
名称		单位	消耗量				
人工	合计工日	工日	14.040	12.120	10.440	9.600	8.880
	木工 普工	工日	2.808	2.424	2.088	1.920	1.776
	木工 一般技工	工日	8.424	7.272	6.264	5.760	5.328
	木工 高级技工	工日	2.808	2.424	2.088	1.920	1.776
材料	锯成材	m^3	1.3370	1.3370	1.3370	1.3370	1.3370
	样板材	m^3	0.0230	0.0230	0.0230	0.0230	0.0230
	其他材料费(占材料费)	%	0.50	0.50	0.50	0.50	0.50

工作内容：选配料、画线、锯截、圆楞、刨光、雕凿、栽制柱头榫、管脚榫、硬木料制作明暗卯鼓榫、制作成型、弹安装线、编写安装号、试装等。

计量单位：m^3

定额编号			2-5-99	2-5-100	2-5-101	2-5-102	2-5-103
项目			拼合蒜瓣柱制作(柱径)				
			50cm以内	55cm以内	60cm以内	65cm以内	65cm以外
名称		单位	消耗量				
人工	合计工日	工日	18.252	15.756	13.572	12.480	11.540
	木工 普工	工日	3.650	3.151	2.714	2.496	2.308
	木工 一般技工	工日	10.951	9.454	8.143	7.488	6.924
	木工 高级技工	工日	3.650	3.151	2.714	2.496	2.308
材料	锯成材	m^3	1.3370	1.3370	1.3370	1.3370	1.3370
	样板材	m^3	0.0230	0.0230	0.0230	0.0230	0.0230
	其他材料费(占材料费)	%	0.50	0.50	0.50	0.50	0.50

工作内容：选配料、画线、锯截、圆楞、刨光、卷杀、制作成型、编写安装号等。 **计量单位**：m^3

定额编号			2-5-104	2-5-105	2-5-106	2-5-107
项目			木槫制安(柱径)			
			40cm 以内	55cm 以内	70cm 以内	70cm 以外
名称		单位	消耗量			
人工	合计工日	工日	44.322	28.140	20.785	12.714
	木工 普工	工日	8.864	5.628	3.878	2.543
	木工 一般技工	工日	31.025	19.698	15.514	8.900
	木工 高级技工	工日	4.432	2.814	1.393	1.271
材料	锯成材	m^3	1.4919	1.4420	1.4200	1.4021
	样板材	m^3	0.0230	0.0230	0.0230	0.0230
	其他材料费(占材料费)	%	1.00	1.00	1.00	1.00

2.额、串、枋制作

工作内容：选配料、锯截、刨光、画线、裹棱、做燕尾榫、包括讨退套样、圆肩等。 **计量单位**：m^3

定额编号			2-5-108	2-5-109	2-5-110	2-5-111	2-5-112	2-5-113
项目			阑额制作(额高)					
			30cm 以内	35cm 以内	40cm 以内	45cm 以内	50cm 以内	50cm 以外
名称		单位	消耗量					
人工	合计工日	工日	6.442	5.333	4.435	3.802	3.274	2.640
	木工 普工	工日	1.933	1.600	1.331	1.141	0.982	0.792
	木工 一般技工	工日	3.865	3.200	2.661	2.281	1.964	1.584
	木工 高级技工	工日	0.644	0.533	0.444	0.380	0.327	0.264
材料	锯成材	m^3	1.1340	1.1240	1.1110	1.1010	1.0930	1.0930
	样板料	m^3	0.0230	0.0230	0.0230	0.0230	0.0230	0.0230
	其他材料费(占材料费)	%	1.00	1.00	1.00	1.00	1.00	1.00

工作内容：选配料、锯截、刨光、画线、裹棱、做燕尾榫、包括讨退套样、圆肩、耍头、扒腮等。

计量单位：m^3

定额编号			2-5-114	2-5-115	2-5-116	2-5-117	2-5-118	2-5-119
项目			一端带耍头的阑额制作(额高)					
			30cm以内	35cm以内	40cm以内	45cm以内	50cm以内	50cm以外
名称		单位	消耗量					
人工	合计工日	工日	7.726	6.398	5.324	4.558	3.925	3.168
	木工 普工	工日	2.318	1.919	1.597	1.368	1.177	0.950
	木工 一般技工	工日	4.636	3.839	3.194	2.735	2.355	1.901
	木工 高级技工	工日	0.773	0.640	0.532	0.456	0.393	0.317
材料	锯成材	m^3	1.1340	1.1240	1.1110	1.1010	1.0930	1.0930
	样板料	m^3	0.0230	0.0230	0.0230	0.0230	0.0230	0.0230
	其他材料费(占材料费)	%	1.00	1.00	1.00	1.00	1.00	1.00

工作内容：选配料、锯截、刨光、画线、裹棱、做燕尾榫、包括讨退套样、圆肩、耍头、扒腮等。

计量单位：m^3

定额编号			2-5-120	2-5-121	2-5-122	2-5-123	2-5-124	2-5-125
项目			两端带耍头的阑额制作(额高)					
			30cm以内	35cm以内	40cm以内	45cm以内	50cm以内	50cm以外
名称		单位	消耗量					
人工	合计工日	工日	9.020	7.462	6.213	5.324	4.585	3.696
	木工 普工	工日	2.706	2.239	1.864	1.597	1.375	1.109
	木工 一般技工	工日	5.412	4.477	3.728	3.194	2.751	2.218
	木工 高级技工	工日	0.902	0.746	0.621	0.532	0.459	0.370
材料	锯成材	m^3	1.1340	1.1240	1.1110	1.1010	1.0930	1.0930
	样板料	m^3	0.0230	0.0230	0.0230	0.0230	0.0230	0.0230
	其他材料费(占材料费)	%	1.00	1.00	1.00	1.00	1.00	1.00

工作内容：选配料、锯截、刨光、画线、裹棱、做榫、制作成型等。 计量单位：m^3

定额编号			2-5-126	2-5-127	2-5-128	2-5-129	2-5-130
项目			由额制作（额高）				
			30cm以内	35cm以内	40cm以内	45cm以内	45cm以外
名称		单位	消耗量				
人工	合计工日	工日	5.386	4.277	3.379	2.851	2.323
	木工 普工	工日	1.616	1.283	1.014	0.855	0.697
	木工 一般技工	工日	3.231	2.566	2.028	1.711	1.394
	木工 高级技工	工日	0.539	0.428	0.338	0.285	0.232
材料	锯成材	m^3	1.1380	1.1180	1.1100	1.1010	1.0960
	样板料	m^3	0.0230	0.0230	0.0230	0.0230	0.0230
	其他材料费（占材料费）	%	1.00	1.00	1.00	1.00	1.00

工作内容：选配料、锯截、刨光、画线、做榫卯、制作成型等。 计量单位：m^3

定额编号			2-5-131	2-5-132	2-5-133	2-5-134	2-5-135
项目			普拍枋制作（枋高）				
			20cm以内	25cm以内	30cm以内	35cm以内	35cm以外
名称		单位	消耗量				
人工	合计工日	工日	4.858	3.590	2.746	2.218	1.795
	木工 普工	工日	1.457	1.077	0.824	0.665	0.539
	木工 一般技工	工日	2.915	2.154	1.647	1.331	1.077
	木工 高级技工	工日	0.486	0.359	0.275	0.222	0.180
材料	锯成材	m^3	1.1340	1.1150	1.1030	1.1000	1.0880
	样板料	m^3	0.0230	0.0230	0.0230	0.0230	0.0230
	其他材料费（占材料费）	%	1.00	1.00	1.00	1.00	1.00

工作内容：选配料、锯截、刨光、画线、做榫、制作成型等。

计量单位：m³

定额编号			2-5-136	2-5-137	2-5-138	2-5-139	2-5-140
项目			内额制作(额高)				
			20cm 以内	25cm 以内	30cm 以内	35cm 以内	35cm 以外
名称		单位	消耗量				
人工	合计工日	工日	19.853	14.678	11.299	9.082	7.498
	木工 普工	工日	5.956	4.404	3.390	2.725	2.249
	木工 一般技工	工日	11.912	8.807	6.780	5.449	4.499
	木工 高级技工	工日	1.985	1.468	1.130	0.908	0.750
材料	锯成材	m^3	1.2140	1.2090	1.1510	1.1320	1.1250
	样板料	m^3	0.0230	0.0230	0.0230	0.0230	0.0230
	其他材料费(占材料费)	%	1.00	1.00	1.00	1.00	1.00

工作内容：选配料、锯截、刨光、画线、做榫、制作成型等。

计量单位：m³

定额编号			2-5-141	2-5-142	2-5-143	2-5-144	2-5-145
项目			撩檐枋制作(枋高)				
			35cm 以内	40cm 以内	45cm 以内	50cm 以内	50cm 以外
名称		单位	消耗量				
人工	合计工日	工日	11.299	8.870	7.814	6.336	5.174
	木工 普工	工日	3.390	2.661	2.344	1.901	1.552
	木工 一般技工	工日	6.780	5.322	4.689	3.802	3.105
	木工 高级技工	工日	1.130	0.887	0.781	0.634	0.517
材料	锯成材	m^3	1.1590	1.1360	1.1270	1.1140	1.1070
	样板料	m^3	0.0230	0.0230	0.0230	0.0230	0.0230
	其他材料费(占材料费)	%	1.00	1.00	1.00	1.00	1.00

工作内容：选配料、锯截、刨光、画线、做榫、制作成型等。　　**计量单位**：m^3

定额编号			2-5-146	2-5-147	2-5-148	2-5-149	2-5-150	2-5-151
项目			檐额制作(额高)					
			40cm以内	50cm以内	55cm以内	60cm以内	70cm以内	80cm以内
名称		单位	消耗量					
人工	合计工日	工日	4.435	3.274	2.746	2.323	1.901	1.478
	木工 普工	工日	1.331	0.982	0.824	0.697	0.570	0.444
	木工 一般技工	工日	2.661	1.964	1.647	1.394	1.141	0.887
	木工 高级技工	工日	0.444	0.327	0.275	0.232	0.190	0.148
材料	锯成材	m^3	1.1270	1.1130	1.1040	1.0980	1.0960	1.0880
	样板料	m^3	0.0230	0.0230	0.0230	0.0230	0.0230	0.0230
	其他材料费(占材料费)	%	1.00	1.00	1.00	1.00	1.00	1.00

工作内容：选配料、锯截、刨光、画线、做榫、制作成型等。　　**计量单位**：m^3

定额编号			2-5-152	2-5-153	2-5-154	2-5-155
项目			檐额制作(额高)			
			90cm以内	100cm以内	110cm以内	110cm以外
名称		单位	消耗量			
人工	合计工日	工日	1.267	1.056	0.739	0.528
	木工 普工	工日	0.380	0.317	0.222	0.158
	木工 一般技工	工日	0.760	0.634	0.444	0.317
	木工 高级技工	工日	0.127	0.106	0.074	0.053
材料	锯成材	m^3	1.0860	1.0820	1.0800	1.0770
	样板料	m^3	0.0230	0.0230	0.0230	0.0230
	其他材料费(占材料费)	%	1.00	1.00	1.00	1.00

工作内容：选配料、锯截、刨光、画线、绰幕枋头素面、制作成型等。　　计量单位：m^3

定额编号			2-5-156	2-5-157	2-5-158	2-5-159	2-5-160	2-5-161
项目			绰幕枋制作(枋高)					
			30cm以内	40cm以内	50cm以内	60cm以内	70cm以内	70cm以外
名称		单位	消耗量					
人工	合计工日	工日	14.467	10.032	8.131	6.656	5.702	4.858
	木工 普工	工日	4.340	3.010	2.439	1.996	1.711	1.457
	木工 一般技工	工日	8.680	6.019	4.879	3.995	3.421	2.915
	木工 高级技工	工日	1.447	1.003	0.813	0.665	0.570	0.486
材料	锯成材	m^3	1.1660	1.1370	1.1190	1.1030	1.1000	1.0960
	样板料	m^3	0.0230	0.0230	0.0230	0.0230	0.0230	0.0230
	其他材料费(占材料费)	%	1.00	1.00	1.00	1.00	1.00	1.00

工作内容：选配料、锯截、画线、刨光、作榫、制作成型等。　　计量单位：m^3

定额编号			2-5-162	2-5-163	2-5-164
项目			襻间制作(枋高)		
			20cm 以内	30cm 以内	30cm 以外
名称		单位	消耗量		
人工	合计工日	工日	14.573	10.454	8.342
	木工 普工	工日	4.372	3.136	2.503
	木工 一般技工	工日	8.744	6.273	5.005
	木工 高级技工	工日	1.457	1.045	0.834
材料	锯成材	m^3	1.1870	1.1340	1.1210
	样板料	m^3	0.0230	0.0230	0.0230
	其他材料费(占材料费)	%	1.00	1.00	1.00

工作内容：选配料、锯截、画线、刨光、作榫、制作成型等。 **计量单位**：m^3

定额编号			2-5-165	2-5-166	2-5-167	2-5-168
项目			顺脊串制作(脊串高)			
			20cm 以内	25cm 以内	30cm 以内	30cm 以外
名称		单位	消耗量			
人工	合计工日	工日	12.144	8.554	7.075	5.491
	木工 普工	工日	3.643	2.566	2.123	1.647
	木工 一般技工	工日	7.286	5.132	4.245	3.295
	木工 高级技工	工日	1.214	0.855	0.708	0.549
材料	锯成材	m^3	1.1950	1.1320	1.1090	1.1050
	样板料	m^3	0.0230	0.0230	0.0230	0.0230
	其他材料费(占材料费)	%	1.00	1.00	1.00	1.00

工作内容：选配料、锯截、画线、刨光、作榫、制作成型等。 **计量单位**：m^3

定额编号			2-5-169	2-5-170	2-5-171	2-5-172
项目			顺栿串制作(栿串高)			
			25cm 以内	30cm 以内	35cm 以内	35cm 以外
名称		单位	消耗量			
人工	合计工日	工日	12.144	8.765	7.392	5.491
	木工 普工	工日	3.643	2.629	2.218	1.647
	木工 一般技工	工日	7.286	5.259	4.435	3.295
	木工 高级技工	工日	1.214	0.877	0.739	0.549
材料	锯成材	m^3	1.1470	1.1270	1.1120	1.1040
	样板料	m^3	0.0230	0.0230	0.0230	0.0230
	其他材料费(占材料费)	%	1.00	1.00	1.00	1.00

工作内容：选配料、锯截、刨光、画线、作榫、绰幕枋头素面、制作成型等。　　　**计量单位**：m^3

定额编号			2-5-173	2-5-174	2-5-175	2-5-176
项目			一端带绰幕头的顺栿串制作(栿串高)			
			25cm 以内	30cm 以内	35cm 以内	35cm 以外
名称		单位	消耗量			
人工	合计工日	工日	14.573	10.516	8.870	6.591
	木工 普工	工日	4.372	3.155	2.661	1.977
	木工 一般技工	工日	8.744	6.310	5.322	3.955
	木工 高级技工	工日	1.457	1.052	0.887	0.659
材料	锯成材	m^3	1.1470	1.1270	1.1120	1.1040
	样板料	m^3	0.0230	0.0230	0.0230	0.0230
	其他材料费(占材料费)	%	1.00	1.00	1.00	1.00

工作内容：选配料、锯截、刨光、画线、作榫、绰幕枋头素面、制作成型等。　　　**计量单位**：m^3

定额编号			2-5-177	2-5-178	2-5-179	2-5-180
项目			两端带绰幕头的顺栿串制作(栿串高)			
			25cm 以内	30cm 以内	35cm 以内	35cm 以外
名称		单位	消耗量			
人工	合计工日	工日	17.002	12.267	10.349	7.691
	木工 普工	工日	5.101	3.680	3.105	2.307
	木工 一般技工	工日	10.201	7.360	6.209	4.615
	木工 高级技工	工日	1.700	1.227	1.035	0.769
材料	锯成材	m^3	1.1470	1.1270	1.1120	1.1040
	样板料	m^3	0.0230	0.0230	0.0230	0.0230
	其他材料费(占材料费)	%	1.00	1.00	1.00	1.00

工作内容：选配料、锯截、刨光、画线、要头、扒腮、制作成型等。　　　　计量单位：m^3

定额编号			2-5-181	2-5-182	2-5-183	2-5-184
项目			一端带要头的顺栿串制作（栿串高）			
			25cm 以内	30cm 以内	35cm 以内	35cm 以外
名称		单位	消耗量			
人工	合计工日	工日	13.358	9.645	8.131	6.037
	木工 普工	工日	4.008	2.893	2.439	1.811
	木工 一般技工	工日	8.015	5.787	4.879	3.622
	木工 高级技工	工日	1.336	0.965	0.813	0.604
材料	锯成材	m^3	1.1470	1.1270	1.1120	1.1040
	样板料	m^3	0.0230	0.0230	0.0230	0.0230
	其他材料费（占材料费）	%	1.00	1.00	1.00	1.00

工作内容：选配料、锯截、刨光、画线、要头、扒腮、制作成型等。　　　　计量单位：m^3

定额编号			2-5-185	2-5-186	2-5-187	2-5-188
项目			两端带要头的顺栿串制作（栿串高）			
			25cm 以内	30cm 以内	35cm 以内	35cm 以外
名称		单位	消耗量			
人工	合计工日	工日	14.573	10.516	8.870	6.591
	木工 普工	工日	4.372	3.155	2.661	1.977
	木工 一般技工	工日	8.744	6.310	5.322	3.955
	木工 高级技工	工日	1.457	1.052	0.887	0.659
材料	锯成材	m^3	1.1470	1.1270	1.1120	1.1040
	样板料	m^3	0.0230	0.0230	0.0230	0.0230
	其他材料费（占材料费）	%	1.00	1.00	1.00	1.00

3. 梁类制作

工作内容：选配料、锯截、画线、刨光、圆楞、雕凿、制作成型、弹安装线、编写安装号、试装等。

计量单位：m^3

定额编号			2-5-189	2-5-190	2-5-191	2-5-192	2-5-193	2-5-194
项目			直梁式明栿平梁制作(梁宽)					
			25cm以内	30cm以内	35cm以内	40cm以内	45cm以内	45cm以外
名称		单位	消耗量					
人工	合计工日	工日	11.403	9.729	8.253	7.146	6.327	5.445
	木工 普工	工日	2.281	1.946	1.651	1.429	1.265	1.089
	木工 一般技工	工日	6.842	5.837	4.952	4.288	3.796	3.267
	木工 高级技工	工日	2.281	1.946	1.651	1.429	1.265	1.089
材料	锯成材	m^3	1.1614	1.1561	1.1444	1.1422	1.1282	1.1222
	样板料	m^3	0.0230	0.0230	0.0230	0.0230	0.0230	0.0230
	其他材料费(占材料费)	%	0.50	0.50	0.50	0.50	0.50	0.50

工作内容：排制丈杆、样板、选配料、画线、圆楞、雕凿、制作成型、弹安装线、编写安装号、试装等。

计量单位：m^3

定额编号			2-5-195	2-5-196	2-5-197	2-5-198	2-5-199	2-5-200
项目			直梁式草栿平梁制作(梁宽)					
			25cm以内	30cm以内	35cm以内	40cm以内	45cm以内	45cm以外
名称		单位	消耗量					
人工	合计工日	工日	7.002	5.652	4.428	4.122	3.330	2.970
	木工 普工	工日	1.400	1.130	0.886	0.824	0.666	0.594
	木工 一般技工	工日	4.201	3.391	2.657	2.473	1.998	1.782
	木工 高级技工	工日	1.400	1.130	0.886	0.824	0.666	0.594
材料	锯成材	m^3	1.1312	1.1222	1.1194	1.1096	1.1091	1.1012
	样板料	m^3	0.0230	0.0230	0.0230	0.0230	0.0230	0.0230
	其他材料费(占材料费)	%	0.50	0.50	0.50	0.50	0.50	0.50

工作内容：选配料、画线、锯截、刨光、圆楞、雕凿、制作成型、弹安装线、编写安装号、试装等。

计量单位：m^3

定额编号			2-5-201	2-5-202	2-5-203	2-5-204	2-5-205
项目			明栿出跳直梁式劄牵制作(梁宽)				
			23cm 以内	27cm 以内	31cm 以内	35cm 以内	35cm 以外
名称		单位	消耗量				
人工	合计工日	工日	10.782	9.252	7.938	7.236	6.336
	木工 普工	工日	2.156	1.850	1.588	1.447	1.267
	木工 一般技工	工日	6.469	5.551	4.763	4.342	3.802
	木工 高级技工	工日	2.156	1.850	1.588	1.447	1.267
材料	锯成材	m^3	1.2037	1.1831	1.1701	1.1557	1.1453
	样板料	m^3	0.0230	0.0230	0.0230	0.0230	0.0230
	其他材料费(占材料费)	%	0.50	0.50	0.50	0.50	0.50

工作内容：选配料、画线、锯截、(局部刨光)、雕凿、制作成型、弹安装线、编写安装号、试装等。

计量单位：m^3

定额编号			2-5-206	2-5-207	2-5-208	2-5-209
项目			草栿出跳直梁式劄牵制作(梁宽)			
			25cm 以内	30cm 以内	35cm 以内	35cm 以外
名称		单位	消耗量			
人工	合计工日	工日	6.489	5.283	4.680	4.203
	木工 普工	工日	1.298	1.057	0.936	0.841
	木工 一般技工	工日	3.893	3.170	2.808	2.522
	木工 高级技工	工日	1.298	1.057	0.936	0.841
材料	锯成材	m^3	1.1557	1.1404	1.1263	1.1197
	样板料	m^3	0.0230	0.0230	0.0230	0.0230
	其他材料费(占材料费)	%	0.50	0.50	0.50	0.50

工作内容：选配料、画线、锯截、刨光、圆楞、雕凿、制作成型、弹安装线、编写安装号、试装等。

计量单位：m^3

定额编号			2-5-210	2-5-211	2-5-212	2-5-213
项目			明栿不出跳直梁式劄牵制作(梁宽)			
			16cm 以内	20cm 以内	24cm 以内	24cm 以外
名称		单位	消耗量			
人工	合计工日	工日	14.256	11.484	9.405	8.091
	木工 普工	工日	2.851	2.297	1.881	1.618
	木工 一般技工	工日	8.554	6.890	5.643	4.855
	木工 高级技工	工日	2.851	2.297	1.881	1.618
材料	锯成材	m^3	1.2575	1.2145	1.1903	1.1735
	样板料	m^3	0.0230	0.0230	0.0230	0.0230
	其他材料费(占材料费)	%	0.50	0.50	0.50	0.50

工作内容：选配料、画线、锯截、制作成型、弹安装线、编写安装号、试装等。

计量单位：m^3

定额编号			2-5-214	2-5-215	2-5-216	2-5-217
项目			草栿不出跳直梁式劄牵制作(梁宽)			
			16cm 以内	20cm 以内	24cm 以内	24cm 以外
名称		单位	消耗量			
人工	合计工日	工日	10.350	8.199	6.732	5.616
	木工 普工	工日	2.070	1.640	1.346	1.123
	木工 一般技工	工日	6.210	4.919	4.039	3.370
	木工 高级技工	工日	2.070	1.640	1.346	1.123
材料	锯成材	m^3	1.1852	1.1747	1.1480	1.1368
	样板料	m^3	0.0230	0.0230	0.0230	0.0230
	其他材料费(占材料费)	%	0.50	0.50	0.50	0.50

工作内容:选配料、画线、锯截、刨光、圆楞、雕凿、制作成型、弹安装线、编写安装号、试装等。

计量单位:m^3

定额编号			2-5-218	2-5-219	2-5-220	2-5-221	2-5-222
项目			明栿三椽栿直梁制作(梁宽)				
			30cm 以内	35cm 以内	40cm 以内	45cm 以内	45cm 以外
名称		单位	消耗量				
人工	合计工日	工日	8.100	6.462	5.355	4.716	3.933
	木工 普工	工日	1.620	1.292	1.071	0.943	0.787
	木工 一般技工	工日	4.860	3.877	3.213	2.830	2.360
	木工 高级技工	工日	1.620	1.292	1.071	0.943	0.787
材料	锯成材	m^3	1.1450	1.1326	1.1243	1.1176	1.1092
	样板料	m^3	0.0230	0.0230	0.0230	0.0230	0.0230
	其他材料费(占材料费)	%	0.50	0.50	0.50	0.50	0.50

工作内容:选配料、画线、锯截、雕凿、制作成型、弹安装线、编写安装号、试装等。

计量单位:m^3

定额编号			2-5-223	2-5-224	2-5-225	2-5-226
项目			草栿三椽栿直梁制作(梁宽)			
			40cm 以内	45cm 以内	50cm 以内	50cm 以外
名称		单位	消耗量			
人工	合计工日	工日	4.059	3.627	2.682	2.502
	木工 普工	工日	0.812	0.725	0.536	0.500
	木工 一般技工	工日	2.435	2.176	1.609	1.501
	木工 高级技工	工日	0.812	0.725	0.536	0.500
材料	锯成材	m^3	1.1017	1.0944	1.0942	1.0884
	样板料	m^3	0.0230	0.0230	0.0230	0.0230
	其他材料费(占材料费)	%	0.50	0.50	0.50	0.50

工作内容：选配料、画线、锯截、刨光、圆楞、雕凿、制作成型、弹安装线、编写安装号、试装等。

计量单位：m^3

定额编号			2-5-227	2-5-228	2-5-229	2-5-230	2-5-231
项目			明栿四椽栿直梁制作(梁宽)				
			35cm以内	40cm以内	45cm以内	50cm以内	50cm以外
名称		单位	消耗量				
人工	合计工日	工日	6.804	5.949	5.283	4.734	4.302
	木工 普工	工日	1.361	1.190	1.057	0.947	0.860
	木工 一般技工	工日	4.082	3.569	3.170	2.840	2.581
	木工 高级技工	工日	1.361	1.190	1.057	0.947	0.860
材料	锯成材	m^3	1.1281	1.1183	1.1096	1.1044	1.0988
	样板料	m^3	0.0230	0.0230	0.0230	0.0230	0.0230
	其他材料费(占材料费)	%	0.50	0.50	0.50	0.50	0.50

工作内容：选配料、画线、锯截、刨光、雕凿、制作成型、弹安装线、编写安装号、试装等。　计量单位：m^3

定额编号			2-5-232	2-5-233	2-5-234	2-5-235	2-5-236
项目			草栿四椽栿直梁制作(梁宽)				
			35cm以内	40cm以内	45cm以内	50cm以内	50cm以外
名称		单位	消耗量				
人工	合计工日	工日	4.698	3.816	3.384	3.069	2.268
	木工 普工	工日	0.940	0.763	0.677	0.614	0.454
	木工 一般技工	工日	2.819	2.290	2.030	1.841	1.361
	木工 高级技工	工日	0.940	0.763	0.677	0.614	0.454
材料	锯成材	m^3	1.1004	1.0920	1.0891	1.0842	1.0821
	样板料	m^3	0.0230	0.0230	0.0230	0.0230	0.0230
	其他材料费(占材料费)	%	0.50	0.50	0.50	0.50	0.50

工作内容：选配料、画线、锯截、刨光、圆楞、雕凿、制作成型、弹安装线、编写安装号、试装等。

计量单位：m^3

定额编号			2-5-237	2-5-238	2-5-239	2-5-240	2-5-241
项目			明栿五椽栿直梁制作（梁宽）				
			35cm 以内	40cm 以内	45cm 以内	50cm 以内	50cm 以外
名称		单位	消耗量				
人工	合计工日	工日	6.687	5.778	5.085	4.581	4.176
	木工 普工	工日	1.337	1.156	1.017	0.916	0.835
	木工 一般技工	工日	4.012	3.467	3.051	2.749	2.506
	木工 高级技工	工日	1.337	1.156	1.017	0.916	0.835
材料	锯成材	m^3	1.1220	1.1137	1.1073	1.1016	1.0969
	样板料	m^3	0.0230	0.0230	0.0230	0.0230	0.0230
	其他材料费（占材料费）	%	0.50	0.50	0.50	0.50	0.50

工作内容：选配料、画线、锯截、雕凿、制作成型、弹安装线、编写安装号、试装等。

计量单位：m^3

定额编号			2-5-242	2-5-243	2-5-244	2-5-245	2-5-246
项目			草栿五椽栿直梁制作（梁宽）				
			35cm 以内	40cm 以内	45cm 以内	50cm 以内	50cm 以外
名称		单位	消耗量				
人工	合计工日	工日	4.203	3.492	3.060	2.763	1.386
	木工 普工	工日	0.841	0.698	0.612	0.553	0.277
	木工 一般技工	工日	2.522	2.095	1.836	1.658	0.832
	木工 高级技工	工日	0.841	0.698	0.612	0.553	0.277
材料	锯成材	m^3	1.0944	1.0899	1.0865	1.0821	1.0805
	样板料	m^3	0.0230	0.0230	0.0230	0.0230	0.0230
	其他材料费（占材料费）	%	0.50	0.50	0.50	0.50	0.50

工作内容:选配料、画线、锯截、刨光、圆楞、雕凿、制作成型、弹安装线、编写安装号、试装等。

计量单位:m³

定额编号			2-5-247	2-5-248	2-5-249	2-5-250	2-5-251
项目			明栿六椽栿直梁制作(梁宽)				
			55cm 以内	60cm 以内	65cm 以内	70cm 以内	70cm 以外
名称		单位	消耗量				
人工	合计工日	工日	4.950	4.014	3.357	3.132	2.907
	木工 普工	工日	0.990	0.803	0.671	0.626	0.581
	木工 一般技工	工日	2.970	2.408	2.014	1.879	1.744
	木工 高级技工	工日	0.990	0.803	0.671	0.626	0.581
材料	锯成材	m³	1.1008	1.0957	1.0915	1.0886	1.0849
	样板料	m³	0.0230	0.0230	0.0230	0.0230	0.0230
	其他材料费(占材料费)	%	0.50	0.50	0.50	0.50	0.50

工作内容:选配料、画线、锯截、雕凿、制作成型、弹安装线、编写安装号、试装等。

计量单位:m³

定额编号			2-5-252	2-5-253	2-5-254	2-5-255	2-5-256
项目			草栿六椽栿直梁制作(梁宽)				
			55cm 以内	60cm 以内	65cm 以内	70cm 以内	70cm 以外
名称		单位	消耗量				
人工	合计工日	工日	2.574	2.106	1.341	1.260	0.864
	木工 普工	工日	0.515	0.421	0.268	0.252	0.173
	木工 一般技工	工日	1.544	1.264	0.805	0.756	0.518
	木工 高级技工	工日	0.515	0.421	0.268	0.252	0.173
材料	锯成材	m³	1.0836	1.0802	1.0774	1.0747	1.0728
	样板料	m³	0.0230	0.0230	0.0230	0.0230	0.0230
	其他材料费(占材料费)	%	0.50	0.50	0.50	0.50	0.50

工作内容：选配料、画线、锯截、刨光、圆楞、雕凿、制作成型、弹安装线、编写安装号、试装等。

计量单位：m^3

定额编号			2-5-257	2-5-258	2-5-259	2-5-260	2-5-261
项目			明栿七、八椽栿直梁制作(梁宽)				
			55cm 以内	60cm 以内	65cm 以内	70cm 以内	70cm 以外
名称		单位	消耗量				
人工	合计工日	工日	4.086	3.564	3.348	3.042	2.907
	木工 普工	工日	0.817	0.713	0.670	0.608	0.581
	木工 一般技工	工日	2.452	2.138	2.009	1.825	1.744
	木工 高级技工	工日	0.817	0.713	0.670	0.608	0.581
材料	锯成材	m^3	1.0975	1.0932	1.0894	1.0882	1.0831
	样板料	m^3	0.0230	0.0230	0.0230	0.0230	0.0230
	其他材料费(占材料费)	%	0.50	0.50	0.50	0.50	0.50

工作内容：选配料、画线、锯截、雕凿、制作成型、弹安装线、编写安装号、试装等。

计量单位：m^3

定额编号			2-5-262	2-5-263	2-5-264	2-5-265	2-5-266
项目			草栿七、八椽栿直梁制作(梁宽)				
			55cm 以内	60cm 以内	65cm 以内	70cm 以内	70cm 以外
名称		单位	消耗量				
人工	合计工日	工日	2.259	1.899	1.233	1.143	0.648
	木工 普工	工日	0.452	0.380	0.247	0.229	0.130
	木工 一般技工	工日	1.355	1.139	0.740	0.686	0.389
	木工 高级技工	工日	0.452	0.380	0.247	0.229	0.130
材料	锯成材	m^3	1.0815	1.0777	1.0767	1.0738	1.0717
	样板料	m^3	0.0230	0.0230	0.0230	0.0230	0.0230
	其他材料费(占材料费)	%	0.50	0.50	0.50	0.50	0.50

工作内容:选配料、画线、锯截、刨光、弹线、裹棱、作榫、两肩按要求作分瓣卷杀、挖弯、圆楞、作琴面、砍平、制作成型、弹安装线、编写安装号、试装等。

计量单位:m^3

定额编号			2-5-267	2-5-268	2-5-269	2-5-270	2-5-271
项目			明栿直梁式乳栿制作(梁宽)				
			30cm 以内	35cm 以内	40cm 以内	45cm 以内	45cm 以外
名称		单位	消耗量				
人工	合计工日	工日	9.819	8.262	7.794	6.849	5.571
	木工 普工	工日	1.964	1.652	1.559	1.370	1.114
	木工 一般技工	工日	5.891	4.957	4.676	4.109	3.343
	木工 高级技工	工日	1.964	1.652	1.559	1.370	1.114
材料	锯成材	m^3	1.1577	1.1442	1.1362	1.1250	1.1189
	样板料	m^3	0.0230	0.0230	0.0230	0.0230	0.0230
	其他材料费(占材料费)	%	0.50	0.50	0.50	0.50	0.50

工作内容:选配料、画线、锯截、画线、作榫、两肩按要求作分瓣卷杀、挖弯、作琴面、砍平、制作成型、弹安装线、编写安装号、试装等。

计量单位:m^3

定额编号			2-5-272	2-5-273	2-5-274	2-5-275	2-5-276
项目			草栿直梁式乳栿制作(梁宽)				
			30cm 以内	35cm 以内	40cm 以内	45cm 以内	45cm 以外
名称		单位	消耗量				
人工	合计工日	工日	5.274	4.437	3.780	3.447	2.988
	木工 普工	工日	1.055	0.887	0.756	0.689	0.598
	木工 一般技工	工日	3.164	2.662	2.268	2.068	1.793
	木工 高级技工	工日	1.055	0.887	0.756	0.689	0.598
材料	锯成材	m^3	1.1244	1.1160	1.1120	1.1037	1.1002
	样板料	m^3	0.0230	0.0230	0.0230	0.0230	0.0230
	其他材料费(占材料费)	%	0.50	0.50	0.50	0.50	0.50

工作内容:选配料、画线、锯截、刨光、裹棱、作榫、两肩按要求作分瓣卷杀、挖弯、圆楞、作琴面、砍平、制作成型、弹安装线、编写安装号、试装等。

计量单位:m^3

定额编号			2-5-277	2-5-278	2-5-279	2-5-280	2-5-281	2-5-282
项目			明栿月式平梁制作(梁宽)					
			30cm以内	35cm以内	40cm以内	45cm以内	50cm以内	50cm以外
名称		单位	消耗量					
人工	合计工日	工日	15.066	12.789	11.142	8.221	9.018	7.974
	木工 普工	工日	3.013	2.558	2.228	2.005	1.804	1.595
	木工 一般技工	工日	9.040	7.673	6.685	6.016	5.411	4.784
	木工 高级技工	工日	3.013	2.558	2.228	0.201	1.804	1.595
材料	锯成材	m^3	1.1638	1.1482	1.1306	1.1273	1.1207	1.1127
	样板料	m^3	0.0230	0.0230	0.0230	0.0230	0.0230	0.0230
	其他材料费(占材料费)	%	0.50	0.50	0.50	0.50	0.50	0.50

工作内容:选配料、刨光、弹线、作榫、两肩按要求作分瓣卷杀、挖弯、圆楞、作琴面、砍平、制作成型、弹安装线、编写安装号、试装等。

计量单位:m^3

定额编号			2-5-283	2-5-284	2-5-285	2-5-286	2-5-287
项目			明栿出跳月梁式劄牵制作(梁宽)				
			25cm以内	30cm以内	35cm以内	40cm以内	40cm以外
名称		单位	消耗量				
人工	合计工日	工日	16.785	13.860	12.150	10.629	7.776
	木工 普工	工日	3.357	2.772	2.430	2.126	1.555
	木工 一般技工	工日	10.071	8.316	7.290	6.377	4.666
	木工 高级技工	工日	3.357	2.772	2.430	2.126	1.555
材料	锯成材	m^3	1.1996	1.1752	1.1625	1.1444	1.1398
	样板料	m^3	0.0230	0.0230	0.0230	0.0230	0.0230
	其他材料费(占材料费)	%	0.50	0.50	0.50	0.50	0.50

工作内容：选配料、画线、锯截、裹棱、弹线、作榫、两肩按要求作分瓣卷杀、挖弯、圆楞、作琴面、砍平、制作成型、弹安装线、编写安装号、试装等。

计量单位：m^3

定额编号			2-5-288	2-5-289	2-5-290	2-5-291	2-5-292
项目			明栿不出跳月梁式劄牵制作（梁宽）				
			20cm 以内	24cm 以内	28cm 以内	32cm 以内	32cm 以外
名称		单位	消耗量				
人工	合计工日	工日	20.745	16.965	14.742	13.059	10.908
	木工 普工	工日	4.149	3.393	2.948	2.612	2.182
	木工 一般技工	工日	12.447	10.179	8.845	7.835	6.545
	木工 高级技工	工日	4.149	3.393	2.948	2.612	2.182
材料	锯成材	m^3	1.2328	1.2032	1.1821	1.1651	1.1762
	样板料	m^3	0.0230	0.0230	0.0230	0.0230	0.0230
	其他材料费（占材料费）	%	0.50	0.50	0.50	0.50	0.50

工作内容：选配料、画线、锯截、裹棱、刨光、作榫、两肩按要求作分瓣卷杀、挖弯、圆楞、作琴面、砍平、制作成型、弹安装线、编写安装号、试装等。

计量单位：m^3

定额编号			2-5-293	2-5-294	2-5-295	2-5-296	2-5-297
项目			明栿月梁式乳栿制作（梁宽）				
			35cm 以内	40cm 以内	45cm 以内	50cm 以内	50cm 以外
名称		单位	消耗量				
人工	合计工日	工日	13.500	11.817	10.494	9.675	8.505
	木工 普工	工日	2.700	2.363	2.099	1.935	1.701
	木工 一般技工	工日	8.100	7.090	6.296	5.805	5.103
	木工 高级技工	工日	2.700	2.363	2.099	1.935	1.701
材料	锯成材	m^3	1.1565	1.1410	1.1295	1.1209	1.1050
	样板料	m^3	0.0230	0.0230	0.0230	0.0230	0.0230
	其他材料费（占材料费）	%	0.50	0.50	0.50	0.50	0.50

工作内容：选配料、画线、锯截、裹棱、刨光、作榫、两肩按要求作分瓣卷杀、挖弯、圆楞、作琴面、砍平、制作成型、弹安装线、编写安装号、试装等。 **计量单位：**m³

定额编号			2-5-298	2-5-299	2-5-300	2-5-301	2-5-302
项目			明栿三椽栿月梁制作(梁宽)				
			35cm 以内	40cm 以内	45cm 以内	50cm 以内	50cm 以外
名称		单位	消耗量				
人工	合计工日	工日	12.132	10.413	9.405	8.424	7.830
	木工 普工	工日	2.426	2.083	1.881	1.685	1.566
	木工 一般技工	工日	7.279	6.248	5.643	5.054	4.698
	木工 高级技工	工日	2.426	2.083	1.881	1.685	1.566
材料	锯成材	m³	1.1381	1.1254	1.1160	1.1088	1.1042
	样板料	m³	0.0230	0.0230	0.0230	0.0230	0.0230
	其他材料费(占材料费)	%	0.50	0.50	0.50	0.50	0.50

工作内容：选配料、画线、锯截、裹棱、刨光、作榫、两肩按要求作分瓣卷杀、挖弯、圆楞、作琴面、砍平、制作成型、弹安装线、编写安装号、试装等。 **计量单位：**m³

定额编号			2-5-303	2-5-304	2-5-305	2-5-306	2-5-307	2-5-308
项目			明栿四椽栿月梁制作(梁宽)					
			40cm 以内	45cm 以内	50cm 以内	55cm 以内	60cm 以内	60cm 以外
名称		单位	消耗量					
人工	合计工日	工日	9.882	8.793	7.920	7.128	6.570	5.850
	木工 普工	工日	1.976	1.759	1.584	1.426	1.314	1.170
	木工 一般技工	工日	5.929	5.276	4.752	4.277	3.942	3.510
	木工 高级技工	工日	1.976	1.759	1.584	1.426	1.314	1.170
材料	锯成材	m³	1.1218	1.1132	1.1058	1.0998	1.0962	1.0931
	样板料	m³	0.0230	0.0230	0.0230	0.0230	0.0230	0.0230
	其他材料费(占材料费)	%	0.50	0.50	0.50	0.50	0.50	0.50

工作内容：选配料、画线、锯截、裹棱、刨光、作榫、两肩按要求作分瓣卷杀、挖弯、圆楞、作琴面、砍平、制作成型、弹安装线、编写安装号、试装等。

计量单位：m^3

定额编号			2-5-309	2-5-310	2-5-311	2-5-312	2-5-313
项目			明栿五椽栿月梁制作（梁宽）				
			45cm 以内	50cm 以内	55cm 以内	60cm 以内	60cm 以外
名称		单位	消耗量				
人工	合计工日	工日	8.064	7.128	6.525	6.012	5.499
	木工 普工	工日	1.613	1.426	1.305	1.202	1.100
	木工 一般技工	工日	4.838	4.277	3.915	3.607	3.299
	木工 高级技工	工日	1.613	1.426	1.305	1.202	1.100
材料	锯成材	m^3	1.1116	1.1045	1.0995	1.0952	1.0918
	样板料	m^3	0.0230	0.0230	0.0230	0.0230	0.0230
	其他材料费（占材料费）	%	0.50	0.50	0.50	0.50	0.50

工作内容：选配料、画线、锯截、裹棱、刨光、作榫、两肩按要求作分瓣卷杀、挖弯、圆楞、作琴面、砍平、制作成型、弹安装线、编写安装号、试装等。

计量单位：m^3

定额编号			2-5-314	2-5-315	2-5-316	2-5-317	2-5-318
项目			明栿六椽栿月梁制作（梁宽）				
			50cm 以内	55cm 以内	60cm 以内	65cm 以内	65cm 以外
名称		单位	消耗量				
人工	合计工日	工日	6.552	5.931	5.391	4.950	4.401
	木工 普工	工日	1.310	1.186	1.078	0.990	0.880
	木工 一般技工	工日	3.931	3.559	3.235	2.970	2.641
	木工 高级技工	工日	1.310	1.186	1.078	0.990	0.880
材料	锯成材	m^3	1.1040	1.1000	1.0968	1.0933	1.0884
	样板料	m^3	0.0230	0.0230	0.0230	0.0230	0.0230
	其他材料费（占材料费）	%	0.50	0.50	0.50	0.50	0.50

4. 蜀柱、合楷、叉手、托脚、替木制作

工作内容：选配料、画线、锯截、裹棱、刨光、作柱角榫、挖榑碗、制作成型、弹安装线、编写安装号、试装等。

计量单位：m^3

定额编号			2-5-319	2-5-320	2-5-321	2-5-322
项目			不带合楷卯口的蜀柱制作(柱径)			
			25cm 以内	30cm 以内	35cm 以内	35cm 以外
名称		单位	消耗量			
人工	合计工日	工日	21.060	15.552	11.448	8.748
	木工 普工	工日	4.212	3.110	2.290	1.750
	木工 一般技工	工日	12.636	9.331	6.869	5.249
	木工 高级技工	工日	4.212	3.110	2.290	1.750
材料	锯成材	m^3	1.5830	1.4940	1.4900	1.4020
	样板料	m^3	0.0230	0.0230	0.0230	0.0230
	其他材料费(占材料费)	%	1.00	1.00	1.00	1.00

工作内容：选配料、画线、锯截、裹棱、刨光、作柱角榫、挖榑碗、作刻口、制作成型、弹安装线、编写安装号、试装等。

计量单位：m^3

定额编号			2-5-323	2-5-324	2-5-325	2-5-326
项目			带合楷卯口的蜀柱制作(柱径)			
			25cm 以内	30cm 以内	35cm 以内	35cm 以外
名称		单位	消耗量			
人工	合计工日	工日	27.216	20.088	14.796	11.340
	木工 普工	工日	5.443	4.018	2.959	2.268
	木工 一般技工	工日	16.330	12.053	8.878	6.804
	木工 高级技工	工日	5.443	4.018	2.959	2.268
材料	锯成材	m^3	1.5830	1.4940	1.4900	1.4020
	样板料	m^3	0.0230	0.0230	0.0230	0.0230
	其他材料费(占材料费)	%	1.00	1.00	1.00	1.00

工作内容：选配料、画线、锯截、裹棱、刨光、刻蜀柱口、剔袖、作卯、制作成型、弹安装线、编写安装号、试装等。

计量单位：m^3

定额编号			2-5-327	2-5-328	2-5-329	2-5-330
项目			合楷制安(高)			
			30cm 以内	35cm 以内	40cm 以内	40cm 以外
名称		单位	消耗量			
人工	合计工日	工日	52.200	44.520	37.440	30.360
	木工 普工	工日	20.880	17.808	14.976	12.144
	木工 一般技工	工日	26.100	22.260	18.720	15.180
	木工 高级技工	工日	5.220	4.452	3.744	3.036
材料	锯成材	m^3	1.5100	1.5100	1.4860	1.4860
	样板料	m^3	0.0230	0.0230	0.0230	0.0230
	其他材料费(占材料费)	%	1.00	1.00	1.00	1.00

工作内容：选配料、画线、锯截、裹棱、刨光、制作成型、弹安装线、编写安装号、试装等。

计量单位：m^3

定额编号			2-5-331	2-5-332	2-5-333	2-5-334	2-5-335
项目			叉手制作(高)				
			20cm 以内	25cm 以内	30cm 以内	35cm 以内	35cm 以外
名称		单位	消耗量				
人工	合计工日	工日	21.060	14.904	11.988	9.612	7.884
	木工 普工	工日	8.424	5.962	4.795	3.845	3.154
	木工 一般技工	工日	10.530	7.452	5.994	4.806	3.942
	木工 高级技工	工日	2.106	1.490	1.199	0.961	0.788
材料	锯成材	m^3	1.2360	1.1730	1.1450	1.1380	1.1260
	样板料	m^3	0.0230	0.0230	0.0230	0.0230	0.0230
	其他材料费(占材料费)	%	1.00	1.00	1.00	1.00	1.00

工作内容：选配料、画线、锯截、裹棱、刨光、制作成型、弹安装线、编写安装号、试装等。　　计量单位：m^3

定额编号			2-5-336	2-5-337	2-5-338	2-5-339	2-5-340
项目			托脚制作(高)			草栿托脚、叉手制作(高)	
			20cm 以内	25cm 以内	25cm 以外	30cm 以内	30cm 以外
名称		单位	消耗量				
人工	合计工日	工日	19.008	14.148	11.016	14.301	7.525
	木工 普工	工日	7.603	5.659	4.406	5.720	3.344
	木工 一般技工	工日	9.504	7.074	5.508	7.151	3.344
	木工 高级技工	工日	1.901	1.415	1.102	1.430	0.836
材料	锯成材	m^3	1.2080	1.1660	1.1430	1.0700	1.0600
	样板料	m^3	0.0230	0.0230	0.0230	0.0230	0.0230
	其他材料费(占材料费)	%	1.00	1.00	1.00	1.00	1.00

工作内容：选配料、画线、锯截、裹棱、刨光、雕刻制作成型、弹安装线、编写安装号、试装等。

计量单位：m^3

定额编号			2-5-341	2-5-342	2-5-343	2-5-344	2-5-345	2-5-346
项目			直边无雕刻驼峰制作(高)		毡金、搯瓣驼峰制作(峰高)		隐刻驼峰制作(峰高)	
			50cm 以内	50cm 以外	50cm 以内	50cm 以外	50cm 以内	50cm 以外
名称		单位	消耗量					
人工	合计工日	工日	21.123	14.580	37.143	22.806	41.724	25.650
	木工 普工	工日	8.449	5.832	14.857	9.122	16.690	10.260
	木工 一般技工	工日	10.562	7.290	18.572	11.403	20.862	12.825
	木工 高级技工	工日	2.112	1.458	3.714	2.281	4.172	2.565
材料	锯成材	m^3	1.1113	1.0962	1.1113	1.0962	1.1113	1.0962
	样板料	m^3	0.0230	0.0230	0.0230	0.0230	0.0230	0.0230
	其他材料费(占材料费)	%	1.00	1.00	1.00	1.00	1.00	1.00

工作内容：选配料、画线、锯截、裹棱、刨光、制作成型、弹安装线、编写安装号、试装等。　**计量单位：**m^3

定额编号			2-5-347	2-5-348	2-5-349	2-5-350	2-5-351	2-5-352	2-5-353
项目			明栿墩木制作(墩木长)					草栿墩木制作(墩木长)	
			40cm以内	60cm以内	80cm以内	100cm以内	100cm以外	80cm以内	80cm以外
名称		单位	消耗量						
人工	合计工日	工日	42.840	25.218	16.056	10.494	6.642	10.062	6.039
	木工 普工	工日	17.136	10.087	6.422	4.198	2.657	4.025	2.416
	木工 一般技工	工日	21.420	12.609	8.028	5.247	3.321	5.031	3.020
	木工 高级技工	工日	4.284	2.522	1.606	1.049	0.664	1.006	0.604
材料	锯成材	m^3	1.1488	1.1228	1.1048	1.0937	1.0836	1.0979	1.0681
	样板料	m^3	0.0230	0.0230	0.0230	0.0230	0.0230	0.0230	0.0230
	其他材料费(占材料费)	%	1.00	1.00	1.00	1.00	1.00	1.00	1.00

工作内容：选配料、刨光、画线、锯截、裹棱、制作成型、弹安装线、编写安装号、试装等。　**计量单位：**m^3

定额编号			2-5-354	2-5-355	2-5-356	2-5-357
项目			替木制作(高)			
			14cm 以内	17cm 以内	20cm 以内	20cm 以外
名称		单位	消耗量			
人工	合计工日	工日	27.540	20.304	16.092	13.608
	木工 普工	工日	11.016	8.122	6.437	5.443
	木工 一般技工	工日	13.770	10.152	8.046	6.804
	木工 高级技工	工日	2.754	2.030	1.609	1.361
材料	锯成材	m^3	1.2120	1.1580	1.1450	1.1450
	样板料	m^3	0.0230	0.0230	0.0230	0.0230
	其他材料费(占材料费)	%	1.00	1.00	1.00	1.00

5. 角梁制作

工作内容：选配料、画线、锯截、裹棱、刨光、按样板画线、挖榑碗、作卯、作三瓣头、剔椽槽等。

计量单位：m^3

定额编号			2-5-358	2-5-359	2-5-360	2-5-361
项目			大角梁制作(梁厚)			
			20cm 以内	25cm 以内	30cm 以内	30cm 以外
名称		单位	消耗量			
人工	合计工日	工日	14.580	11.340	8.964	7.020
	木工 普工	工日	2.916	2.268	1.793	1.404
	木工 一般技工	工日	8.748	6.804	5.378	4.212
	木工 高级技工	工日	2.916	2.268	1.793	1.404
材料	锯成材	m^3	1.1230	1.1110	1.1020	1.0960
	样板料	m^3	0.0510	0.0510	0.0510	0.0510
	其他材料费(占材料费)	%	0.50	0.50	0.50	0.50

工作内容：选配料、画线、锯截、裹棱、刨光、按样板画线、挖榑碗、作卯、剔椽槽、作套兽榫或三岔头等。

计量单位：m^3

定额编号			2-5-362	2-5-363	2-5-364	2-5-365
项目			子角梁制作(梁厚)			
			20cm 以内	25cm 以内	30cm 以内	30cm 以外
名称		单位	消耗量			
人工	合计工日	工日	16.416	11.880	9.180	7.668
	木工 普工	工日	3.283	2.376	1.836	1.534
	木工 一般技工	工日	9.850	7.128	5.508	4.601
	木工 高级技工	工日	3.283	2.376	1.836	1.534
材料	锯成材	m^3	1.2440	1.0570	0.9770	0.9140
	样板料	m^3	0.0510	0.0510	0.0510	0.0510
	其他材料费(占材料费)	%	0.50	0.50	0.50	0.50

工作内容：选配料、画线、锯截、裹棱、刨光、按样板画线、挖榫碗、剔椽窝、作榫卯等。 计量单位：m^3

定额编号			2-5-366	2-5-367	2-5-368	2-5-369
项目			隐角梁制作(梁厚)			
			20cm 以内	25cm 以内	30cm 以内	30cm 以外
名称		单位	消耗量			
人工	合计工日	工日	13.500	10.260	8.532	6.264
	木工 普工	工日	2.700	2.052	1.706	1.253
	木工 一般技工	工日	8.100	6.156	5.119	3.758
	木工 高级技工	工日	2.700	2.052	1.706	1.253
材料	锯成材	m^3	1.1700	1.1420	1.1250	1.1160
	样板料	m^3	0.0510	0.0510	0.0510	0.0510
	其他材料费(占材料费)	%	0.50	0.50	0.50	0.50

工作内容：选配料、画线、锯截、裹棱、刨光、按样板画线、剔斜椽窝、作交掌榫、挖榫碗等。 计量单位：m^3

定额编号			2-5-370	2-5-371	2-5-372	2-5-373
项目			续角梁制作(梁厚)			
			20cm 以内	25cm 以内	30cm 以内	30cm 以外
名称		单位	消耗量			
人工	合计工日	工日	10.260	7.992	6.480	4.860
	木工 普工	工日	2.052	1.598	1.296	0.972
	木工 一般技工	工日	6.156	4.795	3.888	2.916
	木工 高级技工	工日	2.052	1.598	1.296	0.972
材料	锯成材	m^3	1.1360	1.1190	1.1070	1.0990
	样板料	m^3	0.0510	0.0510	0.0510	0.0510
	其他材料费(占材料费)	%	0.50	0.50	0.50	0.50

6.榑 制 作

工作内容:选配料、画线、锯截、砍圆、刨光、作子母榫、点画椽档,砍刨上下金盘、脊桩卯及销子卯等。

计量单位:m³

定额编号			2-5-374	2-5-375	2-5-376	2-5-377	2-5-378
项目			普通明栿圆榑制作(榑长4m以下)				
			径在20cm以内	径在25cm以内	径在30cm以内	径在40cm以内	径在40cm以外
名称		单位	消耗量				
人工	合计工日	工日	20.304	14.256	10.584	7.776	5.445
	木工 普工	工日	4.061	2.851	2.117	1.555	1.089
	木工 一般技工	工日	14.213	9.979	7.409	5.443	3.812
	木工 高级技工	工日	2.030	1.426	1.058	0.778	0.545
材料	原木	m³	1.5915	1.5377	1.4533	1.4099	1.3982
	样板料	m³	0.0230	0.0230	0.0230	0.0230	0.0230
	其他材料费(占材料费)	%	0.50	0.50	0.50	0.50	0.50

工作内容:选配料、画线、锯截、砍圆、刨光、作子母榫、点画椽档,砍刨上下金盘、脊桩卯及销子卯等。

计量单位:m³

定额编号			2-5-379	2-5-380	2-5-381	2-5-382
项目			普通明栿圆榑制作(榑长4m以上)			
			径在35cm以内	径在40cm以内	径在50cm以内	径在50cm以外
名称		单位	消耗量			
人工	合计工日	工日	9.504	7.668	6.372	4.752
	木工 普工	工日	1.901	1.534	1.274	0.950
	木工 一般技工	工日	6.653	5.368	4.460	3.326
	木工 高级技工	工日	0.950	0.767	0.637	0.475
材料	原木	m³	1.4843	1.4429	1.4320	1.3805
	样板料	m³	0.0230	0.0230	0.0230	0.0230
	其他材料费(占材料费)	%	0.50	0.50	0.50	0.50

工作内容：选配料、画线、锯截、砍圆、作子母榫、点画椽档，砍刨上下金盘、脊桩卯及销子卯等。

计量单位：m^3

定额编号			2-5-383	2-5-384	2-5-385
项目			普通草栿圆槫制作(径)		
			30cm 以内	40cm 以内	40cm 以外
名称		单位	消耗量		
人工	合计工日	工日	4.968	3.132	2.376
	木工 普工	工日	0.994	0.626	0.475
	木工 一般技工	工日	3.478	2.192	1.663
	木工 高级技工	工日	0.497	0.313	0.238
材料	原木	m^3	1.3615	1.3550	1.3500
	样板料	m^3	0.0230	0.0230	0.0230
	其他材料费(占材料费)	%	0.50	0.50	0.50

工作内容：选配料、画线、锯截、砍圆、刨光、作子母榫、点画椽档，砍刨上下金盘、脊桩卯及销子卯等。

计量单位：m^3

定额编号			2-5-386	2-5-387	2-5-388	2-5-389	2-5-390
项目			一端带搭交槫头明栿圆槫制作(径)				
			20cm 以内	25cm 以内	30cm 以内	40cm 以内	40cm 以外
名称		单位	消耗量				
人工	合计工日	工日	22.248	14.688	10.800	8.424	6.480
	木工 普工	工日	4.450	2.938	2.160	1.685	1.296
	木工 一般技工	工日	15.574	10.282	7.560	5.897	4.536
	木工 高级技工	工日	2.225	1.469	1.080	0.842	0.648
材料	原木	m^3	1.5915	1.4533	1.4377	1.4099	1.3982
	样板料	m^3	0.0230	0.0230	0.0230	0.0230	0.0230
	其他材料费(占材料费)	%	0.50	0.50	0.50	0.50	0.50

工作内容：选配料、画线、锯截、砍圆、刨光、作子母榫、点画椽档，砍刨上下金盘、脊桩卯及销子卯等。

计量单位：m^3

定额编号			2-5-391	2-5-392	2-5-393	2-5-394	2-5-395
项目			两端带搭交榑头明栿圆榑制作(径)				
			20cm 以内	25cm 以内	30cm 以内	40cm 以内	40cm 以外
名称		单位	消耗量				
人工	合计工日	工日	24.948	15.768	11.556	8.964	7.020
	木工 普工	工日	4.990	3.154	2.311	1.793	1.404
	木工 一般技工	工日	17.464	11.038	8.089	6.275	4.914
	木工 高级技工	工日	2.495	1.577	1.156	0.896	0.702
材料	原木	m^3	1.5915	1.4533	1.4377	1.4099	1.3982
	样板料	m^3	0.0230	0.0230	0.0230	0.0230	0.0230
	其他材料费(占材料费)	%	0.50	0.50	0.50	0.50	0.50

二、木构件吊装、拆卸、整修

1.木构件吊装

工作内容:垂直起重、修整榫卯、入位、校正、钉拉杆、绑戗杆、挪移抱杆及完成吊装后拆除戗、拉杆等。

计量单位:m^3

定额编号			2-5-396	2-5-397	2-5-398	2-5-399	2-5-400	2-5-401
项目			梭形檐柱、内柱、圆形直檐柱、内柱吊装(柱高7m以内)(柱径)					
			25cm以内	35cm以内	45cm以内	55cm以内	70cm以内	70cm以外
名称		单位	消耗量					
人工	合计工日	工日	7.080	6.600	5.640	5.160	4.680	4.440
	木工 普工	工日	2.832	2.640	2.256	2.064	1.872	1.776
	木工 一般技工	工日	3.540	3.300	2.820	2.580	2.340	2.220
	木工 高级技工	工日	0.708	0.660	0.564	0.516	0.468	0.444
材料	锯成材	m^3	0.0400	0.0400	0.0400	0.0400	0.0400	0.0400
	杉槁 3m以下	根	48.0000	48.0000	10.2400	11.1000	6.0000	—
	杉槁 4~7m	根	—	—	20.5000	11.1000	8.0000	8.0000
	杉槁 7~10m	根	—	—	—	2.0000	4.0000	4.0000
	镀锌铁丝(综合)	kg	3.6000	2.8500	2.2500	1.8000	1.3500	0.9000
	圆钉	kg	0.8300	0.7900	0.5200	0.4500	0.3200	0.1700
	扎绑绳	kg	1.9200	1.1400	0.6300	0.5000	0.4800	0.4800
	大麻绳	kg	1.2000	1.2000	1.2000	1.2000	1.2000	1.2000
	其他材料费(占材料费)	%	2.00	2.00	2.00	2.00	2.00	2.00

工作内容：垂直起重、修整榫卯、入位、校正、钉拉杆、绑戗杆、挪移抱杆及完成吊装后拆除戗、拉杆等。

计量单位：m^3

定额编号			2-5-402	2-5-403	2-5-404	2-5-405	2-5-406	2-5-407
项目			梭形檐柱、内柱、圆形直檐柱、内柱吊装（柱高7m以外）（柱径）					
			25cm以内	35cm以内	45cm以内	55cm以内	70cm以内	70cm以外
名称		单位	消耗量					
人工	合计工日	工日	7.680	6.720	6.000	5.520	5.160	4.800
	木工 普工	工日	3.072	2.688	2.400	2.208	2.064	1.920
	木工 一般技工	工日	3.840	3.360	3.000	2.760	2.580	2.400
	木工 高级技工	工日	0.768	0.672	0.600	0.552	0.516	0.480
材料	锯成材	m^3	0.0460	0.0460	0.0460	0.0460	0.0460	0.0460
	杉槁 3m以下	根	—	8.0000	8.0000	—	—	—
	杉槁 4～7m	根	28.0000	14.0000	—	7.0000	4.0000	2.5000
	杉槁 7～10m	根	—	—	8.0000	4.0000	4.0000	2.5000
	镀锌铁丝（综合）	kg	2.1000	1.6500	1.2000	0.8300	0.6000	0.3800
	圆钉	kg	0.5700	0.4200	0.3000	0.2100	0.1000	0.0800
	扎绑绳	kg	1.6800	1.3200	1.2000	0.8300	0.7200	0.4500
	大麻绳	kg	1.2000	1.2000	1.2000	1.2000	1.2000	1.2000
	其他材料费（占材料费）	%	2.00	2.00	2.00	2.00	2.00	2.00

工作内容：垂直起重、修整榫卯、入位、校正、钉拉杆、绑戗杆、挪移抱杆及完成吊装后拆除戗、拉杆等。

计量单位：m^3

定额编号			2-5-408	2-5-409	2-5-410	2-5-411	2-5-412	2-5-413
项目			额、由额、内额、撩檐枋吊装(枋高)					
			20cm以内	30cm以内	40cm以内	50cm以内	60cm以内	60cm以外
名称		单位	消耗量					
人工	合计工日	工日	3.840	3.000	2.760	2.640	2.500	2.400
	木工 普工	工日	1.536	1.200	1.104	1.056	1.000	0.960
	木工 一般技工	工日	1.920	1.500	1.380	1.320	1.250	1.200
	木工 高级技工	工日	0.384	0.300	0.276	0.264	0.250	0.240
材料	扎绑绳	kg	1.5600	1.3200	1.1500	0.9800	0.8100	0.6400
	大麻绳	kg	1.0000	1.0000	1.0000	1.0000	1.0000	1.0000
	其他材料费(占材料费)	%	2.00	2.00	2.00	2.00	2.00	2.00

工作内容：垂直起重、修整榫卯、入位、校正、钉拉杆、绑戗杆、挪移抱杆及完成吊装后拆除戗、拉杆等。

计量单位：m^3

定额编号			2-5-414	2-5-415	2-5-416	2-5-417	2-5-418	2-5-419
项目			襻间、顺脊串、顺栿串、绰幕枋吊装(串枋高)					
			20cm以内	30cm以内	40cm以内	50cm以内	60cm以内	60cm以外
名称		单位	消耗量					
人工	合计工日	工日	5.160	3.960	3.840	3.720	3.360	3.120
	木工 普工	工日	2.064	1.584	1.536	1.488	1.344	1.248
	木工 一般技工	工日	2.580	1.980	1.920	1.860	1.680	1.560
	木工 高级技工	工日	0.516	0.396	0.384	0.372	0.336	0.312
材料	扎绑绳	kg	1.5600	1.3200	1.1500	0.9800	0.8100	0.6400
	大麻绳	kg	1.0000	1.0000	1.0000	1.0000	1.0000	1.0000
	其他材料费(占材料费)	%	2.00	2.00	2.00	2.00	2.00	2.00

工作内容：垂直起重、修整榫卯、入位 、校正等。 **计量单位**：m^3

定额编号			2-5-420	2-5-421	2-5-422	2-5-423	2-5-424
项目			普拍枋吊装（枋高）				
			20cm 以内	25cm 以内	30cm 以内	35cm 以内	35cm 以外
名称		单位	消耗量				
人工	合计工日	工日	4.250	3.960	3.480	3.360	3.120
	木工 普工	工日	1.700	1.584	1.392	1.344	1.248
	木工 一般技工	工日	2.125	1.980	1.740	1.680	1.560
	木工 高级技工	工日	0.425	0.396	0.348	0.336	0.312
材料	扎绑绳	kg	1.3200	1.1500	0.9800	0.8100	0.6400
	大麻绳	kg	1.0000	1.0000	1.0000	1.0000	1.0000
	其他材料费(占材料费)	%	2.00	2.00	2.00	2.00	2.00

工作内容：垂直起重、修整榫卯、入位 、校正、钉拉杆、绑戗杆、挪移抱杆及完成吊装后拆除戗、拉杆等。 **计量单位**：m^3

定额编号			2-5-425	2-5-426	2-5-427	2-5-428	2-5-429	2-5-430
项目			檐额吊装（额高）					
			40cm 以内	50cm 以内	60cm 以内	80cm 以内	100cm 以内	100cm 以外
名称		单位	消耗量					
人工	合计工日	工日	3.240	3.000	2.760	2.640	2.500	2.300
	木工 普工	工日	1.296	1.200	1.104	1.056	1.000	0.920
	木工 一般技工	工日	1.620	1.500	1.380	1.320	1.250	1.150
	木工 高级技工	工日	0.324	0.300	0.276	0.264	0.250	0.230
材料	扎绑绳	kg	1.4600	1.3200	1.1500	0.9800	0.8100	0.6400
	大麻绳	kg	1.0000	1.0000	1.0000	1.0000	1.0000	1.0000
	其他材料费(占材料费)	%	2.00	2.00	2.00	2.00	2.00	2.00

工作内容:垂直起重、修整榫卯、入位、校正、钉拉杆、绑戗杆、挪移抱杆及完成吊装后拆除戗、拉杆等。

计量单位:m^3

定额编号			2-5-431	2-5-432	2-5-433
项目			七、八椽栿直梁吊装(梁宽)		
			55cm 以内	65cm 以内	65cm 以外
名称		单位	消耗量		
人工	合计工日	工日	2.200	2.050	1.900
	木工 普工	工日	0.880	0.820	0.760
	木工 一般技工	工日	1.100	1.025	0.950
	木工 高级技工	工日	0.220	0.205	0.190
材料	锯成材	m^3	0.0240	0.0240	0.0240
	杉槁 3m 以下	根	0.9800	—	—
	杉槁 4~7m	根	2.4500	1.0000	—
	杉槁 7~10m	根	0.9800	2.6700	2.9300
	镀锌铁丝(综合)	kg	0.4400	0.3900	0.3400
	扎绑绳	kg	0.4300	0.3500	0.2800
	大麻绳	kg	1.0000	1.0000	1.0000
	其他材料费(占材料费)	%	2.00	2.00	2.00

工作内容：垂直起重、修整榫卯、入位、校正、钉拉杆、绑戗杆、挪移抱杆及完成吊装后拆除戗、拉杆等。

计量单位：m^3

定额编号			2-5-434	2-5-435	2-5-436
项目			五、六椽栿直梁吊装（梁宽）		
			40cm 以内	50cm 以内	50cm 以外
名称		单位	消耗量		
人工	合计工日	工日	2.520	2.400	2.200
	木工 普工	工日	1.008	0.960	0.880
	木工 一般技工	工日	1.260	1.200	1.100
	木工 高级技工	工日	0.252	0.240	0.220
材料	锯成材	m^3	0.0240	0.0240	0.0240
	杉槁 3m 以下	根	1.5000	0.9800	—
	杉槁 4～7m	根	3.7500	2.4500	1.0000
	杉槁 7～10m	根	1.5000	0.9800	2.6700
	镀锌铁丝(综合)	kg	0.6500	0.4400	0.3900
	扎绑绳	kg	0.5400	0.4300	0.3500
	大麻绳	kg	1.0000	1.0000	1.0000
	其他材料费(占材料费)	%	2.00	2.00	2.00

工作内容：垂直起重、修整榫卯、入位、校正、钉拉杆、绑戗杆、挪移抱杆及完成吊装后拆除戗、拉杆等。

计量单位：m^3

定额编号			2-5-437	2-5-438	2-5-439
项目			四椽栿直梁吊装（梁宽）		
			35cm 以内	40cm 以内	40cm 以外
名称		单位	消耗量		
人工	合计工日	工日	3.240	3.000	2.640
	木工 普工	工日	1.296	1.200	1.056
	木工 一般技工	工日	1.620	1.500	1.320
	木工 高级技工	工日	0.324	0.300	0.264
材料	锯成材	m^3	0.0240	0.0240	0.0240
	杉槁 3m 以下	根	2.5000	1.5000	—
	杉槁 4～7m	根	5.0000	3.7500	1.0000
	杉槁 7～10m	根	—	1.5000	2.6700
	镀锌铁丝（综合）	kg	0.7500	0.6500	0.3900
	扎绑绳	kg	0.6800	0.5400	0.3500
	大麻绳	kg	1.0000	1.0000	1.0000
	其他材料费（占材料费）	%	2.00	2.00	2.00

工作内容：垂直起重、修整榫卯、入位、校正、钉拉杆、绑戗杆、挪移抱杆及完成吊装后拆除戗、拉杆等。

计量单位：m^3

定额编号			2-5-440	2-5-441	2-5-442	2-5-443
项目			直梁式平梁吊装（梁宽）			
			25cm 以内	30cm 以内	40cm 以内	40cm 以外
名称		单位	消耗量			
人工	合计工日	工日	4.200	3.840	3.600	3.360
	木工 普工	工日	1.680	1.536	1.440	1.344
	木工 一般技工	工日	2.100	1.920	1.800	1.680
	木工 高级技工	工日	0.420	0.384	0.360	0.336
材料	锯成材	m^3	0.0240	0.0240	0.0240	0.0240
	杉槁 3m 以下	根	2.8200	2.5000	1.5000	0.9800
	杉槁 4～7m	根	5.6400	5.0000	3.7500	2.4500
	杉槁 7～10m	根	—	—	1.5000	0.9800
	镀锌铁丝(综合)	kg	0.8500	0.7500	0.6500	0.4400
	扎绑绳	kg	0.8500	0.6500	0.5400	0.4100
	大麻绳	kg	1.0000	1.0000	1.0000	1.0000
	其他材料费(占材料费)	%	2.00	2.00	2.00	2.00

工作内容：垂直起重、修整榫卯、入位、校正、钉拉杆、绑戗杆、挪移抱杆及完成吊装后拆除戗、拉杆等。

计量单位：m^3

定额编号			2-5-444	2-5-445	2-5-446	2-5-447
项目			三椽栿直梁吊装（梁宽）			
			30cm 以内	35cm 以内	45cm 以内	45cm 以外
名称		单位	消耗量			
人工	合计工日	工日	3.240	3.000	2.880	2.760
	木工 普工	工日	1.296	1.200	1.152	1.104
	木工 一般技工	工日	1.620	1.500	1.440	1.380
	木工 高级技工	工日	0.324	0.300	0.288	0.276
材料	锯成材	m^3	0.0240	0.0240	0.0240	0.0240
	杉槁 3m 以下	根	2.5000	1.5000	0.9800	5.0000
	杉槁 4～7m	根	3.7500	2.4500	1.0000	—
	杉槁 7～10m	根	—	1.5000	0.9800	2.6700
	镀锌铁丝(综合)	kg	0.7500	0.6500	0.4400	0.3900
	扎绑绳	kg	0.6800	0.5400	0.4300	0.3500
	大麻绳	kg	1.0000	1.0000	1.0000	1.0000
	其他材料费(占材料费)	%	2.00	2.00	2.00	2.00

工作内容:垂直起重、修整榫卯、入位、校正、钉拉杆、绑戗杆、挪移抱杆及完成吊装后拆除戗、拉杆等。

计量单位:m^3

定额编号			2-5-448	2-5-449	2-5-450	2-5-451
项目			直梁式乳栿吊装(梁宽)			
			30cm 以内	35cm 以内	45cm 以内	45cm 以外
名称		单位	消耗量			
人工	合计工日	工日	4.320	4.040	3.600	3.480
	木工 普工	工日	1.728	1.616	1.440	1.392
	木工 一般技工	工日	2.160	2.020	1.800	1.740
	木工 高级技工	工日	0.432	0.404	0.360	0.348
材料	锯成材	m^3	0.0240	0.0240	0.0240	0.0240
	杉槁 3m 以下	根	2.5000	1.2000	0.9800	—
	杉槁 4~7m	根	5.0000	3.7500	2.4500	1.0000
	杉槁 7~10m	根	—	1.5000	0.9800	2.6700
	镀锌铁丝(综合)	kg	0.7500	0.6500	0.4400	0.3900
	扎绑绳	kg	0.6800	0.5400	0.4300	0.3500
	大麻绳	kg	1.0000	1.0000	1.0000	1.0000
	其他材料费(占材料费)	%	2.00	2.00	2.00	2.00

工作内容:垂直起重、修整榫卯、入位 、校正、钉拉杆、绑戗杆、挪移抱杆及完成吊装后拆除戗、拉杆等。

计量单位:m^3

定额编号			2-5-452	2-5-453	2-5-454	2-5-455
项目			直梁式劄牵吊装(梁宽)			
			20cm 以内	25cm 以内	35cm 以内	35cm 以外
名称		单位	消耗量			
人工	合计工日	工日	5.600	5.280	4.800	4.400
	木工 普工	工日	2.240	2.112	1.920	1.760
	木工 一般技工	工日	2.800	2.640	2.400	2.200
	木工 高级技工	工日	0.560	0.528	0.480	0.440
材料	锯成材	m^3	0.0240	0.0240	0.0240	0.0240
	杉槁 3m 以下	根	2.8200	2.5000	1.5000	0.9800
	杉槁 4~7m	根	5.6400	5.0000	3.7500	2.4500
	杉槁 7~10m	根	—	1.5000	0.9800	1.5000
	镀锌铁丝(综合)	kg	0.8500	0.7500	0.6500	0.4400
	扎绑绳	kg	0.8500	0.6800	0.5400	0.4300
	大麻绳	kg	1.0000	1.0000	1.0000	1.0000
	其他材料费(占材料费)	%	2.00	2.00	2.00	2.00

工作内容：垂直起重、修整榫卯、入位、校正、钉拉杆、绑戗杆、挪移抱杆及完成吊装后拆除戗、拉杆等。

计量单位：m^3

定额编号			2-5-456	2-5-457	2-5-458	2-5-459
项目			明栿六椽栿月梁吊装（梁宽）			
			50cm 以内	55cm 以内	65cm 以内	65cm 以外
名称		单位	消耗量			
人工	合计工日	工日	2.600	2.450	2.300	2.200
	木工 普工	工日	1.040	0.980	0.920	0.880
	木工 一般技工	工日	1.300	1.225	1.150	1.100
	木工 高级技工	工日	0.260	0.245	0.230	0.220
材料	锯成材	m^3	0.0240	0.0240	0.0240	0.0240
	杉槁 3m 以下	根	1.5000	1.2000	0.9800	—
	杉槁 4～7m	根	3.7500	2.8000	—	1.0000
	杉槁 7～10m	根	1.5000	2.0000	2.6700	3.0000
	镀锌铁丝（综合）	kg	0.7500	0.6500	0.4400	0.3900
	扎绑绳	kg	0.6400	0.5400	0.4300	0.3500
	大麻绳	kg	1.0000	1.0000	1.0000	1.0000
	其他材料费（占材料费）	%	2.00	2.00	2.00	2.00

工作内容：垂直起重、修整榫卯、入位、校正、钉拉杆、绑戗杆、挪移抱杆及完成吊装后拆除戗、拉杆等。

计量单位：m^3

定额编号			2-5-460	2-5-461	2-5-462	2-5-463
项目			明栿五椽栿月梁吊装（梁宽）			
			45cm 以内	50cm 以内	60cm 以内	60cm 以外
名称		单位	消耗量			
人工	合计工日	工日	3.000	2.760	2.640	2.500
	木工 普工	工日	1.200	1.104	1.056	1.000
	木工 一般技工	工日	1.500	1.380	1.320	1.250
	木工 高级技工	工日	0.300	0.276	0.264	0.250
材料	锯成材	m^3	0.0240	0.0240	0.0240	0.0240
	杉槁 3m 以下	根	2.5000	1.5000	0.9800	—
	杉槁 4～7m	根	5.0000	3.7500	2.4500	1.0000
	杉槁 7～10m	根	—	1.5000	0.9800	2.6000
	镀锌铁丝(综合)	kg	0.7500	0.6500	0.4400	0.3900
	扎绑绳	kg	0.6800	0.5400	0.4300	0.3500
	大麻绳	kg	1.0000	1.0000	1.0000	1.0000
	其他材料费(占材料费)	%	2.00	2.00	2.00	2.00

工作内容：垂直起重、修整榫卯、入位、校正、钉拉杆、绑戗杆、挪移抱杆及完成吊装后拆除戗、拉杆等。

计量单位：m^3

定额编号			2-5-464	2-5-465	2-5-466	2-5-467
项目			明栿四椽栿月梁吊装（梁宽）			
			40cm 以内	50cm 以内	60cm 以内	60cm 以外
名称		单位	消耗量			
人工	合计工日	工日	3.240	3.000	2.760	2.640
	木工 普工	工日	1.296	1.200	1.104	1.056
	木工 一般技工	工日	1.620	1.500	1.380	1.320
	木工 高级技工	工日	0.324	0.300	0.276	0.264
材料	锯成材	m^3	0.0240	0.0240	0.0240	0.0240
	杉槁 3m 以下	根	2.5000	1.5000	0.9800	—
	杉槁 4～7m	根	—	3.8000	2.6000	1.0000
	杉槁 7～10m	根	—	1.6000	1.0000	2.7000
	镀锌铁丝(综合)	kg	0.8000	0.7000	0.4400	0.4000
	扎绑绳	kg	0.7000	0.6000	0.4500	0.3500
	大麻绳	kg	1.0000	1.0000	1.0000	1.0000
	其他材料费(占材料费)	%	2.00	2.00	2.00	2.00

工作内容：垂直起重、修整榫卯、入位、校正、钉拉杆、绑戗杆、挪移抱杆及完成吊装后拆除戗、拉杆等。

计量单位：m^3

定额编号			2-5-468	2-5-469	2-5-470	2-5-471
项目			明栿三椽栿月梁吊装（梁宽）			
			35cm 以内	40cm 以内	50cm 以内	50cm 以外
名称		单位	消耗量			
人工	合计工日	工日	3.250	3.100	2.880	2.760
	木工 普工	工日	1.300	1.240	1.152	1.104
	木工 一般技工	工日	1.625	1.550	1.440	1.380
	木工 高级技工	工日	0.325	0.310	0.288	0.276
材料	锯成材	m^3	0.0240	0.0240	0.0240	0.0240
	杉槁 3m 以下	根	2.5000	1.5000	0.9800	—
	杉槁 4～7m	根	5.0000	3.8000	2.5000	1.0000
	杉槁 7～10m	根	—	1.5000	1.0000	2.6700
	镀锌铁丝(综合)	kg	0.7500	0.6500	0.4400	0.3900
	扎绑绳	kg	0.6800	0.5400	0.4300	0.3500
	大麻绳	kg	1.0000	1.0000	1.0000	1.0000
	其他材料费(占材料费)	%	2.00	2.00	2.00	2.00

工作内容：垂直起重、修整榫卯、入位、校正、钉拉杆、绑戗杆、挪移抱杆及完成吊装后拆除戗、拉杆等。

计量单位：m^3

定额编号			2-5-472	2-5-473	2-5-474	2-5-475
项目			明栿月梁式平梁吊装（梁宽）			
			30cm 以内	40cm 以内	50cm 以内	50cm 以外
名称		单位	消耗量			
人工	合计工日	工日	4.200	3.840	3.600	3.360
	木工 普工	工日	1.680	1.536	1.440	1.344
	木工 一般技工	工日	2.100	1.920	1.800	1.680
	木工 高级技工	工日	0.420	0.384	0.360	0.336
材料	锯成材	m^3	0.0240	0.0240	0.0240	0.0240
	杉槁 3m 以下	根	2.8500	2.5000	1.5000	0.9800
	杉槁 4～7m	根	5.6400	5.0000	3.7500	2.4500
	杉槁 7～10m	根	—	—	1.5000	0.9800
	镀锌铁丝（综合）	kg	0.8500	0.7500	0.6500	0.4400
	扎绑绳	kg	0.8500	0.6500	0.5400	0.4100
	大麻绳	kg	1.0000	1.0000	1.0000	1.0000
	其他材料费（占材料费）	%	2.00	2.00	2.00	2.00

工作内容：垂直起重、修整榫卯、入位 、校正、钉拉杆、绑戗杆、挪移抱杆及完成吊装后拆除戗、拉杆等。

计量单位：m^3

定额编号			2-5-476	2-5-477	2-5-478	2-5-479
项目			明栿月梁式乳栿吊装（梁宽）			
			35cm 以内	40cm 以内	50cm 以内	50cm 以外
名称		单位	消耗量			
人工	合计工日	工日	4.320	4.040	3.600	3.480
	木工 普工	工日	1.728	1.616	1.440	1.392
	木工 一般技工	工日	2.160	2.020	1.800	1.740
	木工 高级技工	工日	0.432	0.404	0.360	0.348
材料	锯成材	m^3	0.0240	0.0240	0.0240	0.2400
	杉槁 3m 以下	根	2.5000	1.5000	0.9800	—
	杉槁 4～7m	根	5.0000	3.7500	2.4500	1.0000
	杉槁 7～10m	根	—	1.5000	1.0000	2.6700
	镀锌铁丝(综合)	kg	0.7500	0.6500	0.4400	0.3900
	扎绑绳	kg	0.6800	0.5400	0.4300	0.3500
	大麻绳	kg	1.0000	1.0000	1.0000	1.0000
	其他材料费(占材料费)	%	2.00	2.00	2.00	2.00

工作内容: 垂直起重、修整榫卯、入位 、校正、钉拉杆、绑戗杆、挪移抱杆及完成吊装后拆除戗、拉杆等。

计量单位:m^3

定额编号			2-5-480	2-5-481	2-5-482	2-5-483
项目			明栿月梁式劄牵吊装(梁宽)			
			20cm 以内	30cm 以内	40cm 以内	40cm 以外
名称		单位	消耗量			
人工	合计工日	工日	5.900	5.300	4.800	4.400
	木工 普工	工日	2.360	2.120	1.920	1.760
	木工 一般技工	工日	2.950	2.650	2.400	2.200
	木工 高级技工	工日	0.590	0.530	0.480	0.440
材料	锯成材	m^3	0.0240	0.0240	0.0240	0.0240
	杉槁 3m 以下	根	2.8200	2.5000	1.5000	1.0000
	杉槁 4～7m	根	5.6400	5.0000	3.7500	2.4500
	杉槁 7～10m	根	—	1.5000	0.9800	1.5000
	镀锌铁丝(综合)	kg	0.8500	0.7500	0.6500	0.5400
	扎绑绳	kg	0.8500	0.6800	0.5400	0.4300
	大麻绳	kg	1.0000	1.0000	1.0000	1.0000
	其他材料费(占材料费)	%	2.00	2.00	2.00	2.00

工作内容：垂直起重、修整榫卯、入位 、校正等。　　计量单位：m^3

定　额　编　号			2-5-484	2-5-485	2-5-486	2-5-487	2-5-488
项　　目			蜀柱矮柱吊装（柱径）				草栿蜀柱矮柱吊装
			25cm 以内	30cm 以内	35cm 以内	35cm 以外	
名　称		单位	消　耗　量				
人工	合计工日	工日	11.880	7.320	5.040	3.880	3.360
	木工 普工	工日	4.752	2.928	2.016	1.552	1.344
	木工 一般技工	工日	5.940	3.660	2.520	1.940	1.680
	木工 高级技工	工日	1.188	0.732	0.504	0.388	0.336
材料	锯成材	m^3	0.0600	0.0600	0.0600	0.0600	0.0600
	圆钉	kg	0.3800	1.3000	1.1700	1.0500	1.0500
	扎绑绳	kg	2.3000	2.1000	1.9000	1.8000	1.8000
	大麻绳	kg	1.0000	1.0000	1.0000	1.0000	1.0000
	其他材料费(占材料费)	%	2.00	2.00	2.00	2.00	2.00

工作内容：垂直起重、修整榫卯、入位、校正等。　　计量单位：m^3

定　额　编　号			2-5-489	2-5-490	2-5-491	2-5-492
项　　目			合楷吊装（高）			
			30cm 以内	35cm 以内	40cm 以内	40cm 以外
名　称		单位	消　耗　量			
人工	合计工日	工日	9.500	7.600	5.800	4.500
	木工 普工	工日	3.800	3.040	2.320	1.800
	木工 一般技工	工日	4.750	3.800	2.900	2.250
	木工 高级技工	工日	0.950	0.760	0.580	0.450
材料	圆钉	kg	0.7400	0.7400	0.7400	0.7400
	扎绑绳	kg	2.5000	2.4000	2.3000	2.2000
	其他材料费(占材料费)	%	2.00	2.00	2.00	2.00

工作内容：垂直起重、修整榫卯、入位、校正等。 计量单位：m^3

定额编号			2-5-493	2-5-494	2-5-495	2-5-496	2-5-497	2-5-498
项目			墩木吊装（墩木长）					草栿墩木吊装
			40cm以内	60cm以内	80cm以内	100cm以内	100cm以外	
名称		单位	消耗量					
人工	合计工日	工日	18.480	11.400	7.920	5.520	3.600	5.520
	木工 普工	工日	7.392	4.560	3.168	2.208	1.440	2.208
	木工 一般技工	工日	9.240	5.700	3.960	2.760	1.800	2.760
	木工 高级技工	工日	1.848	1.140	0.792	0.552	0.360	0.552
材料	圆钉	kg	1.4700	1.3800	1.3200	1.1700	1.0500	1.1700
	扎绑绳	kg	2.5000	2.3000	2.1000	1.9000	1.8000	1.9000
	其他材料费(占材料费)	%	2.00	2.00	2.00	2.00	2.00	2.00

工作内容：垂直起重、修整榫卯、入位、校正等。 计量单位：m^3

定额编号			2-5-499	2-5-500	2-5-501	2-5-502	2-5-503	2-5-504
项目			驼峰吊装(驼峰高)		叉手、托脚吊装(高)			
			50cm以内	50cm以外	20cm以内	25cm以内	35cm以内	35cm以外
名称		单位	消耗量					
人工	合计工日	工日	10.600	8.200	10.160	9.240	7.200	5.400
	木工 普工	工日	4.240	3.280	4.064	3.696	2.880	2.160
	木工 一般技工	工日	5.300	4.100	5.080	4.620	3.600	2.700
	木工 高级技工	工日	1.060	0.820	1.016	0.924	0.720	0.540
材料	圆钉	kg	0.7400	0.7400	0.7400	0.7400	0.7400	0.7400
	扎绑绳	kg	2.5000	2.3000	2.5000	2.4000	2.3000	2.2000
	大麻绳	kg	1.0000	1.0000	1.0000	1.0000	1.0000	1.0000
	其他材料费(占材料费)	%	2.00	2.00	2.00	2.00	2.00	2.00

工作内容：垂直起重、修整榫卯、入位、校正等。

计量单位：m^3

定额编号		2-5-505	2-5-506	2-5-507	2-5-508	2-5-509	2-5-510
项目		草栿叉手、托脚吊装(高)		替木吊装(高)			
		30cm以内	30cm以外	14cm以内	17cm以内	20cm以内	20cm以外
名称	单位	消耗量					
人工 合计工日	工日	7.200	4.400	13.500	12.500	10.800	8.240
人工 木工 普工	工日	2.880	1.760	5.400	5.000	4.320	3.296
人工 木工 一般技工	工日	3.600	2.200	6.750	6.250	5.400	4.120
人工 木工 高级技工	工日	0.720	0.440	1.350	1.250	1.080	0.824
材料 圆钉	kg	0.7400	0.7400	0.8500	0.8500	0.8500	0.8500
材料 扎绑绳	kg	2.3000	2.2000	2.5000	2.4000	2.3000	2.2000
材料 大麻绳	kg	1.0000	1.0000	1.0000	1.0000	1.0000	1.0000
材料 其他材料费(占材料费)	%	2.00	2.00	2.00	2.00	2.00	2.00

工作内容：垂直起重、修整榫卯、入位、校正、钉拉杆、绑戗杆、挪移抱杆及完成吊装后拆除戗、拉杆等。

计量单位：m^3

定额编号		2-5-511	2-5-512	2-5-513	2-5-514	2-5-515	2-5-516
项目		大角梁吊装(梁厚)				子角梁吊装(梁厚)	
		20cm以内	25cm以内	30cm以内	30cm以外	20cm以内	25cm以内
名称	单位	消耗量					
人工 合计工日	工日	9.780	7.680	6.600	6.000	14.640	11.400
人工 木工 普工	工日	3.912	3.072	2.640	2.400	5.856	4.560
人工 木工 一般技工	工日	4.890	3.840	3.300	3.000	7.320	5.700
人工 木工 高级技工	工日	0.978	0.768	0.660	0.600	1.464	1.140
材料 铁件(综合)	kg	—	—	—	—	14.5100	8.1800
材料 扎绑绳	kg	1.6000	1.4000	1.2000	1.0000	1.4000	1.2000
材料 大麻绳	kg	1.0000	1.0000	1.0000	1.0000	1.0000	1.0000
材料 其他材料费(占材料费)	%	2.00	2.00	2.00	2.00	2.00	2.00

工作内容：垂直起重、修整榫卯、入位、校正、钉拉杆、绑戗杆、挪移抱杆及完成吊装后拆除戗、拉杆等。

计量单位：m^3

定额编号			2-5-517	2-5-518	2-5-519	2-5-520	2-5-521	2-5-522
项目			子角梁吊装(梁宽)		隐角梁、续角梁吊装(梁宽)			
			30cm以内	30cm以外	20cm以内	25cm以内	30cm以内	30cm以外
名称		单位	消耗量					
人工	合计工日	工日	9.840	9.000	8.400	6.200	4.860	3.360
	木工 普工	工日	3.936	3.600	3.360	2.480	1.944	1.344
	木工 一般技工	工日	4.920	4.500	4.200	3.100	2.430	1.680
	木工 高级技工	工日	0.984	0.900	0.840	0.620	0.486	0.336
材料	铁件(综合)	kg	7.8000	5.2400	—	—	—	—
	扎绑绳	kg	1.0000	8.8000	1.6000	1.4000	1.2000	1.0000
	大麻绳	kg	1.0000	1.0000	1.0000	1.0000	1.0000	1.0000
	其他材料费(占材料费)	%	2.00	2.00	2.00	2.00	2.00	2.00

工作内容：垂直起重、修整榫卯、入位、校正等。

计量单位：m^3

定额编号			2-5-523	2-5-524	2-5-525	2-5-526	2-5-527	2-5-528
项目			明栿圆槫吊装(径)					草栿圆槫吊装
			20cm以内	30cm以内	40cm以内	50cm以内	50cm以外	
名称		单位	消耗量					
人工	合计工日	工日	4.180	3.480	3.120	2.940	2.760	2.940
	木工 普工	工日	1.672	1.392	1.248	1.176	1.104	1.176
	木工 一般技工	工日	2.090	1.740	1.560	1.470	1.380	1.470
	木工 高级技工	工日	0.418	0.348	0.312	0.294	0.276	0.294
材料	扎绑绳	kg	1.6000	1.4500	1.3000	1.1500	1.0000	1.0000
	大麻绳	kg	1.0000	1.0000	1.0000	1.0000	1.0000	1.0000
	其他材料费(占材料费)	%	2.00	2.00	2.00	2.00	2.00	2.00

2. 木构件拆卸

工作内容：影像资料、拆下的旧料保障完整无损或少损，搬运到指定地点、分类清理堆放、做好再用材料标记。

计量单位：m^3

定额编号			2-5-529	2-5-530	2-5-531	2-5-532	2-5-533	2-5-534
项目			各种圆柱拆卸(柱径)					
			25cm以内	30cm以内	40cm以内	50cm以内	60cm以内	60cm以外
名称		单位	消耗量					
人工	合计工日	工日	6.840	5.520	4.800	4.320	3.360	3.240
	木工 普工	工日	2.736	2.208	1.920	1.728	1.344	1.296
	木工 一般技工	工日	3.420	2.760	2.400	2.160	1.680	1.620
	木工 高级技工	工日	0.684	0.552	0.480	0.432	0.336	0.324
材料	杉槁 3m 以下	根	24.0000	19.0000	7.1200	5.5500	3.0000	—
	杉槁 4～7m	根	—	—	10.1400	5.5500	4.0000	4.0000
	杉槁 7～10m	根	—	—	—	—	2.0000	2.0000
	镀锌铁丝(综合)	kg	1.8000	1.4300	1.1300	0.9000	0.6800	0.4500
	扎绑绳	kg	1.5400	0.9100	0.5000	0.4000	0.3800	0.3800
	大麻绳	kg	0.9600	0.9600	0.9600	0.9600	0.9600	0.9600
	其他材料费(占材料费)	%	2.00	2.00	2.00	2.00	2.00	2.00

工作内容:影像资料、拆下的旧料保障完整无损或少损,搬运到指定地点、分类清理堆放、做好再用材料标记。

计量单位:m^3

定额编号			2-5-535	2-5-536	2-5-537	2-5-538	2-5-539	2-5-540
项目			阑额、由额、内额、撩檐枋拆卸(枋高)					
			20cm以内	30cm以内	40cm以内	50cm以内	60cm以内	60cm以外
名称		单位	消耗量					
人工	合计工日	工日	3.240	2.280	2.160	2.040	1.920	1.800
	木工 普工	工日	1.296	0.912	0.864	0.816	0.768	0.720
	木工 一般技工	工日	1.620	1.140	1.080	1.020	0.960	0.900
	木工 高级技工	工日	0.324	0.228	0.216	0.204	0.192	0.180
材料	杉槁 3m 以下	根	24.0000	19.0000	5.1200	5.5500	3.0000	—
	杉槁 4~7m	根	—	—	1.2400	5.5500	4.0000	4.0000
	杉槁 7~10m	根	—	—	—	—	2.0000	2.0000
	扎绑绳	kg	0.7800	0.7300	0.6600	0.5800	0.4900	0.4100
	大麻绳	kg	0.8000	0.8000	0.8000	0.8000	0.8000	0.8000
	其他材料费(占材料费)	%	2.00	2.00	2.00	2.00	2.00	2.00

工作内容:影像资料、拆下的旧料保障完整无损或少损,搬运到指定地点、分类清理堆放、做好再用材料标记。

计量单位:m^3

定额编号			2-5-541	2-5-542	2-5-543	2-5-544	2-5-545	2-5-546
项目			襻间、顺脊串、顺栿串、绰幕枋拆卸(串、枋高)					
			20cm以内	30cm以内	40cm以内	50cm以内	60cm以内	60cm以外
名称		单位	消耗量					
人工	合计工日	工日	3.840	3.240	3.000	2.760	2.640	2.500
	木工 普工	工日	1.536	1.296	1.200	1.104	1.056	1.000
	木工 一般技工	工日	1.920	1.620	1.500	1.380	1.320	1.250
	木工 高级技工	工日	0.384	0.324	0.300	0.276	0.264	0.250
材料	杉槁 3m 以下	根	24.0000	19.0000	5.1200	5.5500	3.0000	—
	杉槁 4~7m	根	—	—	1.2400	5.5500	4.0000	4.0000
	杉槁 7~10m	根	—	—	—	—	2.0000	2.0000
	扎绑绳	kg	0.7800	0.7300	0.6600	0.5800	0.4900	0.4100
	大麻绳	kg	0.8000	0.8000	0.8000	0.8000	0.8000	0.8000
	其他材料费(占材料费)	%	2.00	2.00	2.00	2.00	2.00	2.00

工作内容:影像资料、拆下的旧料保障完整无损或少损,搬运到指定地点、分类清理堆放、做好再用材料标记。

计量单位:m^3

定额编号			2-5-547	2-5-548	2-5-549	2-5-550	2-5-551
项目			普拍枋拆卸(枋高)				
			20cm 以内	25cm 以内	30cm 以内	35cm 以内	35cm 以外
名称		单位	消耗量				
人工	合计工日	工日	4.320	2.880	2.400	2.160	2.000
	木工 普工	工日	1.728	1.152	0.960	0.864	0.800
	木工 一般技工	工日	2.160	1.440	1.200	1.080	1.000
	木工 高级技工	工日	0.432	0.288	0.240	0.216	0.200
材料	扎绑绳	kg	0.9600	0.8100	0.7700	0.7100	0.6600
	其他材料费(占材料费)	%	2.00	2.00	2.00	2.00	2.00

工作内容:影像资料、拆下的旧料保障完整无损或少损,搬运到指定地点、分类清理堆放、做好再用材料标记。

计量单位:m^3

定额编号			2-5-552	2-5-553	2-5-554	2-5-555	2-5-556	2-5-557
项目			檐额拆卸(额高)					
			40cm 以内	50cm 以内	60cm 以内	80cm 以内	100cm 以内	100cm 以外
名称		单位	消耗量					
人工	合计工日	工日	3.800	3.200	2.760	2.540	2.300	2.100
	木工 普工	工日	1.520	1.280	1.104	1.016	0.920	0.840
	木工 一般技工	工日	1.900	1.600	1.380	1.270	1.150	1.050
	木工 高级技工	工日	0.380	0.320	0.276	0.254	0.230	0.210
材料	杉槁 3m 以下	根	19.0000	5.1200	5.5500	3.0000	—	—
	杉槁 4~7m	根	—	1.2400	5.5500	4.0000	4.0000	1.2500
	杉槁 7~10m	根	—	—	—	2.0000	2.0000	1.2500
	扎绑绳	kg	0.7300	0.6600	0.5800	0.4900	0.4100	0.3200
	大麻绳	kg	0.8000	0.8000	0.8000	0.8000	0.8000	0.8000
	其他材料费(占材料费)	%	2.00	2.00	2.00	2.00	2.00	2.00

工作内容：影像资料、拆下的旧料保障完整无损或少损，搬运到指定地点、分类清理堆放、做好再用材料标记。

计量单位：m^3

定额编号			2-5-558	2-5-559	2-5-560	2-5-561	2-5-562	2-5-563
项目			各种椽栿梁拆卸(梁宽)					
			20cm以内	25cm以内	30cm以内	40cm以内	50cm以内	50cm以外
名称		单位	消耗量					
人工	合计工日	工日	3.240	2.760	2.400	2.160	2.040	1.980
	木工 普工	工日	1.296	1.104	0.960	0.864	0.816	0.792
	木工 一般技工	工日	1.620	1.380	1.200	1.080	1.020	0.990
	木工 高级技工	工日	0.324	0.276	0.240	0.216	0.204	0.198
材料	杉槁 3m 以下	根	1.5700	1.4100	1.2500	0.7500	0.4900	—
	杉槁 4～7m	根	3.1400	2.8200	2.5000	1.8800	1.2300	0.5000
	杉槁 7～10m	根	—	—	—	0.7500	0.4900	1.3400
	铁丝(综合)	kg	0.4800	0.4300	0.3800	0.3300	0.3400	0.2800
	扎绑绳	kg	0.9400	0.6800	0.5400	0.4300	0.3400	0.2800
	大麻绳	kg	0.8000	0.8000	0.8000	0.8000	0.8000	0.8000
	其他材料费(占材料费)	%	2.00	2.00	2.00	2.00	2.00	2.00

工作内容：影像资料、拆下的旧料保障完整无损或少损，搬运到指定地点、分类清理堆放、做好再用材料标记。

计量单位：m^3

定额编号			2-5-564	2-5-565	2-5-566	2-5-567	2-5-568	2-5-569
项目			草栿梁拆卸	蜀柱、矮柱拆卸(柱径)				草栿蜀柱矮柱拆卸
				25cm以内	30cm以内	35cm以内	35cm以外	
名称		单位	消耗量					
人工	合计工日	工日	1.800	11.880	6.960	4.440	2.960	2.960
	木工 普工	工日	0.720	4.752	2.784	1.776	1.184	1.184
	木工 一般技工	工日	0.900	5.940	3.480	2.220	1.480	1.480
	木工 高级技工	工日	0.180	1.188	0.696	0.444	0.296	0.296
材料	杉槁 7～10m	根	1.4700	—	—	—	—	—
	铁丝(综合)	kg	0.1700	—	—	—	—	—
	扎绑绳	kg	0.1400	2.0000	1.8400	1.6800	1.5200	1.4400
	大麻绳	kg	0.8000	—	—	—	—	—
	其他材料费(占材料费)	%	2.00	2.00	2.00	2.00	2.00	2.00

工作内容：影像资料、拆下的旧料保障完整无损或少损，搬运到指定地点、分类清理堆放、做好再用材料标记。

计量单位：m^3

定额编号			2-5-570	2-5-571	2-5-572	2-5-573	2-5-574	2-5-575
项目			墩木拆卸(长)					草栿墩木拆卸
			40cm以内	60cm以内	80cm以内	100cm以内	100cm以外	
名称		单位	消耗量					
人工	合计工日	工日	12.360	7.560	5.520	4.080	2.760	4.080
	木工 普工	工日	4.944	3.024	2.208	1.632	1.104	1.632
	木工 一般技工	工日	6.180	3.780	2.760	2.040	1.380	2.040
	木工 高级技工	工日	1.236	0.756	0.552	0.408	0.276	0.408
材料	扎绑绳	kg	2.0000	1.8400	1.6800	1.5200	1.4400	1.5200
	其他材料费(占材料费)	%	2.00	2.00	2.00	2.00	2.00	2.00

工作内容:影像资料、拆下的旧料保障完整无损或少损,搬运到指定地点、分类清理堆放、做好再用材料标记。

计量单位:m^3

定额编号			2-5-576	2-5-577	2-5-578	2-5-579	2-5-580	2-5-581
项目			合楂拆卸(高)			驼峰拆卸(高)		
			30cm以内	35cm以内	40cm以内	40cm以外	50cm以内	50cm以外
名称		单位	消耗量					
人工	合计工日	工日	7.440	5.760	4.320	3.120	8.600	5.760
	木工 普工	工日	2.976	2.304	1.728	1.248	3.440	2.304
	木工 一般技工	工日	3.720	2.880	2.160	1.560	4.300	2.880
	木工 高级技工	工日	0.744	0.576	0.432	0.312	0.860	0.576
材料	扎绑绳	kg	2.0000	1.9100	1.8300	1.7500	2.0000	1.8000
	其他材料费(占材料费)	%	2.00	2.00	2.00	2.00	2.00	2.00

工作内容:影像资料、拆下的旧料保障完整无损或少损,搬运到指定地点、分类清理堆放、做好再用材料标记。

计量单位:m^3

定额编号			2-5-582	2-5-583	2-5-584	2-5-585	2-5-586	2-5-587
项目			叉手、托脚拆卸(高)				草栿叉手、托脚拆卸(高)	
			20cm以内	25cm以内	35cm以内	35cm以外	30cm以内	30cm以外
名称		单位	消耗量					
人工	合计工日	工日	8.130	7.390	5.760	4.320	5.760	3.520
	木工 普工	工日	3.252	2.956	2.304	1.728	2.304	1.408
	木工 一般技工	工日	4.065	3.695	2.880	2.160	2.880	1.760
	木工 高级技工	工日	0.813	0.739	0.576	0.432	0.576	0.352
材料	扎绑绳	kg	2.0000	1.9200	1.8400	1.7600	1.8400	1.7600
	其他材料费(占材料费)	%	2.00	2.00	2.00	2.00	2.00	2.00

工作内容:影像资料、拆下的旧料保障完整无损或少损,搬运到指定地点、分类清理堆放、做好再用材料标记。

计量单位:m^3

定额编号			2-5-588	2-5-589	2-5-590	2-5-591
项目			替木拆卸(高)			
			14cm 以内	17cm 以内	20cm 以内	20cm 以外
名称		单位	消耗量			
人工	合计工日	工日	10.800	10.000	8.640	6.590
	木工 普工	工日	4.320	4.000	3.456	2.636
	木工 一般技工	工日	5.400	5.000	4.320	3.295
	木工 高级技工	工日	1.080	1.000	0.864	0.659
材料	扎绑绳	kg	2.0000	1.9200	1.8400	1.7600
	其他材料费(占材料费)	%	2.00	2.00	2.00	2.00

工作内容:影像资料、拆下的旧料保障完整无损或少损,搬运到指定地点、分类清理堆放、做好再用材料标记。

计量单位:m^3

定额编号			2-5-592	2-5-593	2-5-594	2-5-595
项目			大角梁拆卸(梁宽)			
			20cm 以内	25cm 以内	30cm 以内	30cm 以外
名称		单位	消耗量			
人工	合计工日	工日	4.920	3.840	3.360	3.000
	木工 普工	工日	1.968	1.536	1.344	1.200
	木工 一般技工	工日	2.460	1.920	1.680	1.500
	木工 高级技工	工日	0.492	0.384	0.336	0.300
材料	扎绑绳	kg	1.1200	0.9600	0.8000	0.6400
	大麻绳	kg	0.8000	0.8000	0.8000	0.8000
	其他材料费(占材料费)	%	2.00	2.00	2.00	2.00

工作内容:影像资料、拆下的旧料保障完整无损或少损,搬运到指定地点、分类清理堆放、做好再用材料标记。

计量单位:m^3

定额编号			2-5-596	2-5-597	2-5-598	2-5-599
项目			子角梁拆卸(梁宽)			
			20cm 以内	25cm 以内	30cm 以内	30cm 以外
名称		单位	消耗量			
人工	合计工日	工日	5.412	4.224	3.696	3.300
	木工 普工	工日	2.165	1.690	1.478	1.320
	木工 一般技工	工日	2.706	2.112	1.848	1.650
	木工 高级技工	工日	0.541	0.422	0.370	0.330
材料	扎绑绳	kg	0.1700	0.2500	0.3300	0.3700
	大麻绳	kg	0.1100	0.2600	0.5200	0.6800
	其他材料费(占材料费)	%	2.00	2.00	2.00	2.00

工作内容:影像资料、拆下的旧料保障完整无损或少损,搬运到指定地点、分类清理堆放、做好再用材料标记。

计量单位:m^3

定额编号			2-5-600	2-5-601	2-5-602	2-5-603
项目			隐角梁、续角梁拆卸(梁宽)			
			20cm 以内	25cm 以内	30cm 以内	30cm 以外
名称		单位	消耗量			
人工	合计工日	工日	2.700	1.560	1.080	0.840
	木工 普工	工日	1.080	0.624	0.432	0.336
	木工 一般技工	工日	1.350	0.780	0.540	0.420
	木工 高级技工	工日	0.270	0.156	0.108	0.084
材料	扎绑绳	kg	1.1200	0.9600	0.8000	0.6400
	大麻绳	kg	0.8000	0.8000	0.8000	0.8000
	其他材料费(占材料费)	%	2.00	2.00	2.00	2.00

工作内容：影像资料、拆下的旧料保障完整无损或少损，搬运到指定地点、分类清理堆放、做好再用材料标记。

计量单位：m^3

定额编号			2-5-604	2-5-605	2-5-606	2-5-607	2-5-608	2-5-609
项目			明栿圆拆卸（径）					草栿圆樽拆卸
			20cm以内	30cm以内	40cm以内	50cm以内	50cm以外	
名称		单位	消耗量					
人工	合计工日	工日	3.360	2.760	2.520	2.280	2.160	1.800
	木工 普工	工日	1.344	1.104	1.008	0.912	0.864	0.720
	木工 一般技工	工日	1.680	1.380	1.260	1.140	1.080	0.900
	木工 高级技工	工日	0.336	0.276	0.252	0.228	0.216	0.180
材料	扎绑绳	kg	1.2800	1.1600	1.0400	0.9200	0.6400	0.6400
	大麻绳	kg	0.8000	0.8000	0.8000	0.8000	0.8000	0.8000
	其他材料费(占材料费)	%	2.00	2.00	2.00	2.00	2.00	2.00

3. 木构架整修

工作内容：剔除腐朽部分在5cm以内、选用新料、用胶钉镶补牢固等。

计量单位：根

定额编号			2-5-610	2-5-611	2-5-612	2-5-613	2-5-614
项目			包镶圆柱根(柱径)				
			30cm以内	45cm以内	60cm以内	75cm以内	75cm以外
名称		单位	消耗量				
人工	合计工日	工日	0.360	0.540	0.720	0.900	1.200
	木工 普工	工日	0.144	0.216	0.288	0.360	0.480
	木工 一般技工	工日	0.180	0.270	0.360	0.450	0.600
	木工 高级技工	工日	0.036	0.054	0.072	0.090	0.120
材料	锯成材	m^3	0.0565	0.0754	0.1100	0.1539	0.1759
	圆钉	kg	0.2000	0.4000	0.7000	1.1000	1.6000
	防腐油	kg	0.5000	0.8000	1.2000	1.7000	2.3000
	其他材料费(占材料费)	%	2.00	2.00	2.00	2.00	2.00

工作内容：支顶牢固、锯截腐朽部分高度1.5m以内、添配新料、榫卯连接牢固等。　　　计量单位：根

定额编号			2-5-615	2-5-616	2-5-617	2-5-618	2-5-619	2-5-620
项目			圆柱墩接（柱径）					
			21cm以内		24cm以内		27cm以内	
			明柱	暗柱	明柱	暗柱	明柱	暗柱
名称		单位	消耗量					
人工	合计工日	工日	1.800	1.920	2.460	2.620	3.250	3.440
	木工 普工	工日	0.720	0.768	0.984	1.048	1.300	1.376
	木工 一般技工	工日	0.900	0.960	1.230	1.310	1.625	1.720
	木工 高级技工	工日	0.180	0.192	0.246	0.262	0.325	0.344
材料	原木	m^3	0.0290	0.0470	0.0400	0.0650	0.0540	0.0870
	木砖	m^3	0.0120	0.0120	0.0190	0.0190	0.0260	0.0260
	铁件(综合)	kg	3.2500	3.2500	3.6800	3.6800	4.1500	4.1500
	镀锌铁丝(综合)	kg	0.1600	0.1600	0.1800	0.1800	0.2000	0.2000
	杉槁3m以下	根	8.0000	6.0000	8.0000	6.0000	4.0000	3.0000
	杉槁4~7m	根	4.0000	3.0000	4.0000	3.0000	10.0000	8.0000
	扎绑绳	kg	0.0800	0.0800	0.0900	0.0900	0.1000	0.1000
	其他材料费(占材料费)	%	1.00	1.00	1.00	1.00	1.00	1.00

工作内容：支顶牢固、锯截腐朽部分高度1.5m以内、添配新料、榫卯连接牢固等。　　**计量单位：**根

定额编号			2-5-621	2-5-622	2-5-623	2-5-624	2-5-625	2-5-626
项目			圆柱墩接（柱径）					
			30cm以内		33cm以内		36cm以内	
			明柱	暗柱	明柱	暗柱	明柱	暗柱
名称		单位	消耗量					
人工	合计工日	工日	4.150	4.380	5.180	5.440	6.350	6.620
	木工 普工	工日	1.660	1.752	2.072	2.176	2.540	2.648
	木工 一般技工	工日	2.075	2.190	2.590	2.720	3.175	3.310
	木工 高级技工	工日	0.415	0.438	0.518	0.544	0.635	0.662
材料	原木	m^3	0.0710	0.1140	0.0900	0.1460	0.1140	0.1830
	木砖	m^3	0.0330	0.0330	0.0400	0.0400	0.0470	0.0470
	铁件(综合)	kg	5.9800	5.9800	6.6000	6.6000	7.2200	7.2200
	镀锌铁丝(综合)	kg	0.2200	0.2200	0.2400	0.2400	0.2600	0.2600
	杉槁3m以下	根	4.0000	3.0000	4.0000	3.0000	4.0000	3.0000
	杉槁4~7m	根	10.0000	8.0000	12.0000	9.0000	12.0000	9.0000
	扎绑绳	kg	0.1100	0.1100	0.1200	0.1200	0.1300	0.1300
	其他材料费(占材料费)	%	1.00	1.00	1.00	1.00	1.00	1.00

工作内容: 支项牢固、锯截腐朽部分高度1.5m以内、添配新料、榫卯连接牢固等。 **计量单位:** 根

定额编号			2-5-627	2-5-628	2-5-629	2-5-630	2-5-631	2-5-632
项目			圆柱墩接(柱径)					
			39cm以内		42cm以内		45cm以内	
			明柱	暗柱	明柱	暗柱	明柱	暗柱
名称		单位	消耗量					
人工	合计工日	工日	7.620	7.940	9.040	9.420	10.580	11.020
	木工 普工	工日	3.048	3.176	3.616	3.768	4.232	4.408
	木工 一般技工	工日	3.810	3.970	4.520	4.710	5.290	5.510
	木工 高级技工	工日	0.762	0.794	0.904	0.942	1.058	1.102
材料	原木	m^3	0.1400	0.2260	0.1710	0.2760	0.2060	0.3320
	木砖	m^3	0.0540	0.0540	0.0610	0.0610	0.0680	0.0680
	铁件(综合)	kg	7.7700	7.7700	8.3900	8.3900	8.9300	8.9300
	镀锌铁丝(综合)	kg	0.2800	0.2800	0.3000	0.3000	0.3200	0.3200
	杉槁3m以下	根	4.0000	3.0000	4.0000	3.0000	4.0000	3.0000
	杉槁4~7m	根	14.0000	10.0000	14.0000	10.0000	16.0000	12.0000
	扎绑绳	kg	0.1400	0.1400	0.1500	0.1500	0.1600	0.1600
	其他材料费(占材料费)	%	1.00	1.00	1.00	1.00	1.00	1.00

工作内容：支顶牢固将原损坏木构件拆除、安装新配或修整好的木构件、将拆除的旧件按指定的地点堆放。

计量单位：根

定额编号			2-5-633	2-5-634	2-5-635	2-5-636	2-5-637
项目			檐柱、单檐内柱抽换（不分直圆柱、梭形柱）（柱径）				
			21cm 以内	24cm 以内	27cm 以内	30cm 以内	33cm 以内
名称		单位	消耗量				
人工	合计工日	工日	1.200	1.560	2.040	2.640	2.360
	木工 普工	工日	0.480	0.624	0.816	1.056	0.944
	木工 一般技工	工日	0.600	0.780	1.020	1.320	1.180
	木工 高级技工	工日	0.120	0.156	0.204	0.264	0.236
材料	木砖	m^3	0.0120	0.0190	0.0260	0.0330	0.0400
	镀锌铁丝（综合）	kg	0.1600	0.1800	0.2000	0.2200	0.2400
	杉槁 3m 以下	根	3.0000	3.0000	—	—	—
	杉槁 4～7m	根	1.0000	1.0000	6.0000	6.0000	8.0000
	扎绑绳	kg	0.0800	0.0900	0.1000	0.1100	0.1200
	其他材料费（占材料费）	%	2.00	2.00	2.00	2.00	2.00

工作内容：支顶牢固将原损坏木构件拆除、安装新配或修整好的木构件、将拆除的旧件按指定的地点堆放。

计量单位：根

定额编号			2-5-638	2-5-639	2-5-640	2-5-641
项目			檐柱、单檐内柱抽换（不分直圆柱、梭形柱）（柱径）			
			36cm 以内	39cm 以内	42cm 以内	45cm 以内
名称		单位	消耗量			
人工	合计工日	工日	4.200	5.160	6.240	7.740
	木工 普工	工日	1.680	2.064	2.496	3.096
	木工 一般技工	工日	2.100	2.580	3.120	3.870
	木工 高级技工	工日	0.420	0.516	0.624	0.774
材料	木砖	m^3	0.0470	0.0540	0.0610	0.0680
	镀锌铁丝（综合）	kg	0.2600	0.2800	0.3000	0.3200
	杉槁 4～7m	根	8.0000	10.0000	10.0000	12.0000
	扎绑绳	kg	0.1300	0.1400	0.1500	0.1600
	其他材料费（占材料费）	%	2.00	2.00	2.00	2.00

工作内容：剔除腐朽部分、添配新料、用胶钉镶补牢固等。 计量单位：块

定额编号			2-5-642	2-5-643	2-5-644	2-5-645	2-5-646	2-5-647
项目			圆形构部件剔补(单块面积)					
			0.1m² 以内	0.2m² 以内	0.3m² 以内	0.4m² 以内	0.5m² 以内	0.5m² 以外
名称		单位	消耗量					
人工	合计工日	工日	0.200	0.273	0.400	0.600	0.900	1.200
	木工 普工	工日	0.080	0.120	0.160	0.240	0.360	0.480
	木工 一般技工	工日	0.100	0.150	0.200	0.300	0.450	0.600
	木工 高级技工	工日	0.020	0.003	0.040	0.060	0.090	0.120
材料	锯成材	m³	0.0070	0.0170	0.0300	0.0460	0.0670	0.0960
	圆钉	kg	0.1000	0.2000	0.3000	0.5000	0.7000	1.0000
	乳胶	kg	0.2000	0.4000	0.7000	1.1000	1.6000	2.2000
	其他材料费(占材料费)	%	2.00	2.00	2.00	2.00	2.00	2.00

工作内容：剔除腐朽部分、添配新料、用胶钉镶补牢固等。 计量单位：块

定额编号			2-5-648	2-5-649	2-5-650	2-5-651	2-5-652	2-5-653
项目			方形构部件剔补(单块面积)					
			0.1m² 以内	0.2m² 以内	0.3m² 以内	0.4m² 以内	0.5m² 以内	0.5m² 以外
名称		单位	消耗量					
人工	合计工日	工日	0.180	0.240	0.310	0.400	0.490	0.600
	木工 普工	工日	0.072	0.096	0.124	0.160	0.196	0.240
	木工 一般技工	工日	0.090	0.120	0.155	0.200	0.245	0.300
	木工 高级技工	工日	0.018	0.024	0.031	0.040	0.049	0.060
材料	锯成材	m³	0.0050	0.0120	0.0210	0.0320	0.0470	0.0670
	圆钉	kg	0.1000	0.2000	0.3000	0.5000	0.7000	1.0000
	乳胶	kg	0.2000	0.4000	0.7000	1.1000	1.6000	2.2000
	其他材料费(占材料费)	%	2.00	2.00	2.00	2.00	2.00	2.00

工作内容：剔槽、铁箍安装牢固等。　　　　**计量单位**：kg

定　额　编　号			2-5-654	2-5-655	2-5-656	2-5-657	2-5-658	2-5-659
项　　　目			圆形构部件剔槽安铁箍			圆形构部件明安铁箍		
			圆钉紧固	倒刺钉紧固	螺栓紧固	圆钉紧固	倒刺钉紧固	螺栓紧固
名　称		单位	消　耗　量					
人工	合计工日	工日	0.200	0.240	0.150	0.100	0.120	0.080
	木工 普工	工日	0.080	0.096	0.060	0.040	0.048	0.032
	木工 一般技工	工日	0.100	0.120	0.075	0.050	0.060	0.040
	木工 高级技工	工日	0.020	0.024	0.015	0.010	0.012	0.008
材料	圆钉	kg	0.2000	—	—	0.2000	—	—
	铁件(综合)	kg	1.0200	1.0200	1.0200	1.0200	1.0200	1.0200
	自制倒刺钉	kg	—	0.3000	—	—	0.3000	—
	镀锌六角螺栓	套	—	—	2.0000	—	—	2.0000
	其他材料费(占材料费)	%	2.00	2.00	2.00	2.00	2.00	2.00

工作内容：剔槽、铁箍安装牢固等。　　　　**计量单位**：kg

定　额　编　号			2-5-660	2-5-661	2-5-662	2-5-663	2-5-664	2-5-665
项　　　目			方形构部件剔槽安铁箍			方形构部件明安铁箍		
			圆钉紧固	倒刺钉紧固	螺栓紧固	圆钉紧固	倒刺钉紧固	螺栓紧固
名　称		单位	消　耗　量					
人工	合计工日	工日	0.140	0.170	0.180	0.080	0.100	0.120
	木工 普工	工日	0.056	0.068	0.072	0.032	0.040	0.048
	木工 一般技工	工日	0.070	0.085	0.090	0.040	0.050	0.060
	木工 高级技工	工日	0.014	0.017	0.018	0.008	0.010	0.012
材料	圆钉	kg	0.2000	—	—	0.2000	—	—
	铁件(综合)	kg	1.0200	1.0200	1.0200	1.0200	1.0200	1.0200
	自制倒刺钉	kg	—	0.3000	—	—	0.3000	—
	镀锌六角螺栓	套	—	—	2.0000	—	—	2.0000
	其他材料费(占材料费)	%	2.00	2.00	2.00	2.00	2.00	2.00

工作内容：剔槽、铁箍安装牢固等。　　　　**计量单位**：kg

定额编号			2-5-666	2-5-667	2-5-668	2-5-669	2-5-670	2-5-671	2-5-672
项目			拉接扁铁剔槽安装			拉接扁铁明安			钉铁扒锔
			圆钉紧固	倒刺钉紧固	螺栓紧固	圆钉紧固	倒刺钉紧固	螺栓紧固	
名称		单位	消耗量						
人工	合计工日	工日	0.120	0.150	0.240	0.060	0.090	0.180	0.020
	木工 普工	工日	0.048	0.060	0.096	0.024	0.036	0.072	0.008
	木工 一般技工	工日	0.060	0.075	0.120	0.030	0.045	0.090	0.010
	木工 高级技工	工日	0.012	0.015	0.024	0.006	0.009	0.018	0.002
材料	圆钉	kg	0.2000	—	—	0.2000	—	—	—
	铁件(综合)	kg	1.0200	1.0200	1.0200	1.0200	1.0200	1.0200	1.0200
	自制倒刺钉	kg	—	0.3000	—	—	0.3000	—	—
	螺母	个	—	—	5.5000	—	—	5.5000	—
	机制螺栓	kg	—	—	0.4700	—	—	0.4700	—
	平光垫	个	—	—	5.5000	—	—	5.5000	—
	其他材料费(占材料费)	%	2.00	2.00	2.00	2.00	2.00	2.00	2.00

三、博缝板、垂鱼、惹草、雁翅板、木楼板、木楼梯

1.制　　安

工作内容:选配料、画线、锯截、刨光、拼缝、穿带、做头缝榫、托舌、凿榫窝、安装平整等。　　计量单位:m^2

定额编号			2-5-673	2-5-674	2-5-675
项目			博缝板制安		
			5cm厚		每增减厚1cm
			悬山	歇山	
名称		单位	消耗量		
人工	合计工日	工日	1.270	1.049	0.055
	木工 普工	工日	0.508	0.420	0.022
	木工 一般技工	工日	0.635	0.524	0.028
	木工 高级技工	工日	0.127	0.105	0.006
材料	锯成材	m^3	0.0770	0.0770	0.0131
	圆钉	kg	0.2800	0.3700	0.0200
	乳胶	kg	0.7000	0.7000	0.1000
	其他材料费(占材料费)	%	1.00	1.00	1.00

工作内容：选配料、画线、锯截、刨光、拼缝、串辐、挖弯成型、企雕边线、安装牢固等。　　**计量单位**：组

定额编号			2-5-676	2-5-677	2-5-678	2-5-679
项目			素平垂鱼制安(长)			
			100cm 以内	130cm 以内	160cm 以内	200cm 以内
名称		单位	消耗量			
人工	合计工日	工日	0.948	1.656	2.696	3.882
	木工 普工	工日	0.379	0.662	1.078	1.553
	木工 一般技工	工日	0.474	0.828	1.348	1.941
	木工 高级技工	工日	0.095	0.166	0.270	0.388
材料	松木规格料	m^3	0.0197	0.0403	0.0927	0.1437
	乳胶	kg	0.1600	0.3000	0.6200	1.0500
	其他材料费(占材料费)	%	1.00	1.00	1.00	1.00

工作内容：选配料、画线、锯截、刨光、拼缝、串辐、挖弯成型、企雕边线、安装牢固等。　　**计量单位**：组

定额编号			2-5-680	2-5-681	2-5-682	2-5-683
项目			素平垂鱼制安(长)			
			230cm 以内	240cm 以内	290cm 以内	320cm 以内
名称		单位	消耗量			
人工	合计工日	工日	5.502	7.167	9.292	11.518
	木工 普工	工日	2.201	2.867	3.717	4.607
	木工 一般技工	工日	2.751	3.583	4.646	5.759
	木工 高级技工	工日	0.550	0.717	0.929	1.152
材料	松木规格料	m^3	0.2342	0.3295	0.4520	0.6311
	乳胶	kg	1.9000	2.6000	3.5100	4.7700
	其他材料费(占材料费)	%	1.00	1.00	1.00	1.00

工作内容：选配料、画线、锯截、刨光、拼缝、串辐、挖弯成型、企雕边线、面部雕刻、安装牢固等。

计量单位：组

定额编号			2-5-684	2-5-685	2-5-686	2-5-687
项目			有雕刻垂鱼制安(长)			
			100cm 以内	130cm 以内	160cm 以内	200cm 以内
名称		单位	消耗量			
人工	合计工日	工日	2.144	3.827	6.081	8.768
	木工 普工	工日	0.857	1.531	2.433	3.507
	木工 一般技工	工日	1.072	1.914	3.041	4.384
	木工 高级技工	工日	0.214	0.383	0.608	0.877
材料	松木规格料	m^3	0.0197	0.0403	0.0927	0.1437
	乳胶	kg	0.1600	0.3000	0.6200	1.0500
	其他材料费(占材料费)	%	1.00	1.00	1.00	1.00

工作内容：选配料、画线、锯截、刨光、串辐、拼缝、挖弯成型、企雕边线、面部雕刻、安装牢固等。

计量单位：m^2

定额编号			2-5-688	2-5-689	2-5-690	2-5-691
项目			有雕刻垂鱼制安(长)			
			230cm 以内	240cm 以内	290cm 以内	320cm 以内
名称		单位	消耗量			
人工	合计工日	工日	12.126	15.806	20.295	25.079
	木工 普工	工日	4.850	6.322	8.118	10.032
	木工 一般技工	工日	6.063	7.903	10.148	12.540
	木工 高级技工	工日	1.213	1.581	2.030	2.508
材料	松木规格料	m^3	0.2342	0.3295	0.4520	0.6311
	乳胶	kg	1.9000	2.6000	3.5100	4.7700
	其他材料费(占材料费)	%	1.00	1.00	1.00	1.00

工作内容：选配料、画线、锯截、刨光、拼缝、串辐、挖弯成型、企雕边线、面部雕刻、安装牢固等。

计量单位：个

定额编号			2-5-692	2-5-693	2-5-694	2-5-695	2-5-696
项目			素平惹草制安(宽)				
			100cm 以内	130cm 以内	160cm 以内	200cm 以内	230cm 以内
名称		单位	消耗量				
人工	合计工日	工日	1.086	1.923	3.128	4.508	6.403
	木工 普工	工日	0.434	0.769	1.251	1.803	2.561
	木工 一般技工	工日	0.543	0.961	1.564	2.254	3.202
	木工 高级技工	工日	0.109	0.192	0.313	0.451	0.640
材料	松木规格料	m^3	0.0228	0.0470	0.0959	0.1673	0.2478
	乳胶	kg	0.1700	0.3500	0.7200	1.3300	2.1300
	其他材料费(占材料费)	%	1.00	1.00	1.00	1.00	1.00

工作内容：选配料、画线、锯截、刨光、拼缝、串辐、挖弯成型、企雕边线、面部雕刻、安装牢固等。

计量单位：个

定额编号			2-5-697	2-5-698	2-5-699	2-5-700	2-5-701
项目			有雕刻惹草制安(宽)				
			100cm 以内	130cm 以内	160cm 以内	200cm 以内	230cm 以内
名称		单位	消耗量				
人工	合计工日	工日	2.686	4.462	7.075	10.194	14.159
	木工 普工	工日	1.075	1.785	2.830	4.077	5.664
	木工 一般技工	工日	1.343	2.231	3.537	5.097	7.079
	木工 高级技工	工日	0.269	0.446	0.708	1.019	1.416
材料	松木规格料	m^3	0.0228	0.0470	0.0959	0.1673	0.2478
	乳胶	kg	0.1700	0.3500	0.7200	1.3300	2.1300
	其他材料费(占材料费)	%	1.00	1.00	1.00	1.00	1.00

工作内容：选配料、画线、锯截、刨光、拼缝、有雕饰的包括面部雕刻花纹、穿楸安装、安装牢固等。

计量单位：m^2

定额编号			2-5-702	2-5-703	2-5-704	2-5-705
项目			无雕刻雁翅板制安		有花草雕刻雁翅板制安	
			板厚 40cm	每增减 1cm	板厚 4cm	每增减 1cm
名称		单位	消耗量			
人工	合计工日	工日	1.500	0.064	16.615	0.055
	木工 普工	工日	0.600	0.026	6.646	0.022
	木工 一般技工	工日	0.750	0.032	8.308	0.028
	木工 高级技工	工日	0.150	0.006	1.662	0.006
材料	锯成材	m^3	0.0482	0.0107	0.0482	0.0107
	圆钉	kg	0.2800	0.0100	0.2800	0.0100
	乳胶	kg	0.6500	0.1000	0.6500	0.1000
	其他材料费(占材料费)	%	1.00	1.00	1.00	1.00

工作内容：选配料、画线、锯截、刨光、盘头、钉牢等。

计量单位：m^2

定额编号			2-5-706	2-5-707	2-5-708	2-5-709
项目			木楼板制安			木楼梯制安(水平投影面积)
			板厚 40cm	每增减 1cm	安装后净面磨平	
名称		单位	消耗量			
人工	合计工日	工日	0.396	0.028	0.110	2.318
	木工 普工	工日	0.158	0.011	0.044	0.927
	木工 一般技工	工日	0.198	0.014	0.055	1.159
	木工 高级技工	工日	0.040	0.003	0.011	0.232
材料	锯成材	m^3	0.0626	0.0134	—	0.2125
	圆钉	kg	0.1600	0.0200	—	0.3000
	铁件(综合)	kg	—	—	—	0.4000
	防腐油	kg	—	—	—	0.2300
	其他材料费(占材料费)	%	1.00	1.00	1.00	1.00

工作内容:影像资料、拆下的旧料保障完整无损,搬运到指定地点、分类清理、堆放、做好再用材料标记、维修安装牢固等。

定额编号			2-5-710	2-5-711	2-5-712	2-5-713	2-5-714
项目			木楼板拆安		木楼梯		木楼梯拆除(投影面积)
			板厚4cm	每增厚1cm	拆修安(水平投影面积)	单独补修踏步板	
单位			m^2	m^2	m^2	m	m^2
名称		单位	消耗量				
人工	合计工日	工日	0.320	0.040	2.160	0.140	0.240
	木工 普工	工日	0.128	0.016	0.864	0.056	0.096
	木工 一般技工	工日	0.160	0.020	1.080	0.070	0.120
	木工 高级技工	工日	0.032	0.004	0.216	0.014	0.024
材料	锯成材	m^3	—	—	0.0850	0.0203	—
	圆钉	kg	0.1600	0.0200	0.3000	—	—
	铁件(综合)	kg	—	—	0.2000	—	—
	其他材料费(占材料费)	%	2.00	2.00	2.00	2.00	2.00

2.拆　　安

工作内容:影像资料、拆下的旧料保障完整无损,搬运到指定地点、分类清理、堆放、做好再用材料标记、维修安装牢固等。

计量单位:m^2

定额编号			2-5-715	2-5-716	2-5-717	2-5-718	2-5-719	2-5-720
项目			板类拆安					
			博缝板		雁翅板拆安		山花板	
			板厚5cm	每增减1cm	板厚4cm	每增减1cm	板厚5cm	每增减1cm
名称		单位	消耗量					
人工	合计工日	工日	0.520	0.070	0.380	0.040	0.600	0.050
	木工 普工	工日	0.208	0.028	0.152	0.016	0.240	0.020
	木工 一般技工	工日	0.260	0.035	0.190	0.020	0.300	0.025
	木工 高级技工	工日	0.052	0.007	0.038	0.004	0.060	0.005
材料	圆钉	kg	0.3200	0.0200	0.3000	0.0200	0.2000	0.0200
	乳胶	kg	0.4500	0.0500	0.4000	0.0500	—	—
	其他材料费(占材料费)	%	2.00	2.00	2.00	2.00	2.00	2.00

工作内容：影像资料、拆下的旧料保障完整无损，搬运到指定地点、分类清理、堆放、做好再用材料标记、维修安装牢固等。

计量单位：组

定额编号			2-5-721	2-5-722	2-5-723	2-5-724	2-5-725
项目			垂鱼拆安(长)				
			100cm 以内	160cm 以内	230cm 以内	290cm 以内	290cm 以外
名称		单位	消耗量				
人工	合计工日	工日	0.450	0.580	0.750	0.970	1.260
	木工 普工	工日	0.180	0.232	0.300	0.388	0.504
	木工 一般技工	工日	0.225	0.290	0.375	0.485	0.630
	木工 高级技工	工日	0.045	0.058	0.075	0.097	0.126
材料	圆钉	kg	0.1000	0.1500	0.2000	0.2500	0.2500
	乳胶	kg	0.0800	0.3000	0.5000	1.0000	1.2000
	其他材料费(占材料费)	%	2.00	2.00	2.00	2.00	2.00

3. 拆　　除

工作内容：影像资料、拆下的旧料保障完整无损，搬运到指定地点、分类清理、堆放、做好再用材料标记等。

计量单位：m^2

定额编号			2-5-726	2-5-727	2-5-728	2-5-729	2-5-730	2-5-731
项目			板类拆除					
			博缝板		雁翅板		山花板	
			板厚 5cm	每增厚 1cm	板厚 4cm	每增厚 1cm	板厚 5cm	每增厚 1cm
名称		单位	消耗量					
人工	合计工日	工日	0.170	0.012	0.150	0.012	0.250	0.012
	木工 普工	工日	0.068	0.005	0.060	0.005	0.100	0.005
	木工 一般技工	工日	0.085	0.006	0.075	0.006	0.125	0.006
	木工 高级技工	工日	0.017	0.001	0.015	0.001	0.025	0.001

工作内容：影像资料、拆下的旧料保障完整无损，搬运到指定地点、分类清理、堆放、做好再用材料标记等。

计量单位：组

定额编号			2-5-732	2-5-733	2-5-734	2-5-735	2-5-736
项目			垂鱼拆除(长)				
			100cm 以内	160cm 以内	230cm 以内	290cm 以内	290cm 以外
名称		单位	消耗量				
人工	合计工日	工日	0.180	0.230	0.300	0.390	0.500
	木工 普工	工日	0.072	0.092	0.120	0.156	0.200
	木工 一般技工	工日	0.090	0.115	0.150	0.195	0.250
	木工 高级技工	工日	0.018	0.023	0.030	0.039	0.050

四、木 基 层

1.椽类制安

工作内容：选配料、刨光、放线、制作成型、盘头、安装钉牢等。

计量单位：m

定额编号			2-5-737	2-5-738	2-5-739	2-5-740	2-5-741	2-5-742	2-5-743
项目			圆直椽制安(椽径)						
			6cm	7cm	8cm	9cm	10cm	11cm	12cm
名称		单位	消耗量						
人工	合计工日	工日	0.076	0.081	0.086	0.092	0.097	0.108	0.113
	木工 普工	工日	0.030	0.032	0.034	0.037	0.039	0.043	0.045
	木工 一般技工	工日	0.030	0.032	0.034	0.037	0.039	0.043	0.045
	木工 高级技工	工日	0.016	0.016	0.017	0.018	0.019	0.022	0.023
材料	锯成材	m^3	0.0045	0.0060	0.0077	0.0096	0.0117	0.0141	0.0166
	圆钉	kg	0.0290	0.0440	0.0440	0.0450	0.0450	—	—
	自制铁钉	kg	—	—	—	—	—	0.0470	0.0810
	其他材料费(占材料费)	%	1.00	1.00	1.00	1.00	1.00	1.00	1.00

工作内容：选配料、刨光、放线、制作成型、盘头、安装钉牢等。　　计量单位：m

定额编号			2-5-744	2-5-745	2-5-746	2-5-747	2-5-748	2-5-749	2-5-750
项目			圆直椽制安(椽径)						
			13cm	14cm	15cm	16cm	17cm	18cm	19cm
名称		单位	消耗量						
人工	合计工日	工日	0.119	0.124	0.130	0.135	0.144	0.146	0.151
	木工 普工	工日	0.048	0.050	0.052	0.054	0.058	0.058	0.061
	木工 一般技工	工日	0.048	0.050	0.052	0.054	0.058	0.058	0.060
	木工 高级技工	工日	0.024	0.025	0.026	0.027	0.029	0.029	0.030
材料	锯成材	m^3	0.0194	0.0224	0.0255	0.0289	0.0325	0.0363	0.0404
	自制铁钉	kg	0.0880	0.0940	0.1390	0.1540	0.1570	0.1670	0.1760
	其他材料费(占材料费)	%	1.00	1.00	1.00	1.00	1.00	1.00	1.00

工作内容：选配料、制作成型、盘头、安装钉牢等。　　计量单位：m

定额编号			2-5-751	2-5-752	2-5-753	2-5-754	2-5-755	2-5-756
项目			不刨光的方直椽制安(椽径)					
			5cm	6cm	7cm	8cm	9cm	10cm
名称		单位	消耗量					
人工	合计工日	工日	0.026	0.027	0.028	0.029	0.031	0.032
	木工 普工	工日	0.010	0.011	0.011	0.012	0.012	0.013
	木工 一般技工	工日	0.010	0.011	0.011	0.012	0.012	0.013
	木工 高级技工	工日	0.005	0.005	0.006	0.006	0.006	0.006
材料	锯成材	m^3	0.0027	0.0038	0.0052	0.0068	0.0087	0.0106
	圆钉	kg	0.0290	0.0440	0.0440	0.0450	0.0450	0.0740
	其他材料费(占材料费)	%	1.00	1.00	1.00	1.00	1.00	1.00

工作内容：选配料、制作成型、盘头、安装钉牢等。 计量单位：m

定额编号			2-5-757	2-5-758	2-5-759	2-5-760
项目			不刨光的方直椽制安(椽径)			
			11cm	12cm	13cm	14cm
名称		单位	消耗量			
人工	合计工日	工日	0.032	0.033	0.034	0.036
	木工 普工	工日	0.013	0.013	0.014	0.014
	木工 一般技工	工日	0.013	0.013	0.014	0.014
	木工 高级技工	工日	0.006	0.007	0.007	0.007
材料	锯成材	m^3	0.0129	0.0153	0.0179	0.0208
	自制铁钉	kg	0.0740	0.0810	0.0880	0.0940
	其他材料费(占材料费)	%	1.00	1.00	1.00	1.00

工作内容：选配料、刨光、制作成型、盘头、安装钉牢等。 计量单位：m

定额编号			2-5-761	2-5-762	2-5-763	2-5-764	2-5-765	2-5-766
项目			刨光的方直椽制安(椽径)					
			5cm	6cm	7cm	8cm	9cm	10cm
名称		单位	消耗量					
人工	合计工日	工日	0.040	0.044	0.049	0.053	0.058	0.061
	木工 普工	工日	0.016	0.018	0.019	0.021	0.023	0.025
	木工 一般技工	工日	0.016	0.018	0.019	0.021	0.023	0.025
	木工 高级技工	工日	0.008	0.009	0.010	0.011	0.012	0.012
材料	锯成材	m^3	0.0033	0.0046	0.0061	0.0078	0.0097	0.0118
	圆钉	kg	0.0290	0.0440	0.0440	0.0450	0.0450	0.0740
	其他材料费(占材料费)	%	1.00	1.00	1.00	1.00	1.00	1.00

工作内容：选配料、刨光、制作成型、盘头、安装钉牢等。　　**计量单位：**m

定额编号			2-5-767	2-5-768	2-5-769	2-5-770
项目			刨光的方直椽制安(椽径)			
			11cm	12cm	13cm	14cm
名称		单位	消耗量			
人工	合计工日	工日	0.066	0.070	0.074	0.077
	木工 普工	工日	0.026	0.028	0.030	0.031
	木工 一般技工	工日	0.026	0.028	0.030	0.031
	木工 高级技工	工日	0.013	0.014	0.015	0.015
材料	锯成材	m^3	0.0142	0.0166	0.0194	0.0224
	圆钉	kg	0.0740	0.0810	0.0880	0.0940
	其他材料费(占材料费)	%	1.00	1.00	1.00	1.00

工作内容：放作样板、选配料、刨光、标号、放线、制作成型、安装钉牢等。　　**计量单位：**m

定额编号			2-5-771	2-5-772	2-5-773	2-5-774	2-5-775	2-5-776	2-5-777
项目			圆翼角椽制安(椽径)						
			6cm	7cm	8cm	9cm	10cm	11cm	12cm
名称		单位	消耗量						
人工	合计工日	工日	0.177	0.188	0.199	0.210	0.221	0.232	0.243
	木工 普工	工日	0.053	0.056	0.060	0.063	0.066	0.070	0.073
	木工 一般技工	工日	0.088	0.094	0.099	0.105	0.110	0.116	0.121
	木工 高级技工	工日	0.035	0.038	0.040	0.042	0.044	0.046	0.049
材料	锯成材	m^3	0.0045	0.0060	0.0077	0.0096	0.0117	0.0140	0.0166
	圆钉	kg	0.0290	0.0440	0.0440	0.0450	0.0450	—	—
	自制铁钉	kg	—	—	—	—	—	0.0740	0.0810
	其他材料费(占材料费)	%	1.00	1.00	1.00	1.00	1.00	1.00	1.00

工作内容:放作样板、选配料、刨光、标号、放线、制作成型、安装钉牢等。 **计量单位**:m

定额编号			2-5-778	2-5-779	2-5-780	2-5-781	2-5-782	2-5-783	2-5-784
项目			圆翼角椽制安(椽径)						
			13cm	14cm	15cm	16cm	17cm	18cm	19cm
名称		单位	消耗量						
人工	合计工日	工日	0.254	0.265	0.276	0.287	0.298	0.309	0.320
	木工 普工	工日	0.076	0.080	0.083	0.086	0.089	0.093	0.096
	木工 一般技工	工日	0.127	0.133	0.138	0.144	0.149	0.155	0.160
	木工 高级技工	工日	0.051	0.053	0.055	0.057	0.060	0.062	0.064
材料	锯成材	m^3	0.0193	0.0223	0.0255	0.0289	0.0325	0.0363	0.0403
	自制铁钉	kg	0.0880	0.0940	0.1390	0.1540	0.1570	0.1670	0.1760
	其他材料费(占材料费)	%	1.00	1.00	1.00	1.00	1.00	1.00	1.00

工作内容:放作样板、选配料、刨光、盘头、制作成型、安装钉牢等。 **计量单位**:m

定额编号			2-5-785	2-5-786	2-5-787	2-5-788	2-5-789	2-5-790
项目			方翼角椽制安(椽径)					
			5cm	6cm	7cm	8cm	9cm	10cm
名称		单位	消耗量					
人工	合计工日	工日	0.144	0.155	0.166	0.177	0.188	0.199
	木工 普工	工日	0.043	0.046	0.050	0.053	0.056	0.060
	木工 一般技工	工日	0.072	0.077	0.083	0.088	0.094	0.099
	木工 高级技工	工日	0.029	0.031	0.033	0.035	0.038	0.040
材料	锯成材	m^3	0.0032	0.0045	0.0060	0.0077	0.0096	0.0117
	圆钉	kg	0.0290	0.0290	0.0440	0.0440	0.0450	0.0450
	其他材料费(占材料费)	%	1.00	1.00	1.00	1.00	1.00	1.00

工作内容：放作样板、选配料、刨光、盘头、制作成型、安装钉牢等。　　**计量单位**：m

定额编号			2-5-791	2-5-792	2-5-793	2-5-794
项目			方翼角椽制安(椽径)			
			11cm	12cm	13cm	14cm
名称		单位	消耗量			
人工	合计工日	工日	0.210	0.221	0.232	0.243
	木工 普工	工日	0.063	0.066	0.070	0.073
	木工 一般技工	工日	0.105	0.110	0.116	0.121
	木工 高级技工	工日	0.042	0.044	0.046	0.049
材料	锯成材	m^3	0.0140	0.0166	0.0193	0.0223
	自制铁钉	kg	0.0740	0.0810	0.0880	0.0940
	其他材料费(占材料费)	%	1.00	1.00	1.00	1.00

工作内容：放作样板、选配料、刨光、对头锯解、卷杀、制作成型、安装钉牢等。　　**计量单位**：根

定额编号			2-5-795	2-5-796	2-5-797	2-5-798	2-5-799	2-5-800
项目			飞椽制安(椽径)					
			5cm	6cm	7cm	8cm	9cm	10cm
名称		单位	消耗量					
人工	合计工日	工日	0.072	0.099	0.108	0.126	0.153	0.171
	木工 普工	工日	0.022	0.030	0.032	0.038	0.046	0.051
	木工 一般技工	工日	0.036	0.050	0.054	0.063	0.077	0.086
	木工 高级技工	工日	0.014	0.020	0.022	0.025	0.031	0.034
材料	锯成材	m^3	0.0040	0.0060	0.0080	0.0110	0.0140	0.0180
	圆钉	kg	0.0300	0.0300	0.0400	0.0400	0.0500	0.0500
	其他材料费(占材料费)	%	1.00	1.00	1.00	1.00	1.00	1.00

工作内容：放作样板、选配料、刨光、对头锯解、卷杀、制作成型、安装钉牢等。　　　　**计量单位**：根

定额编号			2-5-801	2-5-802	2-5-803	2-5-804	2-5-805	2-5-806
项目			飞椽制安(椽径)					
			11cm	12cm	13cm	14cm	15cm	16cm
名称		单位	消耗量					
人工	合计工日	工日	0.189	0.207	0.234	0.270	0.306	0.333
	木工 普工	工日	0.057	0.062	0.070	0.081	0.092	0.100
	木工 一般技工	工日	0.095	0.104	0.117	0.135	0.153	0.167
	木工 高级技工	工日	0.038	0.041	0.047	0.054	0.061	0.067
材料	锯成材	m^3	0.0220	0.0270	0.0320	0.0370	0.0440	0.0530
	自制铁钉	kg	0.1700	0.1900	0.2100	0.2200	0.2300	0.2400
	其他材料费(占材料费)	%	1.00	1.00	1.00	1.00	1.00	1.00

工作内容：放作样板、选配料、刨光、划线、卷杀、制作成型、标号，安装钉牢等。　　　　**计量单位**：根

定额编号			2-5-807	2-5-808	2-5-809	2-5-810	2-5-811
项目			翘飞椽制安(椽径在5cm以内)				
			头、二翘	三、四翘	五、六、七翘	八、九翘	九翘以上
名称		单位	消耗量				
人工	合计工日	工日	0.322	0.239	0.184	0.147	0.129
	木工 普工	工日	0.097	0.072	0.055	0.044	0.039
	木工 一般技工	工日	0.161	0.120	0.092	0.074	0.064
	木工 高级技工	工日	0.065	0.048	0.037	0.029	0.026
材料	锯成材	m^3	0.0102	0.0083	0.0061	0.0055	0.0052
	圆钉	kg	0.0300	0.0300	0.0300	0.0300	0.0300
	其他材料费(占材料费)	%	1.00	1.00	1.00	1.00	1.00

工作内容：放作样板、选配料、刨光、划线、卷杀、制作成型、标号，安装钉牢等。 **计量单位**：根

定额编号			2-5-812	2-5-813	2-5-814	2-5-815	2-5-816
项目			翘飞椽制安(椽径在6cm以内)				
			头、二翘	三、四翘	五、六、七翘	八、九翘	九翘以上
名称		单位	消耗量				
人工	合计工日	工日	0.368	0.285	0.212	0.184	0.166
	木工 普工	工日	0.110	0.086	0.064	0.055	0.050
	木工 一般技工	工日	0.184	0.143	0.106	0.092	0.083
	木工 高级技工	工日	0.074	0.057	0.042	0.037	0.033
材料	锯成材	m^3	0.0123	0.0102	0.0087	0.0066	0.0063
	圆钉	kg	0.0300	0.0300	0.0300	0.0300	0.0300
	其他材料费(占材料费)	%	1.00	1.00	1.00	1.00	1.00

工作内容：放作样板、选配料、刨光、划线、卷杀、制作成型、标号，安装钉牢等。 **计量单位**：根

定额编号			2-5-817	2-5-818	2-5-819	2-5-820	2-5-821
项目			翘飞椽制安(椽径在7cm以内)				
			头、二翘	三、四翘	五、六、七翘	八、九、十翘	十翘以上
名称		单位	消耗量				
人工	合计工日	工日	0.451	0.350	0.267	0.221	0.175
	木工 普工	工日	0.135	0.105	0.080	0.066	0.052
	木工 一般技工	工日	0.225	0.175	0.133	0.110	0.087
	木工 高级技工	工日	0.090	0.070	0.053	0.044	0.035
材料	锯成材	m^3	0.0173	0.0141	0.0121	0.0095	0.0083
	圆钉	kg	0.0400	0.0400	0.0400	0.0400	0.0400
	其他材料费(占材料费)	%	1.00	1.00	1.00	1.00	1.00

工作内容:放作样板、选配料、刨光、划线、卷杀、制作成型、标号,安装钉牢等。 **计量单位**:根

定额编号			2-5-822	2-5-823	2-5-824	2-5-825	2-5-826	2-5-827
项目			翘飞椽制安(椽径在8cm以内)					
			头、二翘	三、四翘	五、六、七翘	八、九、十翘	十一、十二、十三翘	十三翘以上
名称		单位	消耗量					
人工	合计工日	工日	0.515	0.423	0.331	0.267	0.212	0.184
	木工 普工	工日	0.155	0.120	0.099	0.080	0.063	0.055
	木工 一般技工	工日	0.258	0.216	0.166	0.133	0.106	0.092
	木工 高级技工	工日	0.103	0.087	0.066	0.053	0.042	0.037
材料	锯成材	m^3	0.0273	0.0229	0.0184	0.0146	0.0117	0.0103
	圆钉	kg	0.0400	0.0400	0.0400	0.0400	0.0400	0.0400
	其他材料费(占材料费)	%	1.00	1.00	1.00	1.00	1.00	1.00

工作内容:放作样板、选配料、刨光、划线、卷杀、制作成型、标号,安装钉牢等。 **计量单位**:根

定额编号			2-5-828	2-5-829	2-5-830	2-5-831	2-5-832	2-5-833
项目			翘飞椽制安(椽径在9cm以内)					
			头、二翘	三、四翘	五、六、七翘	八、九、十翘	十一、十二、十三翘	十三翘以上
名称		单位	消耗量					
人工	合计工日	工日	0.616	0.506	0.396	0.322	0.267	0.239
	木工 普工	工日	0.185	0.152	0.119	0.097	0.080	0.072
	木工 一般技工	工日	0.308	0.253	0.198	0.161	0.133	0.120
	木工 高级技工	工日	0.123	0.101	0.079	0.064	0.053	0.048
材料	锯成材	m^3	0.0327	0.0282	0.0254	0.0213	0.0158	0.0145
	圆钉	kg	0.0500	0.0500	0.0500	0.0500	0.0500	0.0500
	其他材料费(占材料费)	%	1.00	1.00	1.00	1.00	1.00	1.00

工作内容：放作样板、选配料、刨光、划线、卷杀、制作成型、标号，安装钉牢等。　　计量单位：根

定额编号			2-5-834	2-5-835	2-5-836	2-5-837	2-5-838	2-5-839
项目			翘飞椽制安(椽径在10cm以内)					
			头、二翘	三、四翘	五、六、七翘	八、九、十翘	十一、十二、十三翘	十三翘以上
名称		单位	消耗量					
人工	合计工日	工日	0.707	0.589	0.478	0.377	0.350	0.322
	木工 普工	工日	0.213	0.177	0.144	0.113	0.105	0.097
	木工 一般技工	工日	0.352	0.294	0.239	0.189	0.175	0.161
	木工 高级技工	工日	0.142	0.118	0.096	0.075	0.070	0.064
材料	锯成材	m^3	0.0418	0.0388	0.0315	0.0267	0.0213	0.0206
	圆钉	kg	0.0500	0.0500	0.0500	0.0500	0.0500	0.0500
	其他材料费(占材料费)	%	1.00	1.00	1.00	1.00	1.00	1.00

工作内容：放作样板、选配料、刨光、划线、卷杀、制作成型、标号，安装钉牢等。　　计量单位：根

定额编号			2-5-840	2-5-841	2-5-842	2-5-843	2-5-844	2-5-845	2-5-846
项目			翘飞椽制安(椽径在11cm以内)						
			头、二翘	三、四翘	五、六、七翘	八、九、十翘	十一、十二、十三翘	十四、十五翘	十五翘以上
名称		单位	消耗量						
人工	合计工日	工日	0.810	0.699	0.561	0.460	0.429	0.322	0.276
	木工 普工	工日	0.243	0.210	0.168	0.138	0.130	0.097	0.083
	木工 一般技工	工日	0.405	0.350	0.281	0.230	0.213	0.161	0.138
	木工 高级技工	工日	0.162	0.140	0.112	0.092	0.087	0.064	0.055
材料	锯成材	m^3	0.0531	0.0471	0.0435	0.0357	0.0296	0.0266	0.0250
	自制铁钉	kg	0.1700	0.1700	0.1700	0.1700	0.1700	0.1700	0.1700
	其他材料费(占材料费)	%	1.00	1.00	1.00	1.00	1.00	1.00	1.00

工作内容：放作样板、选配料、刨光、划线、卷杀、制作成型、标号，安装钉牢等。 **计量单位：**根

定额编号			2-5-847	2-5-848	2-5-849	2-5-850	2-5-851	2-5-852	2-5-853
项目			翘飞椽制安(椽径在12cm以内)						
			头、二翘	三、四翘	五、六、七翘	八、九、十翘	十一、十二、十三翘	十四、十五翘	十五翘以上
名称		单位	消耗量						
人工	合计工日	工日	0.892	0.773	0.644	0.552	0.451	0.368	0.294
	木工 普工	工日	0.268	0.232	0.193	0.166	0.135	0.110	0.088
	木工 一般技工	工日	0.446	0.386	0.322	0.276	0.225	0.184	0.147
	木工 高级技工	工日	0.179	0.155	0.129	0.110	0.090	0.074	0.059
材料	锯成材	m^3	0.0631	0.0563	0.0515	0.0441	0.0367	0.0313	0.0305
	自制铁钉	kg	0.2000	0.2000	0.2000	0.2000	0.2000	0.2000	0.2000
	其他材料费(占材料费)	%	1.00	1.00	1.00	1.00	1.00	1.00	1.00

工作内容：放作样板、选配料、刨光、划线、卷杀、制作成型、标号，安装钉牢等。 **计量单位：**根

定额编号			2-5-854	2-5-855	2-5-856	2-5-857	2-5-858	2-5-859	2-5-860
项目			翘飞椽制安(椽径在13cm以内)						
			头、二翘	三、四翘	五、六、七翘	八、九、十翘	十一、十二、十三翘	十四、十五翘	十五翘以上
名称		单位	消耗量						
人工	合计工日	工日	1.003	0.865	0.736	0.616	0.515	0.460	0.386
	木工 普工	工日	0.301	0.259	0.221	0.185	0.155	0.138	0.116
	木工 一般技工	工日	0.501	0.432	0.368	0.308	0.258	0.230	0.193
	木工 高级技工	工日	0.201	0.173	0.147	0.123	0.103	0.092	0.077
材料	锯成材	m^3	0.0719	0.0680	0.0582	0.0493	0.0415	0.0363	0.0358
	自制铁钉	kg	0.2100	0.2100	0.2100	0.2100	0.2100	0.2100	0.2100
	其他材料费(占材料费)	%	1.00	1.00	1.00	1.00	1.00	1.00	1.00

工作内容：放作样板、选配料、刨光、划线、卷杀、制作成型、标号，安装钉牢等。　　计量单位：根

定额编号			2-5-861	2-5-862	2-5-863	2-5-864	2-5-865	2-5-866	2-5-867
项目			翘飞椽制安（椽径在14cm以内）						
			头、二翘	三、四翘	五、六、七翘	八、九、十翘	十一、十二、十三翘	十四、十五、十六、十七翘	十七翘以上
名称		单位	消耗量						
人工	合计工日	工日	1.114	0.984	0.828	0.708	0.589	0.534	0.478
	木工 普工	工日	0.334	0.295	0.248	0.213	0.177	0.160	0.144
	木工 一般技工	工日	0.557	0.492	0.414	0.354	0.294	0.267	0.239
	木工 高级技工	工日	0.223	0.197	0.166	0.142	0.118	0.107	0.096
材料	锯成材	m^3	0.0851	0.0792	0.0720	0.0622	0.0555	0.0448	0.0425
	自制铁钉	kg	0.2200	0.2200	0.2200	0.2200	0.2200	0.2200	0.2200
	其他材料费（占材料费）	%	1.00	1.00	1.00	1.00	1.00	1.00	1.00

工作内容：放作样板、选配料、刨光、划线、卷杀、制作成型、标号，安装钉牢等。　　计量单位：根

定额编号			2-5-868	2-5-869	2-5-870	2-5-871	2-5-872	2-5-873	2-5-874
项目			翘飞椽制安（椽径在15cm以内）						
			头、二翘	三、四翘	五、六、七翘	八、九、十翘	十一、十二、十三翘	十四、十五、十六、十七翘	十七翘以上
名称		单位	消耗量						
人工	合计工日	工日	1.251	1.086	0.929	0.883	0.653	0.552	0.478
	木工 普工	工日	0.375	0.326	0.279	0.265	0.196	0.166	0.144
	木工 一般技工	工日	0.626	0.543	0.465	0.442	0.327	0.276	0.239
	木工 高级技工	工日	0.250	0.217	0.186	0.177	0.131	0.110	0.096
材料	锯成材	m^3	0.0859	0.0826	0.0746	0.0719	0.0616	0.0526	0.0505
	自制铁钉	kg	0.2400	0.2400	0.2400	0.2400	0.2400	0.2400	0.2400
	其他材料费（占材料费）	%	1.00	1.00	1.00	1.00	1.00	1.00	1.00

工作内容:放作样板、选配料、刨光、划线、卷杀、制作成型、标号,安装钉牢等。 计量单位:根

定额编号			2-5-875	2-5-876	2-5-877	2-5-878	2-5-879	2-5-880	2-5-881
项目			翘飞椽制安(椽径在16cm以内)						
			头、二翘	三、四翘	五、六、七翘	八、九、十翘	十一、十二、十三翘	十四、十五、十六、十七翘	十七翘以上
名称		单位	消耗量						
人工	合计工日	工日	1.316	1.141	0.984	0.837	0.708	0.644	0.570
	木工 普工	工日	0.395	0.342	0.295	0.251	0.213	0.193	0.171
	木工 一般技工	工日	0.658	0.570	0.492	0.419	0.354	0.322	0.285
	木工 高级技工	工日	0.263	0.228	0.197	0.167	0.142	0.129	0.114
材料	锯成材	m^3	0.1146	0.1118	0.1079	0.0912	0.0747	0.0648	0.0589
	自制铁钉	kg	0.2500	0.2500	0.2500	0.2500	0.2500	0.2500	0.2500
	其他材料费(占材料费)	%	1.00	1.00	1.00	1.00	1.00	1.00	1.00

2. 生头木、连檐、雁额板制安

工作内容:刨光、挖椽碗,安装钉牢等。 计量单位:m^3

定额编号			2-5-882	2-5-883	2-5-884
项目			生头木制安(高)		
			20cm以内	25cm以内	25cm以外
名称		单位	消耗量		
人工	合计工日	工日	11.340	7.776	4.752
	木工 普工	工日	4.536	3.110	1.901
	木工 一般技工	工日	4.536	3.110	1.901
	木工 高级技工	工日	2.268	1.555	0.950
材料	锯成材	m^3	1.2620	1.2410	1.1840
	样板材	m^3	0.0230	0.0230	0.0230
	其他材料费(占材料费)	%	1.00	1.00	1.00

工作内容：选配料、刨光、倒八字棱、接头榫卯制作，安装钉牢等。　　**计量单位**：m

定额编号			2-5-885	2-5-886	2-5-887	2-5-888	2-5-889	2-5-890
项目			小连檐制安(高)					
			4cm 以内	5cm 以内	6cm 以内	7cm 以内	8cm 以内	9cm 以内
名称		单位	消耗量					
人工	合计工日	工日	0.054	0.054	0.063	0.072	0.072	0.081
	木工 普工	工日	0.016	0.016	0.019	0.022	0.022	0.024
	木工 一般技工	工日	0.027	0.027	0.032	0.036	0.036	0.041
	木工 高级技工	工日	0.011	0.011	0.013	0.014	0.014	0.016
材料	锯成材	m^3	0.0017	0.0025	0.0034	0.0045	0.0058	0.0072
	圆钉	kg	0.1300	0.1200	0.1100	0.1000	0.0900	0.0800
	其他材料费(占材料费)	%	1.00	1.00	1.00	1.00	1.00	1.00

工作内容：选配料、刨光、倒八字棱、接头榫卯制作，安装钉牢等。　　**计量单位**：m

定额编号			2-5-891	2-5-892	2-5-893
项目			小连檐制安(高)		
			10cm 以内	11cm 以内	12cm 以内
名称		单位	消耗量		
人工	合计工日	工日	0.086	0.093	0.098
	木工 普工	工日	0.026	0.028	0.029
	木工 一般技工	工日	0.043	0.046	0.049
	木工 高级技工	工日	0.017	0.019	0.020
材料	锯成材	m^3	0.0088	0.0110	0.0125
	圆钉	kg	0.0700	—	—
	自制铁钉	kg	—	0.1000	0.1000
	其他材料费(占材料费)	%	1.00	1.00	1.00

工作内容：选配料、刨光、拉缝、飞椽卯口制作、安装钉牢等。 计量单位：m

定额编号			2-5-894	2-5-895	2-5-896	2-5-897	2-5-898	2-5-899
项目			大连檐制安(连檐高)					
			9cm以内	10cm以内	11cm以内	12cm以内	13cm以内	14cm以内
名称		单位	消耗量					
人工	合计工日	工日	0.129	0.133	0.137	0.141	0.146	0.150
	木工 普工	工日	0.039	0.040	0.041	0.042	0.044	0.045
	木工 一般技工	工日	0.064	0.067	0.068	0.071	0.073	0.075
	木工 高级技工	工日	0.026	0.027	0.027	0.028	0.029	0.030
材料	锯成材	m^3	0.0072	0.0088	0.0110	0.0125	0.0145	0.0167
	圆钉	kg	0.1300	0.1200	—	—	—	—
	自制铁钉	kg	—	—	0.1100	0.1000	0.0900	0.0900
	其他材料费(占材料费)	%	1.00	1.00	1.00	1.00	1.00	1.00

工作内容：选配料、刨光、拉缝、飞椽卯口制作、安装钉牢等。 计量单位：m

定额编号			2-5-900	2-5-901	2-5-902	2-5-903	2-5-904
项目			大连檐制安(连檐高)				
			15cm 以内	16cm 以内	17cm 以内	18cm 以内	19cm 以内
名称		单位	消耗量				
人工	合计工日	工日	0.155	0.158	0.163	0.167	0.172
	木工 普工	工日	0.046	0.048	0.049	0.050	0.052
	木工 一般技工	工日	0.077	0.079	0.082	0.084	0.086
	木工 高级技工	工日	0.031	0.032	0.033	0.034	0.034
材料	锯成材	m^3	0.0191	0.0217	0.0243	0.0272	0.0302
	自制铁钉	kg	0.0800	0.0800	0.0700	0.0700	0.0600
	其他材料费(占材料费)	%	1.00	1.00	1.00	1.00	1.00

工作内容：选配料、刨光、划线、排瓦口、挖瓦口等，制作成型，安装钉牢。　　**计量单位**：m

定额编号			2-5-905	2-5-906	2-5-907	2-5-908	2-5-909	2-5-910	2-5-911
项目			燕额板制安(板高)						
			8cm以内	10cm以内	13cm以内	16cm以内	19cm以内	21cm以内	24cm以内
名称		单位	消耗量						
人工	合计工日	工日	0.039	0.044	0.050	0.056	0.063	0.069	0.076
	木工 普工	工日	0.016	0.018	0.020	0.023	0.025	0.028	0.030
	木工 一般技工	工日	0.016	0.018	0.020	0.023	0.025	0.028	0.030
	木工 高级技工	工日	0.008	0.009	0.010	0.011	0.012	0.014	0.015
材料	锯成材	m^3	0.0031	0.0050	0.0078	0.0113	0.0154	0.0192	0.0244
	圆钉	kg	0.1000	0.0800	—	—	—	—	—
	自制铁钉	kg	—	—	0.1000	0.0800	0.0700	0.0600	0.0500
	其他材料费(占材料费)	%	1.00	1.00	1.00	1.00	1.00	1.00	1.00

3. 望板制安

工作内容：选配料、刨光一面、裁边、安装钉牢等。　　**计量单位**：m^2

定额编号			2-5-912	2-5-913	2-5-914	2-5-915	2-5-916
项目			拼缝单面刨光顺望板制安(板厚)				
			1.5cm以内	1.8cm以内	2.1cm以内	每增厚0.5cm	单面刨光
名称		单位	消耗量				
人工	合计工日	工日	0.091	0.093	0.117	0.003	0.054
	木工 普工	工日	0.055	0.056	0.070	0.002	0.032
	木工 一般技工	工日	0.027	0.028	0.035	0.001	0.016
	木工 高级技工	工日	0.009	0.009	0.012	—	0.005
材料	锯成材	m^3	0.0194	0.0231	0.0240	0.0050	—
	圆钉	kg	0.1700	0.2000	0.2800	0.1000	—
	其他材料费(占材料费)	%	1.00	1.00	1.00	1.00	1.00

工作内容:选配料、刨光一面、裁边、做柳叶缝、安装钉牢等。 **计量单位**:m²

定额编号			2-5-917	2-5-918	2-5-919	2-5-920	2-5-921
项目			柳叶缝望板制安(板厚)				
			1.5cm 以内	1.8cm 以内	2.1cm 以内	每增厚 0.5cm	单面刨光
名称		单位	消耗量				
人工	合计工日	工日	0.070	0.072	0.075	0.003	0.054
	木工 普工	工日	0.042	0.043	0.045	0.002	0.032
	木工 一般技工	工日	0.021	0.022	0.022	0.001	0.016
	木工 高级技工	工日	0.007	0.007	0.008	—	0.005
材料	锯成材	m³	0.0190	0.0240	0.0274	0.0057	—
	圆钉	kg	0.0800	0.1100	0.1500	0.0500	—
	其他材料费(占材料费)	%	1.00	1.00	1.00	1.00	1.00

工作内容:选配料、裁边、安装钉牢等。 **计量单位**:m²

定额编号			2-5-922	2-5-923	2-5-924	2-5-925
项目			毛望板制安(板厚)			
			1.5cm 以内	2.0cm 以内	2.5cm 以内	每增厚 0.5cm
名称		单位	消耗量			
人工	合计工日	工日	0.052	0.054	0.056	0.006
	木工 普工	工日	0.031	0.032	0.034	0.002
	木工 一般技工	工日	0.016	0.016	0.017	0.001
	木工 高级技工	工日	0.005	0.005	0.006	0.003
材料	锯成材	m³	0.0150	0.0200	0.0250	0.0050
	圆钉	kg	0.1000	0.1000	0.1400	0.0500
	其他材料费(占材料费)	%	1.00	1.00	1.00	1.00

4. 木基层拆安、拆除

工作内容：包括影像资料、拆下的旧料要保障完整无损或少损，起钉，搬运到指定地点，分类清理、堆放，做好再用材料标记，安装钉牢等。

计量单位：根

定额编号			2-5-926	2-5-927	2-5-928	2-5-929
项目			直椽、飞椽拆安(椽径)			
			8cm 以内	12cm 以内	15cm 以内	15cm 以外
名称		单位	消耗量			
人工	合计工日	工日	0.036	0.054	0.072	0.081
	木工 普工	工日	0.025	0.038	0.050	0.057
	木工 一般技工	工日	0.007	0.011	0.014	0.016
	木工 高级技工	工日	0.004	0.005	0.007	0.008
材料	圆钉	kg	0.0300	—	—	—
	自制铁钉	kg	—	0.0900	0.1900	0.2100
	其他材料费(占材料费)	%	2.00	2.00	2.00	2.00

工作内容：包括影像资料、拆下的旧料要保障完整无损或少损，起钉，搬运到指定地点，分类清理、堆放，做好再用材料标记，安装钉牢等。

计量单位：根

定额编号			2-5-930	2-5-931	2-5-932	2-5-933
项目			方圆翼角椽拆安(椽径)			
			8cm 以内	12cm 以内	15cm 以内	15cm 以外
名称		单位	消耗量			
人工	合计工日	工日	0.248	0.377	0.469	0.534
	木工 普工	工日	0.174	0.264	0.328	0.374
	木工 一般技工	工日	0.050	0.075	0.094	0.107
	木工 高级技工	工日	0.025	0.038	0.047	0.053
材料	圆钉	kg	0.3000	—	—	—
	自制铁钉	kg	—	0.0900	0.1900	0.2100
	其他材料费(占材料费)	%	2.00	2.00	2.00	2.00

工作内容：包括影像资料、拆下的旧料要保障完整无损或少损，起钉，搬运到指定地点，分类清理、堆放，做好再用材料标记，安装钉牢等。

计量单位：根

定额编号			2-5-934	2-5-935	2-5-936	2-5-937	2-5-938	2-5-939
项目			旧方、圆椽改短铺钉(椽径)					
			8cm以内	10cm以内	12cm以内	14cm以内	16cm以内	18cm以内
名称		单位	消耗量					
人工	合计工日	工日	0.045	0.054	0.072	0.081	0.090	0.099
	木工 普工	工日	0.032	0.038	0.050	0.057	0.063	0.069
	木工 一般技工	工日	0.009	0.011	0.014	0.016	0.018	0.020
	木工 高级技工	工日	0.005	0.005	0.007	0.008	0.009	0.010
材料	圆钉	kg	0.0300	0.0600	—	—	—	—
	自制铁钉	kg	—	—	0.0900	0.1000	0.2000	0.2200
	其他材料费(占材料费)	%	2.00	2.00	2.00	2.00	2.00	2.00

工作内容：包括影像资料、拆下的旧料要保障完整无损或少损，起钉，搬运到指定地点，分类清理、堆放，做好再用材料标记，安装钉牢等。

定额编号			2-5-940	2-5-941	2-5-942	2-5-943
项目			燕颔板、大小连檐拆安	望板拆安		望板加钉
				3.5cm以内	3.5cm以外	
单位			m	m^2	m^2	m^2
名称		单位	消耗量			
人工	合计工日	工日	0.144	0.108	0.126	0.027
	木工 普工	工日	0.101	0.076	0.088	0.019
	木工 一般技工	工日	0.029	0.022	0.025	0.005
	木工 高级技工	工日	0.014	0.011	0.013	0.003
材料	圆钉	kg	0.0300	0.1800	0.2400	0.0600
	其他材料费(占材料费)	%	2.00	2.00	2.00	2.00

工作内容：包括影像资料、拆下的旧料要保障完整无损或少损，起钉，搬运到指定地点，分类清理、堆放，做好再用材料标记，安装钉牢等。

定额编号			2-5-944	2-5-945	2-5-946	2-5-947	2-5-948	2-5-949
项目			望板拆除(板厚)		直椽、飞椽、翘飞椽拆除			
			3.5cm 以内	3.5cm 以外	8cm 以内	12cm 以内	15cm 以内	15cm 以外
单位			m^2	m^2	根	根	根	根
名称		单位	消耗量					
人工	合计工日	工日	0.045	0.054	0.072	0.010	0.117	0.014
	木工 普工	工日	0.032	0.038	0.050	0.007	0.082	0.010
	木工 一般技工	工日	0.009	0.011	0.014	0.002	0.023	0.003
	木工 高级技工	工日	0.005	0.005	0.007	0.001	0.012	0.001

工作内容：包括影像资料、拆下的旧料要保障完整无损或少损，起钉，搬运到指定地点，分类清理、堆放，做好再用材料标记，安装钉牢等。

定额编号			2-5-950	2-5-951	2-5-952	2-5-953	2-5-954
项目			方、圆翼角椽拆安(椽径)				单独拆除小连檐
			8cm 以内	12cm 以内	15cm 以内	15cm 以外	
单位			根	根	根	根	m
名称		单位	消耗量				
人工	合计工日	工日	0.018	0.028	0.037	0.046	0.018
	木工 普工	工日	0.013	0.019	0.026	0.032	0.013
	木工 一般技工	工日	0.004	0.006	0.007	0.009	0.004
	木工 高级技工	工日	0.002	0.003	0.004	0.005	0.002

第六章　铺　　作

说　　明

一、本章定额包括铺作检修，铺作拨正归安，添配部件、附件，铺作拆修，铺作制作，铺作安装，铺作分件制作，铺作分件安装八节，共332个子目。

二、铺作检修定额适用于建筑物的构架基本完好，无需拆动的情况下对铺作所进行的检查、简单整修加固，不论铺作材宽尺寸大小定额工料均不得调整。

三、铺作拨正归安定额适用于构架及铺作损坏较轻，只需拆动到檩木不拆铺作的情况下，对铺作进行复位整修及简单加固。

四、铺作检修、铺作拨正归安定额均以补间铺作、柱头铺作为准，梢间转角铺作检修按补间铺作、柱头铺作定额工料乘以系数2。

五、铺作检修或铺作拨正归安时，若需添配斗或斗耳、拱、昂嘴头、枋等，另执行单独添配部件、附件定额。

六、铺作拆修定额适用于将铺作整座拆下进行修理的情况，定额中已综合了添换缺损部件的工料，不论添换多少定额均不得调整，不另计算单独添配部件、附件定额，但所需的添换枋及斗板等附件应另执行单独添换附件定额。

七、昂翘、平座铺作里外拽、各层华拱均以使用单材拱为准，若改用其他云拱，定额不做调整。

八、铺作安装定额以头层檐为准，二层檐铺作安装按安装定额工料乘以系数1.1执行，三层檐及三层檐以上铺作安装按安装定额工料乘以系数1.2执行。

九、梢间转角铺作栱上罗汉枋以铺作挑出远近的交叉中心为界，按实际计算。

十、铺作检修拨正归安、拆修、制作、安装、拆除定额均以六等材（材宽12.8cm）为准，实际工程中材宽尺寸变化时按下表调整工料。

材宽(cm)	9.6	11.2	12.8	14.1	15.3	16	17.6	19.2
工时调整	0.5701	0.7701	1	1.206	1.427	1.551	1.872	2.256
材料调整	0.4306	0.6746	1	1.3205	1.708	1.928	2.551	3.301

十一、平座转角铺作为缠柱造。

十二、其他材料费以材料费为计算基数。

工程量计算规则

一、铺作检修、拨正归安、拆修、制作、安装、拆除按朵计算，梢间转角铺作与补间铺作连作者分别计算。

二、部件及斗板单独添配按件计算，配换撩檐枋、罗汉枋按长度以"m"为单位计算，不扣除梁所占长度，转角铺作位置量至铺作中。

一、铺 作 检 修

工作内容：检查铺作各部件、附件的损件情况，统计需添的部件、附件，进行简单修理及用圆钉、木螺丝钉加固。

计量单位：朵

定额编号			2-6-1	2-6-2	2-6-3	2-6-4	2-6-5	2-6-6
项目			斗口跳	把头绞项造	四铺作外插昂	四铺作里外卷头	五铺作重拱出单杪单下昂	六铺作重拱出单杪双下昂
							里转五铺作重拱出双杪	
名称		单位	消耗量					
人工	合计工日	工日	0.150	0.110	0.400	0.350	0.690	0.990
	木工 普工	工日	0.030	0.022	0.080	0.070	0.138	0.198
	木工 一般技工	工日	0.090	0.066	0.240	0.210	0.414	0.594
	木工 高级技工	工日	0.030	0.022	0.080	0.070	0.138	0.198

工作内容：检查铺作各部件、附件的损件情况，统计需添的部件、附件，进行简单修理及用圆钉、木螺丝钉加固。

计量单位：朵

定额编号			2-6-7	2-6-8	2-6-9	2-6-10	2-6-11
项目			七铺作重拱出双杪双下昂	八铺作重拱出双杪三下昂	五铺作重拱出上昂	六铺作重拱出上昂	七铺作重拱出上昂
			里转六铺作重拱出三杪		并计心	偷心跳内当中施骑斗拱	
名称		单位	消耗量				
人工	合计工日	工日	1.206	1.420	0.680	0.940	1.150
	木工 普工	工日	0.240	0.284	0.136	0.188	0.230
	木工 一般技工	工日	0.726	0.852	0.408	0.564	0.690
	木工 高级技工	工日	0.240	0.284	0.136	0.188	0.230

工作内容：检查铺作各部件、附件的损件情况，统计需添的部件、附件，进行简单修理及用圆钉、木螺丝钉加固。

计量单位：朵

定额编号			2-6-12	2-6-13	2-6-14	2-6-15	2-6-16	2-6-17
项目			柱头					
			斗口跳	把头绞项造	四铺作外插昂	四铺作里外卷头	五铺作重拱出单杪单下昂	六铺作重拱出单杪双下昂
							里转五铺作重拱出双杪	
名称		单位	消耗量					
人工	合计工日	工日	0.130	0.100	0.340	0.300	0.600	0.830
	木工 普工	工日	0.026	0.020	0.068	0.060	0.120	0.166
	木工 一般技工	工日	0.078	0.060	0.204	0.180	0.360	0.498
	木工 高级技工	工日	0.026	0.020	0.068	0.060	0.120	0.166

工作内容：检查铺作各部件、附件的损件情况，统计需添的部件、附件，进行简单修理及用圆钉、木螺丝钉加固。

计量单位：朵

定额编号			2-6-18	2-6-19	2-6-20	2-6-21	2-6-22
项目			柱头		转角	转角	
			七铺作重拱出双杪双下昂	八铺作重拱出双杪三下昂	四铺作外插昂	五铺作重拱出单杪单下昂	六铺作重拱出单杪双下昂
			里转六铺作重拱出三杪			里转五铺作重拱出双杪	
名称		单位	消耗量				
人工	合计工日	工日	1.100	1.300	0.840	1.370	1.870
	木工 普工	工日	0.220	0.260	0.168	0.274	0.374
	木工 一般技工	工日	0.660	0.780	0.504	0.822	1.122
	木工 高级技工	工日	0.220	0.260	0.168	0.274	0.374

二、铺作拨正归安

工作内容：樗折除后对歪闪移位的铺作进行复位整修，不包括部件、附件的添配。 **计量单位：**朵

定额编号			2-6-23	2-6-24	2-6-25	2-6-26	2-6-27	2-6-28
项目			斗口跳	把头绞项造	四铺作外插昂	四铺作里外卷头	五铺作重拱出单杪单下昂	六铺作重拱出单杪双下昂
							里转五铺作重拱出双杪	
名称		单位	消耗量					
人工	合计工日	工日	0.310	0.220	0.800	0.716	1.380	1.970
	木工 普工	工日	0.062	0.044	0.160	0.148	0.276	0.394
	木工 一般技工	工日	0.186	0.132	0.480	0.426	0.828	1.182
	木工 高级技工	工日	0.062	0.044	0.160	0.142	0.276	0.394

工作内容：樗折除后对歪闪移位的铺作进行复位整修，不包括部件、附件的添配。 **计量单位：**朵

定额编号			2-6-29	2-6-30	2-6-31	2-6-32	2-6-33
项目			七铺作重拱出双杪双下昂	八铺作重拱出双杪三下昂	五铺作重拱出上昂	六铺作重拱出上昂	七铺作重拱出上昂
			里转六铺作重拱出三杪		并计心	偷心跳内当中施骑斗拱	
名称		单位	消耗量				
人工	合计工日	工日	2.420	3.130	1.360	1.880	2.290
	木工 普工	工日	0.484	0.626	0.272	0.376	0.458
	木工 一般技工	工日	1.452	1.878	0.816	1.128	1.374
	木工 高级技工	工日	0.484	0.626	0.272	0.376	0.458

工作内容:檩折除后对歪闪移位的铺作进行复位整修,不包括部件、附件的添配。 **计量单位**:朵

定额编号			2-6-34	2-6-35	2-6-36	2-6-37	2-6-38	2-6-39
项目			柱头					
			柱头斗口跳	柱头把头绞项造	柱头四铺作外插昂	柱头四铺作里外卷头	五铺作重拱出单杪单下昂	六铺作重拱出单杪双下昂
							里转五铺作重拱出双杪	
名称		单位	消耗量					
人工	合计工日	工日	0.260	0.200	0.690	0.600	1.210	1.672
	木工 普工	工日	0.052	0.040	0.138	0.120	0.242	0.334
	木工 一般技工	工日	0.156	0.120	0.414	0.360	0.726	1.004
	木工 高级技工	工日	0.052	0.040	0.138	0.120	0.242	0.334

工作内容:檩折除后对歪闪移位的铺作进行复位整修,不包括部件、附件的添配。 **计量单位**:朵

定额编号			2-6-40	2-6-41	2-6-42	2-6-43	2-6-44
项目			柱头		转角	转角	
			七铺作重拱出双杪双下昂	八铺作重拱出双杪三下昂	四铺作外插昂	五铺作重拱出单杪单下昂	六铺作重拱出单杪双下昂
			里转六铺作重拱出三杪			里转五铺作重拱出双杪	
名称		单位	消耗量				
人工	合计工日	工日	2.200	2.600	1.680	2.740	3.730
	木工 普工	工日	0.440	0.520	0.336	0.548	0.746
	木工 一般技工	工日	1.320	1.560	1.008	1.644	2.238
	木工 高级技工	工日	0.440	0.520	0.336	0.548	0.746

三、添配部件、附件

工作内容:清除斗、拱上已损坏部件的残存部分,配制、安装新件。 **计量单位**:件

定额编号			2-6-45	2-6-46	2-6-47	2-6-48	2-6-49	2-6-50
项目			升斗添配(材宽)					
			9.6cm	11.2cm	12.8cm	14.1cm	15.4cm	16.0cm
名称		单位	消耗量					
人工	合计工日	工日	0.170	0.230	0.300	0.360	0.430	0.470
	木工 普工	工日	0.034	0.046	0.060	0.072	0.086	0.094
	木工 一般技工	工日	0.102	0.138	0.180	0.216	0.258	0.282
	木工 高级技工	工日	0.034	0.046	0.060	0.072	0.086	0.094
材料	锯成材	m^3	0.0040	0.0060	0.0080	0.0110	0.0140	0.0160
	乳胶	kg	0.1000	0.1000	0.1000	0.1500	0.1500	0.1500
	其他材料费(占材料费)	%	2.00	2.00	2.00	2.00	2.00	2.00

工作内容:清除斗、拱上已损坏部件的残存部分,配制、安装新件。 **计量单位**:件

定额编号			2-6-51	2-6-52	2-6-53	2-6-54	2-6-55	2-6-56
项目			升斗添配(材宽)		斗耳添配(材宽)			
			17.6cm	19.2cm	9.6cm	11.2cm	12.8cm	14.1cm
名称		单位	消耗量					
人工	合计工日	工日	0.560	0.680	0.060	0.080	0.110	0.130
	木工 普工	工日	0.112	0.136	0.012	0.016	0.022	0.026
	木工 一般技工	工日	0.336	0.408	0.036	0.048	0.066	0.078
	木工 高级技工	工日	0.112	0.136	0.012	0.016	0.022	0.026
材料	锯成材	m^3	0.0211	0.0273	0.0012	0.0019	0.0029	0.0038
	乳胶	kg	0.2000	0.2000	0.1000	0.1000	0.1000	0.1000
	其他材料费(占材料费)	%	2.00	2.00	2.00	2.00	2.00	2.00

工作内容:清除斗、拱上已损坏部件的残存部分,配制、安装新件。 **计量单位**:件

定额编号			2-6-57	2-6-58	2-6-59	2-6-60	2-6-61	2-6-62
项目			斗耳添配(材宽)				材拱添配(材宽)	单材拱添配(材宽)
			15.4cm	16.0cm	17.6cm	19.2cm	9.6cm	11.2cm
名称		单位	消耗量					
人工	合计工日	工日	0.150	0.170	0.200	0.240	0.380	0.510
	木工 普工	工日	0.030	0.034	0.040	0.048	0.076	0.102
	木工 一般技工	工日	0.090	0.102	0.120	0.144	0.228	0.306
	木工 高级技工	工日	0.030	0.034	0.040	0.048	0.076	0.102
材料	锯成材	m^3	0.0047	0.0055	0.0075	0.0095	0.0123	0.0194
	乳胶	kg	0.1000	0.1000	0.1000	0.1000	0.1000	0.1000
	其他材料费(占材料费)	%	2.00	2.00	2.00	2.00	2.00	2.00

工作内容:清除斗、拱上已损坏部件的残存部分,配制、安装新件。 **计量单位**:件

定额编号			2-6-63	2-6-64	2-6-65	2-6-66	2-6-67	2-6-68
项目			单材拱添配(材宽)					
			12.8cm	14.1cm	15.4cm	16.0cm	17.6cm	19.2cm
名称		单位	消耗量					
人工	合计工日	工日	0.660	0.790	0.940	1.020	1.220	1.487
	木工 普工	工日	0.132	0.158	0.188	0.204	0.244	0.297
	木工 一般技工	工日	0.396	0.474	0.564	0.612	0.732	0.893
	木工 高级技工	工日	0.132	0.158	0.188	0.204	0.244	0.297

工作内容：清除斗、拱上已损坏部件的残存部分，配制、安装新件。 **计量单位**：件

定额编号			2-6-69	2-6-70	2-6-71	2-6-72	2-6-73	2-6-74	2-6-75	2-6-76
项目			足材栱添配(材宽)							
			9.6cm	11.2cm	12.8cm	14.1cm	15.4cm	16.0cm	17.6cm	19.2cm
名称		单位	消耗量							
人工	合计工日	工日	0.555	0.749	0.973	1.173	1.428	1.509	1.821	2.194
	木工 普工	工日	0.111	0.150	0.195	0.235	0.278	0.302	0.364	0.439
	木工 一般技工	工日	0.333	0.450	0.584	0.704	0.873	0.905	1.093	1.317
	木工 高级技工	工日	0.111	0.150	0.195	0.235	0.278	0.302	0.364	0.439
材料	锯成材	m^3	0.0182	0.0285	0.0423	0.0558	0.0722	0.0815	0.1079	0.1396
	乳胶	kg	0.1000	0.1000	0.1000	0.1000	0.1000	0.1000	0.1000	0.1000
	其他材料费(占材料费)	%	2.00	2.00	2.00	2.00	2.00	2.00	2.00	2.00

工作内容：清除斗、拱上已损坏部件的残存部分，配制、安装新件。 **计量单位**：件

定额编号			2-6-77	2-6-78	2-6-79	2-6-80	2-6-81	2-6-82
项目			昂嘴剔补(材宽)					
			9.6cm	11.2cm	12.8cm	14.1cm	15.4cm	16.0cm
名称		单位	消耗量					
人工	合计工日	工日	0.280	0.390	0.500	0.610	0.720	0.780
	木工 普工	工日	0.056	0.078	0.100	0.122	0.144	0.156
	木工 一般技工	工日	0.168	0.234	0.300	0.366	0.432	0.468
	木工 高级技工	工日	0.056	0.078	0.100	0.122	0.144	0.156
材料	锯成材	m^3	0.0250	0.0391	0.0580	0.0756	0.0991	0.1118
	乳胶	kg	0.1000	0.1000	0.1000	0.2000	0.2000	0.2000
	其他材料费(占材料费)	%	2.00	2.00	2.00	2.00	2.00	2.00

工作内容:清除斗、拱上已损坏部件的残存部分,配制、安装新件。 **计量单位**:m

定额编号			2-6-83	2-6-84	2-6-85	2-6-86	2-6-87	2-6-88
项目			昂嘴剔补(材宽)		罗汉枋、正心枋添配(材宽)			
			17.6cm	19.2cm	9.6cm	11.2cm	12.8cm	14.1cm
名称		单位	消耗量					
人工	合计工日	工日	0.950	1.130	0.170	0.240	0.310	0.366
	木工 普工	工日	0.190	0.226	0.034	0.048	0.062	0.072
	木工 一般技工	工日	0.570	0.678	0.102	0.144	0.186	0.222
	木工 高级技工	工日	0.190	0.226	0.034	0.048	0.062	0.072
材料	锯成材	m^3	0.1479	0.1914	0.0154	0.0242	0.0354	0.0474
	乳胶	kg	0.2000	0.2000	0.1000	0.1000	0.1000	0.1000
	其他材料费(占材料费)	%	2.00	2.00	2.00	2.00	2.00	2.00

工作内容:清除斗、拱上已损坏部件的残存部分,配制、安装新件。 **计量单位**:m

定额编号			2-6-89	2-6-90	2-6-91	2-6-92
项目			罗汉枋、正心枋添配(材宽)			
			15.4cm	16.0cm	17.6cm	19.2cm
名称		单位	消耗量			
人工	合计工日	工日	0.440	0.480	0.590	0.710
	木工 普工	工日	0.088	0.096	0.118	0.142
	木工 一般技工	工日	0.264	0.288	0.354	0.426
	木工 高级技工	工日	0.088	0.096	0.118	0.142
材料	锯成材	m^3	0.0613	0.6920	0.0915	0.1185
	乳胶	kg	0.1500	0.1500	0.2000	0.2000
	其他材料费(占材料费)	%	2.00	2.00	2.00	2.00

四、铺 作 拆 修

工作内容:将整铺作拆下、拆散、整理、添换缺损的部件及草架摆验,包括撤除时支顶用方木附件添配。

计量单位:朵

定额编号			2-6-93	2-6-94	2-6-95	2-6-96	2-6-97	2-6-98
项目			斗口跳	把头绞项造	四铺作		五铺作重拱出单杪单下昂	六铺作重拱出单杪双下昂
					外插昂	里外卷头	里转五铺作重拱出双杪	
名称		单位	消耗量					
人工	合计工日	工日	4.240	2.880	11.200	11.440	20.480	27.280
	木工 普工	工日	0.848	0.576	2.240	2.288	4.096	5.456
	木工 一般技工	工日	2.544	1.728	6.720	6.864	12.288	16.368
	木工 高级技工	工日	0.848	0.576	2.240	2.288	4.096	5.456
材料	锯成材	m^3	0.0528	0.0363	0.1403	0.1432	0.2560	0.3414
	乳胶	kg	0.1000	0.0800	0.2000	0.1800	0.6000	0.8000
	其他材料费(占材料费)	%	2.00	2.00	2.00	2.00	2.00	2.00

工作内容:将整铺作拆下、拆散、整理、添换缺损的部件及草架摆验,包括撤除时支顶用方木附件添配。

计量单位:朵

定额编号			2-6-99	2-6-100	2-6-101	2-6-102	2-6-103	2-6-104
项目			七铺作重拱出双杪双下昂	八铺作重拱出双杪三下昂	柱头			
			里转六铺作重拱出三杪		斗口跳	把头绞项造	四铺作外插昂	四铺作里外卷杀
名称		单位	消耗量					
人工	合计工日	工日	36.720	42.000	2.960	2.320	9.840	10.000
	木工 普工	工日	7.344	8.400	0.592	0.464	1.968	2.000
	木工 一般技工	工日	22.032	25.200	1.776	1.392	5.904	6.000
	木工 高级技工	工日	7.344	8.400	0.592	0.464	1.968	2.000
材料	锯成材	m^3	0.4594	0.5250	0.0374	0.0292	0.1232	0.1248
	乳胶	kg	1.0000	1.2000	0.1000	0.1000	0.2000	0.2000
	其他材料费(占材料费)	%	2.00	2.00	2.00	2.00	2.00	2.00

工作内容：将整铺作拆下、拆散、整理、添换缺损的部件及草架摆验，包括撤除时支顶用方木附件添配。

计量单位：朵

定额编号			2-6-105	2-6-106	2-6-107	2-6-108	2-6-109	2-6-110
项目			柱头					
			五铺作重拱出单杪单下昂	六铺作重拱出单杪双下昂	七铺作重拱出双杪双下昂	八铺作重拱出双杪三下昂	五铺作重拱出上昂	六铺作重拱出上昂
			里转五铺作重拱出双杪		里转六铺作重拱出三杪		并计心	偷心跳内当中施骑斗拱
名称		单位	消耗量					
人工	合计工日	工日	18.960	25.040	34.480	39.920	19.040	28.480
	木工 普工	工日	3.792	5.008	6.896	7.984	3.808	5.696
	木工 一般技工	工日	11.376	15.024	20.688	23.952	11.424	17.088
	木工 高级技工	工日	3.792	5.008	6.896	7.984	3.808	5.696
材料	锯成材	m^3	0.2371	0.3133	0.4314	0.4993	0.2376	0.3561
	乳胶	kg	0.6000	0.8000	1.0000	1.2000	0.6000	0.8000
	其他材料费(占材料费)	%	2.00	2.00	2.00	2.00	2.00	2.00

工作内容：将整铺作拆下、拆散、整理、添换缺损的部件及草架摆验，包括撤除时支顶用方木附件添配。

计量单位：朵

定额编号			2-6-111	2-6-112	2-6-113	2-6-114
项目			柱头	转角		
			七铺作出上昂	四铺作外插昂	五铺作重拱出上昂	六铺作重拱出上昂
			偷心造		并计心	偷心跳内当中施骑斗拱
名称		单位	消耗量			
人工	合计工日	工日	34.240	18.160	30.400	41.840
	木工 普工	工日	6.848	3.632	6.080	8.368
	木工 一般技工	工日	20.544	10.896	18.240	25.104
	木工 高级技工	工日	6.848	3.632	6.080	8.368
材料	锯成材	m^3	0.4280	0.2267	0.3798	0.5226
	乳胶	kg	0.8000	0.6000	0.8000	1.0000
	其他材料费(占材料费)	%	2.00	2.00	2.00	2.00

五、铺 作 制 作

工作内容：放样、套样、翘、昂、耍头、撑头、华子、连珠、上昂、华楔、栱销、挖翘、栱眼、雕刻麻叶云、三幅云、草架摆验等全部部件的制作。

计量单位：朵

定额编号			2-6-115	2-6-116	2-6-117	2-6-118	2-6-119	2-6-120
项目			斗口跳	把头绞项造	四铺作		五铺作重拱出单杪单下昂	六铺作重拱出单杪双下昂
					外插昂	重拱里外卷头	里转五铺作重拱出双杪	
名称		单位	消耗量					
人工	合计工日	工日	6.650	4.794	16.730	15.540	30.030	42.954
	木工 普工	工日	1.330	0.959	3.346	3.108	6.006	8.598
	木工 一般技工	工日	4.655	3.356	11.711	10.878	21.021	30.061
	木工 高级技工	工日	0.665	0.479	1.673	1.554	3.003	4.295
材料	锯成材	m^3	0.1902	0.1374	0.4778	0.4437	0.8578	1.2270
	乳胶	kg	0.1000	0.1000	0.2000	0.2000	0.6000	0.8000
	其他材料费(占材料费)	%	1.00	1.00	1.00	1.00	1.00	1.00

工作内容：放样、套样、翘、昂、耍头、撑头、华子、连珠、上昂、华楔、栱销、挖翘、栱眼、雕刻麻叶云、三幅云、草架摆验等全部部件的制作。

计量单位：朵

定额编号			2-6-121	2-6-122	2-6-123	2-6-124	2-6-125	2-6-126
项目			七铺作重拱出双杪双下昂	八铺作重拱出双杪三下昂	五铺作重拱出上昂	六铺作重拱出上昂	七铺作重拱出上昂	八铺作重栱出三杪
								内出三杪双上昂
			里转六铺作重拱出三杪		并计心	偷心跳内当中施骑斗拱		偷心跳内当中施骑斗栱
名称		单位	消耗量					
人工	合计工日	工日	52.780	61.740	28.875	41.054	49.945	55.150
	木工 普工	工日	10.556	12.348	5.775	8.211	9.989	11.030
	木工 一般技工	工日	36.946	43.218	20.213	28.738	34.962	38.605
	木工 高级技工	工日	5.278	6.174	2.887	4.105	4.994	5.515
材料	锯成材	m^3	1.5080	1.7640	0.8246	1.1728	1.4269	1.5353
	乳胶	kg	1.5000	2.0000	1.2000	1.2000	1.5000	1.6000
	其他材料费(占材料费)	%	1.00	1.00	1.00	1.00	1.00	1.00

工作内容：放样、套样、翘、昂、耍头、撑头、华子、连珠、上昂、华楔、栱销、挖翘、栱眼、雕刻麻叶云、三幅云、草架摆验等全部部件的制作。

计量单位：朵

定额编号			2-6-127	2-6-128	2-6-129	2-6-130
项目			单栱	重栱	丁华抹颏栱	单斗只替
名称		单位	消耗量			
人工	合计工日	工日	1.950	3.140	5.280	3.520
	木工 普工	工日	0.390	0.628	1.056	0.704
	木工 一般技工	工日	1.365	2.198	3.696	2.464
	木工 高级技工	工日	0.195	0.314	0.528	0.352
材料	锯成材	m^3	0.0545	0.0876	0.1475	0.0983
	乳胶	kg	0.0400	0.0500	0.1000	0.0800
	其他材料费(占材料费)	%	1.00	1.00	1.00	1.00

工作内容：放样、套样、翘、昂、耍头、撑头、华子、连珠、上昂、华楔、栱销、挖翘、栱眼、雕刻麻叶云、三幅云、草架摆验等全部部件的制作。

计量单位：朵

定额编号			2-6-131	2-6-132	2-6-133	2-6-134	2-6-135
项目			四铺作重栱 出单下昂	五铺作重栱 出单杪 单下昂	六铺作重栱 出双杪 单下昂 一、二跳偷心	七铺作单栱 出双杪 双下昂 一跳偷心	八铺作单栱 出双杪 三下昂
			内出单杪 昂尾挑杆 偷心	内出双杪 昂尾挑杆 偷心	内出三杪 逐跳偷心	里转六铺作 出三杪 昂尾挑杆 一、二跳偷心	里转六铺作 出三杪 逐跳偷心
名称		单位	消耗量				
人工	合计工日	工日	13.160	20.160	24.240	32.800	50.310
	木工 普工	工日	2.632	4.032	4.848	6.560	10.062
	木工 一般技工	工日	9.212	14.112	16.968	22.960	35.217
	木工 高级技工	工日	1.316	2.016	2.424	3.280	5.031
材料	锯成材	m^3	0.3674	0.5630	0.6770	0.9159	1.4047
	乳胶	kg	0.2000	0.3000	0.4000	0.6000	1.4000
	其他材料费(占材料费)	%	1.00	1.00	1.00	1.00	1.00

工作内容：放样、套样、翘、昂、耍头、撑头、华子、连珠、上昂、华楔、栱销、挖翘、栱眼、雕刻麻叶云、三幅云、草架摆验等全部部件的制作。

计量单位：朵

定　额　编　号			2-6-136	2-6-137	2-6-138	2-6-139	2-6-140
项　　目			平座补间、柱头				
			四铺作出卷头壁内重栱	五铺作重栱出双杪卷头	六铺作重栱出三杪卷头	七铺作重栱出四杪卷头	七铺作重栱出双杪双上昂
			并　计　心				并偷心
							跳内当中施骑斗栱
名　　称		单位	消　耗　量				
人工	合计工日	工日	11.010	16.900	24.220	27.170	29.910
	木工 普工	工日	2.202	3.380	4.844	5.434	5.982
	木工 一般技工	工日	7.707	11.830	16.954	19.019	20.937
	木工 高级技工	工日	1.101	1.690	2.422	2.717	2.991
材料	锯成材	m^3	0.3075	0.4721	0.6764	0.7586	0.8351
	乳胶	kg	0.2000	0.3000	0.5000	0.6000	0.6000
	其他材料费(占材料费)	%	1.00	1.00	1.00	1.00	1.00

工作内容：放样、套样、翘、昂、耍头、撑头、华子、连珠、上昂、华楔、栱销、挖翘、栱眼、雕刻麻叶云、三幅云、草架摆验等全部部件的制作。

计量单位：朵

定　额　编　号			2-6-141	2-6-142	2-6-143	2-6-144	2-6-145	2-6-146
项　　目			柱　头					
			斗口跳	把头绞项造	四铺作外插昂	四铺作里外卷头重拱	五铺作重拱出单杪单下昂	六铺作重拱出单杪双下昂
							里转五铺作重拱出双杪	
名　　称		单位	消　耗　量					
人工	合计工日	工日	5.775	4.340	15.015	13.125	26.215	36.660
	木工 普工	工日	1.155	0.868	3.003	2.625	5.243	7.332
	木工 一般技工	工日	4.043	3.038	10.511	9.187	18.351	25.662
	木工 高级技工	工日	0.577	0.434	1.501	1.313	2.621	3.666
材料	锯成材	m^3	0.1651	0.1243	0.4292	0.3752	0.7491	1.0384
	乳胶	kg	0.1000	0.1000	0.2000	0.2000	0.6000	0.8000
	其他材料费(占材料费)	%	1.00	1.00	1.00	1.00	1.00	1.00

工作内容:放样、套样、翘、昂、耍头、撑头、华子、连珠、上昂、华楔、栱销、挖翘、栱眼、雕刻麻叶云、三幅云、草架摆验等全部部件的制作。

计量单位:朵

定额编号			2-6-147	2-6-148	2-6-149	2-6-150
项目			柱头			
			七铺作重拱出双杪双下昂	八铺作重拱出双杪三下昂	单斗只替	八铺作重栱出三杪
			里转六铺作重拱出三杪			内出三杪双上昂
						偷心跳内当中施骑斗栱
	名称	单位	消耗量			
人工	合计工日	工日	48.020	56.665	2.530	41.550
	木工 普工	工日	9.604	11.333	0.506	8.310
	木工 一般技工	工日	33.614	39.665	1.771	29.085
	木工 高级技工	工日	4.802	5.667	0.253	4.155
材料	锯成材	m^3	1.3720	1.6190	0.0706	1.1603
	乳胶	kg	1.5000	2.0000	0.1000	2.0000
	其他材料费(占材料费)	%	1.00	1.00	1.00	1.00

工作内容:放样、套样、翘、昂、耍头、撑头、华子、连珠、上昂、华楔、栱销、挖翘、栱眼、雕刻麻叶云、三幅云、草架摆验等全部部件的制作。

计量单位:朵

定额编号			2-6-151	2-6-152	2-6-153	2-6-154	2-6-155
项目			柱头				
			四铺作重栱出单下昂	五铺作重栱出单杪单下昂	六铺作重栱出双杪单下昂	七铺作单栱出双杪双下昂	八铺作单栱出双杪三下昂
			内出单杪偷心	内出双杪偷心	一、二跳偷心	一跳偷心	里转六铺作出三杪
					内出三杪双昂尾挑杆	里转六铺作出三杪	逐跳偷心
					逐跳偷心	一、二跳偷心	
	名称	单位	消耗量				
人工	合计工日	工日	9.000	14.500	20.780	26.620	27.740
	木工 普工	工日	1.800	2.900	4.156	5.324	5.548
	木工 一般技工	工日	6.300	10.150	14.546	18.634	19.418
	木工 高级技工	工日	0.900	1.450	2.078	2.662	2.774
材料	锯成材	m^3	0.2515	0.4094	0.5802	0.7434	0.7745
	乳胶	kg	0.2000	0.3000	0.4000	0.6000	0.6000
	其他材料费(占材料费)	%	1.00	1.00	1.00	1.00	1.00

工作内容:放样、套样、翘、昂、耍头、撑头、华子、连珠、上昂、华楔、栱销、挖翘、栱眼、雕刻麻叶云、三幅云、草架摆验等全部部件的制作。

计量单位:朵

定额编号			2-6-156	2-6-157	2-6-158
项目			转角		
			四铺作外插昂	五铺作重拱出单秒单下昂	六铺作单杪双昂
				里转五铺作重拱出双杪	里转五铺作
名称		单位	消耗量		
人工	合计工日	工日	36.540	59.570	81.236
	木工 普工	工日	7.308	11.914	16.247
	木工 一般技工	工日	25.578	41.699	56.864
	木工 高级技工	工日	3.654	5.957	8.125
材料	锯成材	m^3	1.0440	1.7022	2.3210
	乳胶	kg	1.5000	2.0000	3.0000
	其他材料费(占材料费)	%	1.00	1.00	1.00

工作内容:放样、套样、翘、昂、耍头、撑头、华子、连珠、上昂、华楔、栱销、挖翘、栱眼、雕刻麻叶云、三幅云、草架摆验等全部部件的制作。

计量单位:朵

定额编号			2-6-159	2-6-160	2-6-161	2-6-162	2-6-163	2-6-164
项目			转角					
			八铺作重栱出三秒,内出三杪双上昂偷心跳内当中施骑斗栱	四铺作重栱出单下昂,内出单杪偷心	五铺作重栱出单杪单下昂,内出双杪偷心	六铺作重栱出双杪单下昂一、二跳偷心,内出三杪逐跳偷心	七铺作单栱出双杪双下昂一跳偷心,里转六铺作出三杪一、二跳偷心	八铺作单栱出双杪三下昂,里转六铺作出三杪逐跳偷心
名称		单位	消耗量					
人工	合计工日	工日	77.450	20.310	44.450	74.950	81.160	105.500
	木工 普工	工日	15.490	4.062	8.890	14.990	16.232	21.100
	木工 一般技工	工日	54.215	14.217	31.115	52.465	56.812	73.850
	木工 高级技工	工日	7.745	2.031	4.445	7.495	8.116	10.550
材料	锯成材	m^3	2.1627	0.5670	1.2411	2.0928	2.2662	2.9459
	乳胶	kg	2.0000	0.4000	1.2000	2.0000	2.0000	2.9000
	其他材料费(占材料费)	%	1.00	1.00	1.00	1.00	1.00	1.00

工作内容:放样、套样、翘、昂、耍头、撑头、华子、连珠、上昂、华楔、栱销、挖翘、栱眼、雕刻麻叶云、三幅云、草架摆验等全部部件的制作。 计量单位:朵

定额编号			2-6-165	2-6-166	2-6-167	2-6-168	2-6-169
项目			平座转角				
			四铺作出卷头壁内重栱,并计心	五铺作重栱出双杪卷头,并计心	六铺作重栱出三杪卷头,并计心	七铺作重栱出四杪卷头,并计心	七铺作重栱出双杪双上昂,并偷心,跳内当中施骑斗栱
名称		单位	消耗量				
人工	合计工日	工日	28.790	48.030	92.290	145.700	114.500
	木工 普工	工日	5.758	9.606	18.458	29.140	22.900
	木工 一般技工	工日	20.153	33.621	64.603	101.990	80.150
	木工 高级技工	工日	2.879	4.803	9.229	14.570	11.450
材料	锯成材	m^3	0.8038	1.3413	2.5770	4.0648	3.1974
	乳胶	kg	0.6000	1.3000	2.5000	4.0000	3.0000
	其他材料费(占材料费)	%	1.00	1.00	1.00	1.00	1.00

六、铺 作 安 装

工作内容:场内材料运输、部件及附件全部安装过程中的试摆安装、打记号捆装、撤散、分中、挂线、找平、逐层归位、局部校正结合严密以及整体的调整。 计量单位:朵

定额编号			2-6-170	2-6-171	2-6-172	2-6-173	2-6-174	2-6-175
项目			斗口跳	把头绞项造	四铺作外插昂	四铺作里外卷头重拱	五铺作重拱出单杪单下昂,里转五铺作重拱出双杪	六铺作重拱出单杪双下昂,里转五铺作重拱出双杪
名称		单位	消耗量					
人工	合计工日	工日	1.530	1.100	4.000	3.570	6.900	9.860
	木工 普工	工日	0.459	0.330	1.200	1.071	2.070	2.958
	木工 一般技工	工日	0.918	0.660	2.400	2.142	4.140	5.916
	木工 高级技工	工日	0.153	0.110	0.400	0.357	0.690	0.986

工作内容：场内材料运输、部件及附件全部安装过程中的试摆安装、打记号捆装、撤散、分中、挂线、找平、逐层归位、局部校正结合严密以及整体的调整。

计量单位：朵

定额编号			2-6-176	2-6-177	2-6-178	2-6-179	2-6-180	2-6-181
项目			七铺作重拱出双杪双下昂，里转六铺作重拱出三杪	八铺作重拱出双杪三下昂，里转六铺作重拱出三杪	五铺作重拱出上昂，并计心	六铺作重拱出上昂偷心跳内当中施骑斗拱	七铺作重拱出上昂偷心跳内当中施骑斗拱	八铺作重栱出三杪，内出三杪双上昂偷心跳内当中施骑斗栱
名称		单位	消耗量					
人工	合计工日	工日	12.120	14.734	6.800	9.430	11.793	12.800
	木工 普工	工日	3.636	4.431	2.040	2.829	3.538	3.840
	木工 一般技工	工日	7.272	8.826	4.080	5.658	7.076	7.680
	木工 高级技工	工日	1.212	1.477	0.680	0.943	1.179	1.280

工作内容：场内材料运输、部件及附件全部安装过程中的试摆安装、打记号捆装、撤散、分中、挂线、找平、逐层归位、局部校正结合严密以及整体的调整。

计量单位：朵

定额编号			2-6-182	2-6-183	2-6-184	2-6-185
项目			单栱	重栱	丁华抹颏栱	单斗只替
名称		单位	消耗量			
人工	合计工日	工日	0.225	0.315	0.560	0.500
	木工 普工	工日	0.045	0.063	0.112	0.100
	木工 一般技工	工日	0.158	0.221	0.392	0.350
	木工 高级技工	工日	0.023	0.032	0.056	0.050

工作内容:场内材料运输、部件及附件全部安装过程中的试摆安装、打记号捆装、撒散、分中、挂线、找平、逐层归位、局部校正结合严密以及整体的调整。 计量单位:朵

定额编号			2-6-186	2-6-187	2-6-188	2-6-189	2-6-190
项目			四铺作重栱出单下昂,内出单杪昂尾挑杆偷心	五铺作重栱出单杪单下昂,内出双杪昂尾挑杆偷心	六铺作重栱出双杪单下昂一、二跳偷心,内出三杪逐跳偷心	七铺作单栱出双杪双下昂一跳偷心,里转六铺作出三杪昂尾挑杆一、二跳偷心	八铺作单栱出双杪三下昂,里转六铺作出三杪逐跳偷心
名称		单位	消耗量				
人工	合计工日	工日	3.300	6.110	7.260	9.200	11.400
	木工 普工	工日	0.990	1.833	2.178	2.760	3.420
	木工 一般技工	工日	1.980	3.666	4.356	5.520	6.840
	木工 高级技工	工日	0.330	0.611	0.726	0.920	1.140

工作内容:场内材料运输、部件及附件全部安装过程中的试摆安装、打记号捆装、撒散、分中、挂线、找平、逐层归位、局部校正结合严密以及整体的调整。 计量单位:朵

定额编号			2-6-191	2-6-192	2-6-193	2-6-194	2-6-195
项目			平座补间、柱头				
			四铺作出卷头壁内重栱,并计心	五铺作重栱出双杪卷头,并计心	六铺作重栱出三杪卷头,并计心	七铺作重栱出四杪卷头,并计心	七铺作重栱出双杪双上昂,并偷心跳内当中施骑斗栱
名称		单位	消耗量				
人工	合计工日	工日	2.400	4.000	5.760	6.740	5.880
	木工 普工	工日	0.720	1.200	1.728	2.022	1.764
	木工 一般技工	工日	1.440	2.400	3.456	4.044	3.528
	木工 高级技工	工日	0.240	0.400	0.576	0.674	0.588

工作内容：场内材料运输、部件及附件全部安装过程中的试摆安装、打记号捆装、撤散、分中、挂线、找平、逐层归位、局部校正结合严密以及整体的调整。

计量单位：朵

定额编号			2-6-196	2-6-197	2-6-198	2-6-199	2-6-200	2-6-201
项目			柱头					
			斗口跳	把头绞项造	四铺作外插昂	四铺作里外卷头重拱	五铺作重拱出单杪单下昂，里转五铺作重拱出双杪	六铺作重拱出单杪双下昂，里转五铺作重拱出双杪
名称		单位	消耗量					
人工	合计工日	工日	1.330	1.000	3.450	3.010	6.000	8.350
	木工 普工	工日	0.399	0.300	1.035	0.903	1.800	2.505
	木工 一般技工	工日	0.798	0.600	2.070	1.806	3.600	5.010
	木工 高级技工	工日	0.133	0.100	0.345	0.301	0.600	0.835

工作内容：场内材料运输、部件及附件全部安装过程中的试摆安装、打记号捆装、撤散、分中、挂线、找平、逐层归位、局部校正结合严密以及整体的调整。

计量单位：朵

定额编号			2-6-202	2-6-203	2-6-204	2-6-205
项目			柱头			
			七铺作重拱出双杪双下昂，里转六铺作重拱出三杪	八铺作重拱出双杪三下昂，里转六铺作重拱出三杪	单斗只替	八铺作重栱出三杪，内出三杪双上昂偷心跳内当中施骑斗栱
名称		单位	消耗量			
人工	合计工日	工日	11.030	13.020	0.450	11.780
	木工 普工	工日	3.309	3.906	0.135	3.534
	木工 一般技工	工日	6.618	7.812	0.270	7.068
	木工 高级技工	工日	1.103	1.302	0.045	1.178

工作内容:场内材料运输、部件及附件全部安装过程中的试摆安装、打记号捆装、撤散、分中、挂线、找平、逐层归位、局部校正结合严密以及整体的调整。 **计量单位:**朵

定额编号			2-6-206	2-6-207	2-6-208	2-6-209	2-6-210
项目			柱头				
			四铺作重栱出单下昂,内出单杪偷心	五铺作重栱出单杪单下昂,内出双杪偷心	六铺作重栱出双杪单下昂一、二跳偷心,内出三杪双昂尾挑杆逐跳偷心	七铺作单栱出双杪双下昂一跳偷心,里转六铺作出三杪一、二跳偷心	八铺作单栱出双杪三下昂,里转六铺作出三杪逐跳偷心
名称		单位	消耗量				
人工	合计工日	工日	3.300	5.100	6.530	8.400	10.520
	木工 普工	工日	0.990	1.530	1.959	2.520	3.156
	木工 一般技工	工日	1.980	3.060	3.918	5.040	6.312
	木工 高级技工	工日	0.330	0.510	0.653	0.840	1.052

工作内容:场内材料运输、部件及附件全部安装过程中的试摆安装、打记号捆装、撤散、分中、挂线、找平、逐层归位、局部校正结合严密以及整体的调整。 **计量单位:**朵

定额编号			2-6-211	2-6-212	2-6-213
项目			转角		
			四铺作外插昂	五铺作重拱出单杪单下昂,里转五铺作重拱出双杪	六铺作重拱出单杪双下昂,里转五铺作重拱出双杪
名称		单位	消耗量		
人工	合计工日	工日	8.390	13.680	18.660
	木工 普工	工日	2.517	4.104	5.598
	木工 一般技工	工日	5.034	8.208	11.196
	木工 高级技工	工日	0.839	1.368	1.866

工作内容：场内材料运输、部件及附件全部安装过程中的试摆安装、打记号捆装、撤散、分中、挂线、找平、逐层归位、局部校正结合严密以及整体的调整。 **计量单位：**朵

定额编号			2-6-214	2-6-215	2-6-216	2-6-217	2-6-218	2-6-219
项目			转角					
			八铺作重栱出三杪，内出三杪双上昂偷心跳内当中施骑斗栱	四铺作重栱出单下昂，内出单杪偷心	五铺作重栱出单杪单下昂，内出双杪偷心	六铺作重栱出双杪单下昂一、二跳偷心，内出三杪逐跳偷心	七铺作单栱出双杪双下昂一跳偷心，里转六铺作出三杪一、二跳偷心	八铺作单栱出双杪三下昂，里转六铺作出三杪逐跳偷心
名称		单位	消耗量					
人工	合计工日	工日	16.590	7.240	12.800	15.250	19.240	23.900
	木工 普工	工日	4.977	2.172	3.840	4.575	5.772	7.170
	木工 一般技工	工日	9.954	4.344	7.680	9.150	11.544	14.340
	木工 高级技工	工日	1.659	0.724	1.280	1.525	1.924	2.390

工作内容：场内材料运输、部件及附件全部安装过程中的试摆安装、打记号捆装、撤散、分中、挂线、找平、逐层归位、局部校正结合严密以及整体的调整。 **计量单位：**朵

定额编号			2-6-220	2-6-221	2-6-222	2-6-223	2-6-224
项目			平座转角				
			四铺作出卷头壁内重栱，并计心	五铺作重栱出双杪卷头，并计心	六铺作重栱出三杪卷头，并计心	七铺作重栱出四杪卷头，并计心	七铺作重栱出双杪双上昂，并偷心，跳内当中施骑斗栱
名称		单位	消耗量				
人工	合计工日	工日	6.720	11.200	16.130	18.860	16.460
	木工 普工	工日	2.016	3.360	4.839	5.658	4.938
	木工 一般技工	工日	4.032	6.720	9.678	11.316	9.876
	木工 高级技工	工日	0.672	1.120	1.613	1.886	1.646

七、铺作分件制作

工作内容：翘、昂、耍头、撑头、华子、连珠、上昂、华楔、栱销、挖翘、栱眼、雕刻麻叶云、三幅云、草架试摆验等全部分件的制作。

计量单位：件

定额编号			2-6-225	2-6-226	2-6-227	2-6-228	2-6-229	2-6-230
项目			栌斗	泥道拱	足材泥道拱	单材慢拱	足材慢拱	单材瓜子拱
名称		单位	消耗量					
人工	合计工日	工日	2.135	1.015	1.365	1.470	2.065	1.015
	木工 普工	工日	0.427	0.203	0.273	0.294	0.413	0.203
	木工 一般技工	工日	1.495	0.711	0.956	1.029	1.445	0.710
	木工 高级技工	工日	0.213	0.101	0.136	0.147	0.207	0.102
材料	锯成材	m^3	0.0611	0.0288	0.0387	0.0423	0.0588	0.0286
	其他材料费(占材料费)	%	1.00	1.00	1.00	1.00	1.00	1.00

工作内容：翘、昂、耍头、撑头、华子、连珠、上昂、华楔、栱销、挖翘、栱眼、雕刻麻叶云、三幅云、草架试摆验等全部分件的制作。

计量单位：件

定额编号			2-6-231	2-6-232	2-6-233	2-6-234	2-6-235	2-6-236
项目			单材令拱	足材令拱	单材华拱	足材华拱	足材华拱前华子	丁头拱
名称		单位	消耗量					
人工	合计工日	工日	1.155	1.610	1.120	1.610	1.435	0.805
	木工 普工	工日	0.231	0.322	0.224	0.322	0.287	0.161
	木工 一般技工	工日	0.808	1.127	0.784	1.127	1.005	0.564
	木工 高级技工	工日	0.116	0.161	0.112	0.161	0.143	0.080
材料	锯成材	m^3	0.0330	0.0460	0.0320	0.0460	0.0410	0.0234
	其他材料费(占材料费)	%	1.00	1.00	1.00	1.00	1.00	1.00

工作内容:翘、昂、耍头、撑头、华子、连珠、上昂、华楔、栱销、挖翘、栱眼、雕刻麻叶云、三幅云、草架试摆验等全部分件的制作。

计量单位:件

定额编号			2-6-237	2-6-238	2-6-239	2-6-240	2-6-241	2-6-242
项目			外插昂	交互斗	交栿斗	齐心斗	平盘斗	散斗
名称		单位	消耗量					
人工	合计工日	工日	2.030	0.315	0.455	0.280	0.175	0.245
	木工 普工	工日	0.406	0.063	0.091	0.056	0.035	0.049
	木工 一般技工	工日	1.421	0.221	0.319	0.196	0.123	0.172
	木工 高级技工	工日	0.203	0.031	0.045	0.028	0.017	0.024
材料	锯成材	m^3	0.0580	0.0088	0.0133	0.0079	0.0049	0.0066
	其他材料费(占材料费)	%	1.00	1.00	1.00	1.00	1.00	1.00

工作内容:翘、昂、耍头、撑头、华子、连珠、上昂、华楔、栱销、挖翘、栱眼、雕刻麻叶云、三幅云、草架试摆验等全部分件的制作。

计量单位:件

定额编号			2-6-243	2-6-244	2-6-245	2-6-246	2-6-247	2-6-248
项目			衬头枋					
			斗口跳	四铺作	五铺作	六铺作	七铺作	八铺作
名称		单位	消耗量					
人工	合计工日	工日	0.980	0.980	1.680	1.960	2.169	2.130
	木工 普工	工日	0.196	0.196	0.336	0.392	0.434	0.426
	木工 一般技工	工日	0.686	0.686	1.176	1.372	1.518	1.491
	木工 高级技工	工日	0.098	0.098	0.168	0.196	0.217	0.213
材料	锯成材	m^3	0.0275	0.0275	0.0481	0.0558	0.0623	0.0614
	其他材料费(占材料费)	%	1.00	1.00	1.00	1.00	1.00	1.00

工作内容:翘、昂、耍头、撑头、华子、连珠、上昂、华楔、栱销、挖翘、栱眼、雕刻麻叶云、三幅云、草架试摆验等全部分件的制作。

计量单位:件

定额编号			2-6-249	2-6-250	2-6-251	2-6-252	2-6-253	2-6-254
项目			三层华拱前华子后卷头	三层足材华拱前后卷头	足材华拱前华子后卷头		五铺作前要头	七铺作后要头
			二层		三层	四层		
名称		单位	消耗量					
人工	合计工日	工日	1.820	2.730	2.520	2.800	2.990	5.280
	木工 普工	工日	0.364	0.546	0.504	0.560	0.598	1.056
	木工 一般技工	工日	1.274	1.911	1.764	1.960	2.093	3.696
	木工 高级技工	工日	0.182	0.273	0.252	0.280	0.299	0.528
材料	锯成材	m^3	0.0518	0.0778	0.0723	0.0797	0.1135	0.1510
	其他材料费(占材料费)	%	1.00	1.00	1.00	1.00	1.00	1.00

工作内容:翘、昂、耍头、撑头、华子、连珠、上昂、华楔、栱销、挖翘、栱眼、雕刻麻叶云、三幅云、草架试摆验等全部分件的制作。

计量单位:件

定额编号			2-6-255	2-6-256	2-6-257	2-6-258	2-6-259	2-6-260
项目			八铺作前后要头	五铺作	六铺作		七铺作	
					下昂	上二昂	头昂	二昂
名称		单位	消耗量					
人工	合计工日	工日	4.550	2.450	3.180	4.760	3.110	4.940
	木工 普工	工日	0.910	0.490	0.636	0.952	0.622	0.988
	木工 一般技工	工日	3.185	1.715	2.226	3.332	2.177	3.458
	木工 高级技工	工日	0.455	0.245	0.318	0.476	0.311	0.494
材料	锯成材	m^3	0.1304	0.0701	0.0910	0.1358	0.0890	0.1410
	其他材料费(占材料费)	%	1.00	1.00	1.00	1.00	1.00	1.00

工作内容：翘、昂、耍头、撑头、华子、连珠、上昂、华楔、栱销、挖翘、栱眼、雕刻麻叶云、三幅云、草架试摆验等全部分件的制作。

计量单位：件

定 额 编 号			2-6-261	2-6-262	2-6-263
项 目			八 铺 作		
			头昂	二昂	三昂
名 称		单位	消 耗 量		
人工	合计工日	工日	3.184	4.164	5.250
	木工 普工	工日	0.637	0.833	1.050
	木工 一般技工	工日	2.229	2.915	3.675
	木工 高级技工	工日	0.318	0.416	0.525
材料	锯成材	m^3	0.0913	0.1190	0.1556
	其他材料费(占材料费)	%	1.00	1.00	1.00

工作内容：翘、昂、耍头、撑头、华子、连珠、上昂、华楔、栱销、挖翘、栱眼、雕刻麻叶云、三幅云、草架试摆验等全部分件的制作。

计量单位：件

定 额 编 号			2-6-264	2-6-265	2-6-266	2-6-267	2-6-268
项 目			五铺作重拱出上昂并计心				
			计心上昂	计心华拱	计心上昂 三层耍头	四层耍头	榫槊
名 称		单位	消 耗 量				
人工	合计工日	工日	1.550	1.960	2.830	2.030	0.525
	木工 普工	工日	0.310	0.392	0.566	0.406	0.105
	木工 一般技工	工日	1.085	1.372	1.981	1.421	0.367
	木工 高级技工	工日	0.155	0.196	0.283	0.203	0.053
材料	锯成材	m^3	0.0329	0.0555	0.0811	0.0583	0.0145
	其他材料费(占材料费)	%	1.00	1.00	1.00	1.00	1.00

工作内容：翘、昂、耍头、撑头、华子、连珠、上昂、华楔、栱销、挖翘、栱眼、雕刻麻叶云、三幅云、草架试摆验等全部分件的制作。

计量单位：件

定额编号			2-6-269	2-6-270	2-6-271	2-6-272
项目			六铺作上昂偷心			
			二层华拱	三层华拱	四层耍头	五层耍头
名称		单位	消耗量			
人工	合计工日	工日	1.750	2.450	2.590	2.484
	木工 普工	工日	0.350	0.490	0.518	0.497
	木工 一般技工	工日	1.225	1.715	1.813	1.739
	木工 高级技工	工日	0.175	0.245	0.259	0.248
材料	锯成材	m^3	0.0498	0.7010	0.0743	0.0714
	其他材料费(占材料费)	%	1.00	1.00	1.00	1.00

工作内容：翘、昂、耍头、撑头、华子、连珠、上昂、华楔、栱销、挖翘、栱眼、雕刻麻叶云、三幅云、草架试摆验等全部分件的制作。

计量单位：件

定额编号			2-6-273	2-6-274	2-6-275	2-6-276	2-6-277	2-6-278
项目			七铺作出上昂偷心					
			六层 衬方木	七层耍头	八层 衬头木	三层华拱	四层华拱	五层华拱
名称		单位	消耗量					
人工	合计工日	工日	2.484	2.555	1.155	1.680	1.050	1.960
	木工 普工	工日	0.497	0.511	0.231	0.336	0.210	0.392
	木工 一般技工	工日	1.739	1.788	0.808	1.176	0.735	1.372
	木工 高级技工	工日	0.248	0.256	0.116	0.168	0.105	0.196
材料	锯成材	m^3	0.0709	0.0733	0.0334	0.0477	0.0295	0.0559
	其他材料费(占材料费)	%	1.00	1.00	1.00	1.00	1.00	1.00

八、铺作分件安装

工作内容：场内材料运输，部件及附件全部安装过程中的分中、找平、归位、局部校正，华拱、昂、耍头等分件高低一致结合严密。

计量单位：件

定额编号			2-6-279	2-6-280	2-6-281	2-6-282	2-6-283	2-6-284
项目			栌斗	泥道栱	足材泥道栱	单材慢栱	足材慢栱	单材瓜子栱
名称		单位	消耗量					
人工	合计工日	工日	0.489	0.230	0.310	0.338	0.470	0.228
	木工 普工	工日	0.147	0.069	0.093	0.102	0.141	0.068
	木工 一般技工	工日	0.293	0.138	0.186	0.203	0.282	0.137
	木工 高级技工	工日	0.049	0.023	0.031	0.034	0.047	0.023

工作内容：场内材料运输，部件及附件全部安装过程中的分中、找平、归位、局部校正，华拱、昂、耍头等分件高低一致结合严密。

计量单位：件

定额编号			2-6-285	2-6-286	2-6-287	2-6-288	2-6-289	2-6-290
项目			单材令栱	足材令栱	单材华栱	足材华栱	足材华栱前华子	丁头栱
名称		单位	消耗量					
人工	合计工日	工日	0.264	0.368	0.256	0.368	0.328	0.187
	木工 普工	工日	0.079	0.110	0.077	0.110	0.098	0.056
	木工 一般技工	工日	0.158	0.221	0.154	0.221	0.197	0.112
	木工 高级技工	工日	0.026	0.037	0.026	0.037	0.033	0.019

工作内容:场内材料运输,部件及附件全部安装过程中的分中、找平、归位、局部校正,华拱、昂、耍头等分件高低一致结合严密。

计量单位:件

定额编号			2-6-291	2-6-292	2-6-293	2-6-294	2-6-295	2-6-296
项目			外插昂	交互斗	交栿斗	齐心斗	平盘斗	散斗
名称		单位	消耗量					
人工	合计工日	工日	0.464	0.070	0.106	0.063	0.039	0.053
	木工 普工	工日	0.139	0.021	0.032	0.019	0.012	0.016
	木工 一般技工	工日	0.278	0.042	0.064	0.038	0.024	0.032
	木工 高级技工	工日	0.046	0.007	0.011	0.006	0.004	0.005

工作内容:场内材料运输,部件及附件全部安装过程中的分中、找平、归位、局部校正,华拱、昂、耍头等分件高低一致结合严密。

计量单位:件

定额编号			2-6-297	2-6-298	2-6-299	2-6-300	2-6-301	2-6-302
项目			衬头枋					
			斗口跳	四铺作	五铺作	六铺作	七铺作	八铺作
名称		单位	消耗量					
人工	合计工日	工日	0.220	0.220	0.385	0.446	0.500	0.491
	木工 普工	工日	0.066	0.066	0.115	0.134	0.150	0.147
	木工 一般技工	工日	0.132	0.132	0.231	0.268	0.301	0.295
	木工 高级技工	工日	0.022	0.022	0.038	0.045	0.050	0.049

工作内容：场内材料运输，部件及附件全部安装过程中的分中、找平、归位、局部校正，华拱、昂、耍头等分件高低一致结合严密。

计量单位：件

定额编号			2-6-303	2-6-304	2-6-305	2-6-306	2-6-307	2-6-308
项目			三层华栱前华子后卷头	三层足材华栱前后卷头	足材华栱前华子后卷头		五铺作	
					三层	四层	四层后耍头	五层前耍头
名称		单位	消耗量					
人工	合计工日	工日	0.414	0.622	0.578	0.780	0.908	1.208
	木工 普工	工日	0.124	0.187	0.174	0.234	0.272	0.362
	木工 一般技工	工日	0.249	0.373	0.347	0.468	0.545	0.725
	木工 高级技工	工日	0.041	0.062	0.058	0.078	0.091	0.121

工作内容：场内材料运输，部件及附件全部安装过程中的分中、找平、归位、局部校正，华拱、昂、耍头等分件高低一致结合严密。

计量单位：件

定额编号			2-6-309	2-6-310	2-6-311	2-6-312	2-6-313	2-6-314
项目			八铺作前后耍头	五铺作下昂	六铺作		七铺作	
					下昂	上二昂	头昂	二昂
名称		单位	消耗量					
人工	合计工日	工日	1.043	0.561	0.728	0.945	0.712	0.904
	木工 普工	工日	0.313	0.168	0.218	0.284	0.214	0.271
	木工 一般技工	工日	0.626	0.336	0.437	0.567	0.427	0.542
	木工 高级技工	工日	0.104	0.056	0.073	0.095	0.071	0.090

工作内容：场内材料运输，部件及附件全部安装过程中的分中、找平、归位、局部校正，华拱、昂、耍头等分件高低一致结合严密。

计量单位：件

定额编号			2-6-315	2-6-316	2-6-317	2-6-318	2-6-319	2-6-320
项目			八铺作			五铺作计心		
			头昂	二昂	三昂	计心上昂	计心华拱	计心上昂三层耍头
名称		单位	消耗量					
人工	合计工日	工日	0.730	0.952	1.245	0.219	0.444	0.649
	木工 普工	工日	0.219	0.286	0.373	0.066	0.133	0.195
	木工 一般技工	工日	0.438	0.571	0.747	0.132	0.266	0.389
	木工 高级技工	工日	0.073	0.095	0.124	0.022	0.044	0.065

工作内容：场内材料运输，部件及附件全部安装过程中的分中、找平、归位、局部校正，华拱、昂、耍头等分件高低一致结合严密。

计量单位：件

定额编号			2-6-321	2-6-322	2-6-323	2-6-324	2-6-325	2-6-326
项目			五铺作计心		六铺作偷心			
			计心上昂四层耍头	计心槫梁	二层华拱	三层华栱	四层耍头	五层耍头
名称		单位	消耗量					
人工	合计工日	工日	0.466	0.116	0.398	0.524	0.609	0.571
	木工 普工	工日	0.140	0.035	0.120	0.157	0.178	0.171
	木工 一般技工	工日	0.280	0.070	0.239	0.314	0.357	0.343
	木工 高级技工	工日	0.047	0.012	0.040	0.052	0.074	0.057

工作内容:场内材料运输,部件及附件全部安装过程中的分中、找平、归位、局部校正,华拱、昂、耍头等分件高低一致结合严密。

计量单位:件

定额编号			2-6-327	2-6-328	2-6-329	2-6-330	2-6-331	2-6-332
项目			七铺作上昂偷心			七铺作偷心		
			六层衬头木	七层衬头木	八层衬头木	三层华栱	四层华栱	五层华栱
名称		单位	消耗量					
人工	合计工日	工日	0.567	0.586	0.267	0.381	0.236	0.447
	木工 普工	工日	0.170	0.176	0.080	0.114	0.071	0.134
	木工 一般技工	工日	0.340	0.352	0.160	0.228	0.142	0.268
	木工 高级技工	工日	0.057	0.059	0.027	0.038	0.024	0.045

第七章　木　装　修

说 明

一、本章定额包括额颊地栿类，门扇类，窗类，室内隔断类，平棋、藻井，室外障隔类六节，共323个子目。

二、额颊、地栿、榑柱、立颊、顺身串、心柱、鸡栖木的检查加固、拆除、拆安定额已包括了榼鏁柱、门关、门簪与伏兔在内不再另行计算，但须添换新的榼鏁柱、门关、门簪与伏兔的则另按有关定额执行。

三、门砧的制作安装包括安装鹅台。

四、门窗扇的制安定额中只包括门扇窗本身所用的主要材料，不包括附加及饰件材料，如需安装附件，可按相应附件定额执行，如安装饰件只加相应的饰件材料费而不增加人工费。

五、门扇窗拆修安定额中已综合考虑了损坏部件需新添的材料的比例，实际拆修安中不论损坏部分的比例如何，一律执行本定额不另行调整。

六、本章门窗各项定额中，除注明带有雕刻的外，其余一律不做雕刻，但包括简易的企边、企线，牙头护板及合板软门已考虑了牙头(或云字头)、如意头的企线在内，不得另行增加，门窗、棂子、格子的企线也考虑在内，均不得另行增加。

七、板门的制作安装包括拼缝穿楅，安拉环、门钹及门钉。

八、门簪不论六角企线或八角或四方，定额均不做调整。

九、补换棂条定额以单层格子眼为准，其单扇门窗的格心棂条损坏量超过40%按格心制安定额执行。

十、格子门扇子目均不含格眼。

十一、格子门格眼均以一层为准，若为两层格眼定额乘以系数2执行。

十二、障日格眼按照相应门扇格眼执行定额，若单扇格眼面积小于0.5m^2，按相应子目定额乘以系数1.2执行。

十三、叉子、钩阑的检查加固、拆除、拆修安包含望柱，制安不包括望柱在内。

十四、本章定额子目中未列方格子窗、截间格子，发生时按照方格子门相应子目定额执行。

十五、本章未列乌头门挟门柱、抢柱的拆除、整修，工程中发生工程量时按照本册定额大木作中相应子目定额执行。

十六、本章未列泥道板、照壁板、障日板、障水板，发生时按照清代定额中相应子目定额执行。

十七、本章中的门窗扇均为松木材料定额，工程中若发生硬木材料时按本定额相应子目乘以系数1.15执行。

十八、本章未列藻井的算桯枋、普拍枋、随瓣枋，工程中发生工程量时按照本册定额大木作中相应子目定额执行。

十九、每个木刻字可按下表补充消耗量另行计算。

木刻字补充消耗量表

字体大小(高度)(cm)		2	3	4	5	6	7	8	10	12	15	18	20	25	30
人工	阴刻	0.0269	0.0296	0.0322	0.035	0.0376	0.043	0.0538	0.0807	0.0968	0.1505	0.1882	0.2151	0.2419	0.3226
	阳刻	0.0215	0.0269	0.0296	0.0323	0.035	0.0376	0.043	0.0699	0.0807	0.1237	0.1613	0.1882	0.2151	0.2957

二十、每平方米木雕可按下表补充消耗量另行计算。

木雕补充消耗量表

雕刻类型		浅浮雕	深浮雕	单面透雕	双面透雕	镂雕
人工	深 3cm 以内	15.807	19.758	21.452	32.742	46.291
	深 5cm 以内	25.969	44.037	29.920	55.322	55.323

工程量计算规则

一、额颊、地栿、槫柱、立颊、顺身串、心柱、鸡栖木、地栿板、挟门柱、抢柱、榼鏁柱、门关、难子、槛面板、寻杖、槏柱、阳马、板帐腰串等按长度以“m”为单位计算，其中额颊、地栿、顺身串长随间宽者两端量至柱中，乌头门额伸出柱外者两端量至端头，阳马按展开实际长度计算，其他部件以净长度计算。

二、各种门扇、窗扇、格眼、板帐心板、照壁屏风骨等按面积以“m^2”为单位计算工程量，具体计算方法如下：

1. 凡有肘板的门扇（以肘板宽度为准的门扇）按门扇的净高乘以净宽计算面积。

2. 凡以桯宽度为准的门扇均以桯外围高乘以宽度计算面积。

3. 凡在额、地栿、立颊、槫柱内直接安装板心、格眼的，均以额颊、槫柱、地栿四周内线之净长与净宽计算面积。

4. 凡在子桯内安装格眼的，均以子桯外围尺寸计算面积。

三、平棋的检查加固、拆除、拆修安按主墙间面积计算，不扣除柱、梁栿、枋所占面积。

四、桯、楅、平棋吊杆、平棋枋按照其实际长度以“m”为单位计算。

五、背板、斗槽板、压厦板按面积以“m^2”为单位计算工程量，其中藻井中的背板按展开面积计算。

六、叉子、钩阑面积按寻杖上皮至地栿上皮高乘以相邻望柱净间距长计算面积。

七、卧立柣、门砧、门簪、门栓、伏兔、铁桶子、铁锌臼、铁鹅台、铁钏子、日月板、乌头阀阅柱帽、托柱、斗子鹅项柱、明镜、枨杆均按个计算。

八、望柱按柱身截面面积乘以全高的体积以“m^3”为单位计算。

一、额颊地栿类

工作内容:1. 检查、记录、加固、刮刨口缝等简单修理;

2. 拆掉、分类整理、码放及防火、防潮处理,妥善保管;

3. 拆除、修理、安装。

计量单位:m

定额编号			2-7-1	2-7-2	2-7-3	2-7-4	2-7-5	2-7-6
项目			额颊、地栿、槫柱、立颊、顺身串、心柱、鸡栖木(宽)					
			检查加固		拆除		拆修安	
			10cm以内	10cm以外	10cm以内	10cm以外	10cm以内	10cm以外
名称		单位	消耗量					
人工	合计工日	工日	0.050	0.060	0.040	0.050	0.240	0.280
	木工 普工	工日	0.020	0.024	0.016	0.020	0.072	0.084
	木工 一般技工	工日	0.025	0.030	0.020	0.025	0.120	0.140
	木工 高级技工	工日	0.005	0.006	0.004	0.005	0.048	0.056
材料	松木规格料	m^3	0.0001	0.0001	—	—	0.0005	0.0005
	乳胶	kg	0.0100	0.0100	—	—	0.0200	0.0200
	圆钉	kg	0.0100	0.0100	—	—	0.0100	0.0100
	其他材料费(占材料费)	%	2.00	2.00	—	—	2.00	2.00

工作内容：制作包括选料、截配料、刨光、划线、企口卯眼等制作成型全过程；安装包括组装等安装全过程。

计量单位：m

定额编号			2-7-7	2-7-8	2-7-9	2-7-10	2-7-11
项目			额颊、地栿、槫柱、立颊、顺身串、心柱、鸡栖木的制安(宽)				
			6cm以内	7cm以内	8cm以内	9cm以内	10cm以内
名称		单位	消耗量				
人工	合计工日	工日	0.160	0.180	0.200	0.230	0.250
	木工 普工	工日	0.048	0.054	0.060	0.069	0.075
	木工 一般技工	工日	0.080	0.090	0.100	0.115	0.125
	木工 高级技工	工日	0.032	0.036	0.040	0.046	0.050
材料	松木规格料	m^3	0.0093	0.0131	0.0167	0.0206	0.0250
	其他材料费(占材料费)	%	1.00	1.00	1.00	1.00	1.00

工作内容：制作包括选料、截配料、刨光、划线、企口卯眼等制作成型全过程；安装包括组装等安装全过程。

计量单位：m

定额编号			2-7-12	2-7-13	2-7-14	2-7-15	2-7-16	2-7-17	2-7-18
项目			额颊、地栿、槫柱、立颊、顺身串、心柱、鸡栖木的制安(宽)						
			11cm以内	13cm以内	15cm以内	17cm以内	19cm以内	21cm以内	23cm以内
名称		单位	消耗量						
人工	合计工日	工日	0.300	0.350	0.400	0.460	0.520	0.560	0.610
	木工 普工	工日	0.090	0.105	0.120	0.138	0.156	0.168	0.183
	木工 一般技工	工日	0.150	0.175	0.200	0.230	0.260	0.280	0.305
	木工 高级技工	工日	0.060	0.070	0.080	0.092	0.104	0.112	0.122
材料	松木规格料	m^3	0.0334	0.0448	0.0580	0.0747	0.0935	0.1120	0.1348
	其他材料费(占材料费)	%	1.00	1.00	1.00	1.00	1.00	1.00	1.00

工作内容:1. 拆除、修理、安装;
2. 制作包括选料、截配料、刨光、划线、企口卯眼等制作成型全过程;安装包括组装等安装全过程。

定额编号			2-7-19	2-7-20	2-7-21	2-7-22	2-7-23	2-7-24
项目			卧立柣		地栿板(高)			
					拆修安		制安	
			拆修安	制安	30cm 以内	30cm 以外	30cm 以内	30cm 以外
单位			个	个	m	m	m	m
名称		单位	消耗量					
人工	合计工日	工日	0.160	0.300	0.220	0.260	0.350	0.400
	木工 普工	工日	0.048	0.090	0.066	0.078	0.105	0.120
	木工 一般技工	工日	0.080	0.150	0.110	0.130	0.175	0.200
	木工 高级技工	工日	0.032	0.060	0.044	0.052	0.070	0.080
材料	松木规格料	m^3	0.0080	0.0166	0.0015	0.0015	0.0448	0.0580
	其他材料费(占材料费)	%	2.00	1.00	2.00	2.00	1.00	1.00

工作内容:制作包括选料、截配料、刨光、划线、企口卯眼等制作成型全过程;安装包括组装等安装全过程。

计量单位:m

定额编号			2-7-25	2-7-26	2-7-27	2-7-28	2-7-29	2-7-30	2-7-31
项目			乌头门挟门柱制安(见方)						
			20cm 以内	23cm 以内	26cm 以内	31cm 以内	36cm 以内	41cm 以内	46cm 以内
名称		单位	消耗量						
人工	合计工日	工日	1.780	2.040	2.300	2.750	3.190	3.640	4.080
	木工 普工	工日	0.534	0.612	0.690	0.825	0.957	1.092	1.224
	木工 一般技工	工日	0.890	1.020	1.150	1.375	1.595	1.820	2.040
	木工 高级技工	工日	0.356	0.408	0.460	0.550	0.638	0.728	0.816
材料	锯成材	m^3	0.0450	0.0591	0.0750	0.1061	0.1416	0.1829	0.2292
	其他材料费(占材料费)	%	1.00	1.00	1.00	1.00	1.00	1.00	1.00

工作内容：制作包括选料、截配料、刨光、划线、企口卯眼等制作成型全过程；安装包括组装等安装全过程。

计量单位：m

定额编号			2-7-32	2-7-33	2-7-34	2-7-35	2-7-36	2-7-37	2-7-38
项目			乌头门挟门柱制安(见方)		乌头门抢柱制安(见方)				
			51cm以内	56cm以内	12cm以内	14cm以内	16cm以内	18cm以内	22cm以内
名称		单位	消耗量						
人工	合计工日	工日	4.520	4.970	0.190	0.230	0.250	0.290	0.350
	木工 普工	工日	1.356	1.491	0.057	0.069	0.075	0.087	0.105
	木工 一般技工	工日	2.260	2.485	0.095	0.115	0.125	0.145	0.175
	木工 高级技工	工日	0.904	0.994	0.038	0.046	0.050	0.058	0.070
材料	锯成材	m^3	0.2806	0.3380	0.0169	0.0227	0.0293	0.0368	0.0542
	其他材料费(占材料费)	%	1.00	1.00	1.00	1.00	1.00	1.00	1.00

工作内容：制作包括选料、截配料、刨光、划线、企口卯眼等制作成型全过程；安装包括组装等安装全过程。

计量单位：m

定额编号			2-7-39	2-7-40	2-7-41	2-7-42
项目			乌头门抢柱制安(见方)			
			25cm以内	28cm以内	31cm以内	34cm以内
名称		单位	消耗量			
人工	合计工日	工日	0.400	0.440	0.490	0.540
	木工 普工	工日	0.120	0.132	0.147	0.162
	木工 一般技工	工日	0.200	0.220	0.245	0.270
	木工 高级技工	工日	0.080	0.088	0.098	0.108
材料	锯成材	m^3	0.0694	0.0865	0.1055	0.1264
	其他材料费(占材料费)	%	1.00	1.00	1.00	1.00

工作内容:制作包括选料、截配料、刨光、划线、企口卯眼等制作成型全过程;安装包括组装等安装全过程。

计量单位:m

定额编号			2-7-43	2-7-44	2-7-45	2-7-46	2-7-47	2-7-48
项目			槛鑲柱制安(厚)					
			8cm 以内	9cm 以内	10cm 以内	11cm 以内	12cm 以内	13cm 以内
名称		单位	消耗量					
人工	合计工日	工日	1.390	1.660	1.900	2.120	2.390	2.630
	木工 普工	工日	0.417	0.498	0.570	0.636	0.717	0.789
	木工 一般技工	工日	0.695	0.830	0.950	1.060	1.195	1.315
	木工 高级技工	工日	0.278	0.332	0.380	0.424	0.478	0.526
材料	松木规格料	m^3	0.0185	0.0237	0.0318	0.0372	0.0484	0.0551
	其他材料费(占材料费)	%	1.00	1.00	1.00	1.00	1.00	1.00

工作内容:制作包括选料、截配料、刨光、划线制作成型全过程;安装包括组装等安装全过程。

计量单位:m

定额编号			2-7-49	2-7-50	2-7-51	2-7-52
项目			门关制安(径)			
			13cm 以内	14cm 以内	15cm 以内	16cm 以内
名称		单位	消耗量			
人工	合计工日	工日	0.430	0.550	0.680	0.820
	木工 普工	工日	0.129	0.165	0.204	0.246
	木工 一般技工	工日	0.215	0.275	0.340	0.410
	木工 高级技工	工日	0.086	0.110	0.136	0.164
材料	原木	m^3	0.0683	0.1082	0.1260	0.1817
	其他材料费(占材料费)	%	1.00	1.00	1.00	1.00

工作内容:制作包括选料、截配料、刨光、划线制作成型全过程;安装包括组装等安装全过程。

计量单位:m

定　额　编　号			2-7-53	2-7-54	2-7-55	2-7-56
项　　目			门关制安(径)			
			17cm 以内	18cm 以内	19cm 以内	20cm 以内
名　称		单位	消　耗　量			
人工	合计工日	工日	0.970	1.140	1.320	1.510
	木工 普工	工日	0.291	0.342	0.396	0.453
	木工 一般技工	工日	0.485	0.570	0.660	0.755
	木工 高级技工	工日	0.194	0.228	0.264	0.302
材料	松木规格料	m^3	0.2132	0.2898	0.3203	0.4190
	其他材料费(占材料费)	%	1.00	1.00	1.00	1.00

工作内容:制作包括选料、截配料、刨光等制作成型全部过程;安装包括钉压等安装全过程。

计量单位:m

定　额　编　号			2-7-57	2-7-58	2-7-59	2-7-60	2-7-61	2-7-62
项　　目			难子制安(厚)					
			1.5cm 以内	2cm 以内	2.5cm 以内	3cm 以内	3.5cm 以内	4cm 以内
名　称		单位	消　耗　量					
人工	合计工日	工日	0.040	0.050	0.060	0.070	0.080	0.100
	木工 普工	工日	0.012	0.015	0.018	0.021	0.024	0.030
	木工 一般技工	工日	0.020	0.025	0.030	0.035	0.040	0.050
	木工 高级技工	工日	0.008	0.010	0.012	0.014	0.016	0.020
材料	松木规格料	m^3	0.0004	0.0006	0.0009	0.0014	0.0017	0.0021
	其他材料费(占材料费)	%	1.00	1.00	1.00	1.00	1.00	1.00

工作内容：制作包括选料、截配料、刨光、划线制作成型全过程；安装包括组装等安装全过程。

计量单位：个

定额编号			2-7-63	2-7-64	2-7-65	2-7-66	2-7-67
项目			门砧制安(长)			门簪制安(长)	
			60cm以内	120cm以内	120cm以外	60cm以内	60cm以外
名称		单位	消耗量				
人工	合计工日	工日	0.480	0.960	1.240	2.040	2.860
	木工 普工	工日	0.144	0.288	0.372	0.612	0.858
	木工 一般技工	工日	0.240	0.480	0.620	1.020	1.430
	木工 高级技工	工日	0.096	0.192	0.248	0.408	0.572
材料	松木规格料	m^3	0.0297	0.0594	0.0750	0.0113	0.0196
	其他材料费(占材料费)	%	1.00	1.00	1.00	1.00	1.00

工作内容：制作包括选料、截配料、刨光、划线制作成型全过程；安装包括组装等安装全过程。

计量单位：个

定额编号			2-7-68	2-7-69	2-7-70	2-7-71	2-7-72	2-7-73	2-7-74
项目			门栓制安(长)			伏兔制安(长)			
			40cm以内	50cm以内	60cm以内	50cm以内	60cm以内	70cm以内	80cm以内
名称		单位	消耗量						
人工	合计工日	工日	0.250	0.380	0.530	0.660	0.900	1.000	1.300
	木工 普工	工日	0.075	0.114	0.159	0.198	0.270	0.300	0.390
	木工 一般技工	工日	0.125	0.190	0.265	0.330	0.450	0.500	0.650
	木工 高级技工	工日	0.050	0.076	0.106	0.132	0.180	0.200	0.260
材料	松木规格料	m^3	0.0013	0.0022	0.0038	0.0114	0.0177	0.0254	0.0372
	其他材料费(占材料费)	%	1.00	1.00	1.00	1.00	1.00	1.00	1.00

工作内容：成品件试安、打眼、固定等全过程。 **计量单位**：个

定额编号			2-7-75	2-7-76	2-7-77	2-7-78	2-7-79	2-7-80	2-7-81
项目			门附件 铁桶子安装(径)				铁铧臼安装(径)		
			11cm以内	12cm以内	13cm以内	15cm以内	18cm以内	20cm以内	22cm以内
名称		单位	消耗量						
人工	合计工日	工日	0.300	0.300	0.360	0.360	0.480	0.480	0.600
	木工 普工	工日	0.090	0.090	0.108	0.108	0.144	0.144	0.180
	木工 一般技工	工日	0.150	0.150	0.180	0.180	0.240	0.240	0.300
	木工 高级技工	工日	0.060	0.060	0.072	0.072	0.096	0.096	0.120
材料	铁件(综合)	kg	0.5000	0.5600	0.7000	0.8000	5.7700	6.8200	7.9700
	其他材料费(占材料费)	%	1.00	1.00	1.00	1.00	1.00	1.00	1.00

工作内容：成品构件试安、打眼、固定等全过程。 **计量单位**：个

定额编号			2-7-82	2-7-83	2-7-84	2-7-85	2-7-86	2-7-87
项目			铁鹅台安装(径)			铁钏子安装(长)		
			19cm以内	21cm以内	23cm以内	30cm以内	34cm以内	38cm以内
名称		单位	消耗量					
人工	合计工日	工日	0.400	0.400	0.600	0.240	0.240	0.240
	木工 普工	工日	0.120	0.120	0.180	0.072	0.072	0.072
	木工 一般技工	工日	0.200	0.200	0.300	0.120	0.120	0.120
	木工 高级技工	工日	0.080	0.080	0.120	0.048	0.048	0.048
材料	铁件(综合)	kg	4.0600	5.0100	6.0600	0.2700	0.3000	0.3500
	其他材料费(占材料费)	%	1.00	1.00	1.00	1.00	1.00	1.00

二、门 扇 类

工作内容:1. 检查、记录、加固、刮刨口缝等简单修理;

2. 检查、记录、拆掉、分类整理、码放及防火、防潮处理,妥善保管。

计量单位:m^2

定额编号			2-7-88	2-7-89	2-7-90	2-7-91
项目			板门门扇检查加固(肘板宽)		板门门扇拆除(肘板宽)	
			10cm 以内	10cm 以外	10cm 以内	10cm 以外
名称		单位	消耗量			
人工	合计工日	工日	0.250	0.300	0.150	0.200
	木工 普工	工日	0.100	0.120	0.060	0.080
	木工 一般技工	工日	0.125	0.150	0.075	0.100
	木工 高级技工	工日	0.025	0.030	0.015	0.020
材料	松木规格料	m^3	0.0002	0.0003	—	—
	乳胶	kg	0.5000	1.1800	—	—
	其他材料费(占材料费)	%	2.00	2.00	—	—

工作内容:拆除、修理、安装。

计量单位:m^2

定额编号			2-7-92	2-7-93	2-7-94	2-7-95	2-7-96	2-7-97
项目			板门门扇拆修安(肘板宽)					
			8cm 以内	10cm 以内	14cm 以内	18cm 以内	22cm 以内	24cm 以内
名称		单位	消耗量					
人工	合计工日	工日	0.600	0.670	0.760	0.800	0.850	0.920
	木工 普工	工日	0.180	0.201	0.228	0.240	0.255	0.276
	木工 一般技工	工日	0.300	0.335	0.380	0.400	0.425	0.460
	木工 高级技工	工日	0.120	0.134	0.152	0.160	0.170	0.184
材料	松木规格料	m^3	0.0186	0.0259	0.0337	0.0400	0.0475	0.0524
	乳胶	kg	0.8700	1.0100	1.2700	1.5300	2.0600	2.3700
	其他材料费(占材料费)	%	2.00	2.00	2.00	2.00	2.00	2.00

工作内容：制作包括选料、截配料、刨光、划线、企口卯眼等制作成型全过程；安装包括组装、钉难子等安装全过程。

计量单位：m^2

定额编号			2-7-98	2-7-99	2-7-100	2-7-101	2-7-102	2-7-103
项目			板门门扇制安（肘板宽）					
			8cm 以内	10cm 以内	14cm 以内	18cm 以内	22cm 以内	24cm 以内
名称		单位	消耗量					
人工	合计工日	工日	4.240	4.400	4.820	5.720	5.890	6.320
	木工 普工	工日	1.272	1.320	1.446	1.716	1.767	1.896
	木工 一般技工	工日	2.120	2.200	2.410	2.860	2.945	3.160
	木工 高级技工	工日	0.848	0.880	0.964	1.144	1.178	1.264
材料	松木规格料	m^3	0.0881	0.1167	0.1609	0.2363	0.2583	0.2877
	乳胶	kg	0.9700	1.0900	1.3400	1.9800	2.1400	2.3700
	其他材料费（占材料费）	%	1.00	1.00	1.00	1.00	1.00	1.00

工作内容：1. 检查、记录、加固、刮刨口缝等简单修理；

2. 检查、记录、拆掉、分类整理、码放及防火、防潮处理，妥善保管。

计量单位：m^2

定额编号			2-7-104	2-7-105	2-7-106	2-7-107
项目			两程三串乌头门门扇检查加固（肘板宽）		两程三串乌头门门扇拆除（肘板宽）	
			10cm 以内	10cm 以外	10cm 以内	10cm 以外
名称		单位	消耗量			
人工	合计工日	工日	0.500	0.600	0.260	0.500
	木工 普工	工日	0.200	0.240	0.104	0.200
	木工 一般技工	工日	0.250	0.300	0.130	0.250
	木工 高级技工	工日	0.050	0.060	0.026	0.050
材料	松木规格料	m^3	0.0001	0.0003	—	—
	乳胶	kg	0.2100	0.6200	—	—
	其他材料费（占材料费）	%	2.00	2.00	—	—

工作内容：拆除、修理、安装。 计量单位：m²

定额编号			2-7-108	2-7-109	2-7-110	2-7-111	2-7-112	2-7-113
项目			两程三串乌头门门扇拆修安(肘板宽)					
			8cm以内	10cm以内	14cm以内	18cm以内	22cm以内	24cm以内
名称		单位	消耗量					
人工	合计工日	工日	0.820	0.850	0.920	1.000	1.080	1.200
	木工 普工	工日	0.246	0.255	0.276	0.300	0.324	0.360
	木工 一般技工	工日	0.410	0.425	0.460	0.500	0.540	0.600
	木工 高级技工	工日	0.164	0.170	0.184	0.200	0.216	0.240
材料	松木规格料	m³	0.0204	0.0204	0.0256	0.0261	0.0439	0.0503
	乳胶	kg	0.6200	0.6200	0.6300	0.6600	0.6900	0.7000
	其他材料费(占材料费)	%	2.00	2.00	2.00	2.00	2.00	2.00

工作内容：制作包括选料、截配料、刨光、划线、企口卯眼等制作成型全过程；安装包括组装、钉难子等安装全过程。 计量单位：m²

定额编号			2-7-114	2-7-115	2-7-116	2-7-117	2-7-118	2-7-119
项目			两程三串乌头门门扇制安(肘板宽)					
			8cm以内	10cm以内	14cm以内	18cm以内	22cm以内	24cm以内
名称		单位	消耗量					
人工	合计工日	工日	6.220	5.930	6.750	6.580	6.800	6.780
	木工 普工	工日	1.866	1.779	2.025	1.974	2.040	2.034
	木工 一般技工	工日	3.110	2.965	3.375	3.290	3.400	3.390
	木工 高级技工	工日	1.244	1.186	1.350	1.316	1.360	1.356
材料	松木规格料	m³	0.0707	0.0714	0.1065	0.1385	0.1548	0.1683
	乳胶	kg	0.6500	0.5900	0.6500	0.6700	0.7000	0.7000
	其他材料费(占材料费)	%	1.00	1.00	1.00	1.00	1.00	1.00

工作内容：1. 检查、记录、加固、刮刨口缝等简单修理；
2. 拆掉、分类整理、码放及防火、防潮处理，妥善保管；
3. 拆除、修理、安装；
4. 制作包括选料、截配料、刨光、划线制作成型全过程；安装包括组装等安装全过程。

计量单位：个

定额编号			2-7-120	2-7-121	2-7-122	2-7-123
项目			日月板			
			检查加固	拆除	拆修安	制安
名称		单位	消耗量			
人工	合计工日	工日	0.110	0.070	0.860	4.230
	木工 普工	工日	0.033	0.021	0.258	1.269
	木工 一般技工	工日	0.055	0.035	0.430	2.115
	木工 高级技工	工日	0.022	0.014	0.172	0.846
材料	松木规格料	m^3	0.0010	—	0.0035	0.0543
	圆钉	kg	0.0100	—	0.1200	0.1000
	乳胶	kg	—	—	0.2500	0.5900
	其他材料费(占材料费)	%	2.00	—	2.00	1.00

工作内容：1. 检查、记录、加固、刮刨口缝等简单修理；
2. 拆掉、分类整理、码放及防火、防潮处理，妥善保管；
3. 拆除、修理、安装；
4. 制作包括选料、截配料、刨光、划线制作成型全过程；安装包括组装等安装全过程。

计量单位：个

定额编号			2-7-124	2-7-125	2-7-126	2-7-127
项目			乌头阀阅(柱帽)			
			检查加固	拆除	拆修安	制安
名称		单位	消耗量			
人工	合计工日	工日	0.560	0.080	1.200	6.800
	木工 普工	工日	0.224	0.032	0.360	2.040
	木工 一般技工	工日	0.280	0.040	0.600	3.400
	木工 高级技工	工日	0.056	0.008	0.240	1.360
材料	松木规格料	m^3	0.0065	—	0.0420	0.1050
	圆钉	kg	0.0200	—	0.0500	0.1000
	乳胶	kg	0.1200	—	0.2300	0.5500
	其他材料费(占材料费)	%	2.00	—	2.00	1.00

工作内容:1. 检查、记录、加固、刮刨口缝等简单修理;

2. 检查、记录、拆掉、分类整理、码放及防火、防潮处理,妥善保管。

计量单位:m^2

定额编号			2-7-128	2-7-129	2-7-130	2-7-131
项目			两程两串牙头护缝软门门扇检查加固(肘板宽)		两程两串牙头护缝软门门扇拆除(肘板宽)	
			10cm 以内	10cm 以外	10cm 以内	10cm 以外
名称		单位	消耗量			
人工	合计工日	工日	0.650	0.710	0.320	0.420
	木工 普工	工日	0.260	0.284	0.128	0.168
	木工 一般技工	工日	0.325	0.355	0.160	0.210
	木工 高级技工	工日	0.065	0.071	0.032	0.042
材料	松木规格料	m^3	0.0001	0.0002	—	—
	乳胶	kg	0.5900	0.6000	—	—
	圆钉	kg	0.2100	0.3100	—	—
	其他材料费(占材料费)	%	2.00	2.00	—	—

工作内容:拆除、修理、安装。

计量单位:m^2

定额编号			2-7-132	2-7-133	2-7-134	2-7-135
项目			两程两串牙头护缝软门门扇拆修安(肘板宽)			
			8cm 以内	10cm 以内	12cm 以内	14cm 以内
名称		单位	消耗量			
人工	合计工日	工日	1.260	1.300	1.330	1.440
	木工 普工	工日	0.378	0.390	0.399	0.432
	木工 一般技工	工日	0.630	0.650	0.665	0.720
	木工 高级技工	工日	0.252	0.260	0.266	0.288
材料	松木规格料	m^3	0.0271	0.0276	0.0289	0.0365
	乳胶	kg	2.8400	2.8400	2.8200	2.9300
	其他材料费(占材料费)	%	2.00	2.00	2.00	2.00

工作内容:制作包括选料、截配料、刨光、划线、企口卯眼等制作成型全过程;安装包括组装、钉难子等安装全过程。

计量单位:m^2

定额编号			2-7-136	2-7-137	2-7-138	2-7-139
项目			两程两串牙头护缝软门门扇制安(肘板宽)			
			8cm 以内	10cm 以内	12cm 以内	14cm 以内
名称		单位	消耗量			
人工	合计工日	工日	6.260	6.310	6.420	6.500
	木工 普工	工日	1.878	1.893	1.926	1.950
	木工 一般技工	工日	3.130	3.155	3.210	3.250
	木工 高级技工	工日	1.252	1.262	1.284	1.300
材料	松木规格料	m^3	0.0975	0.1017	0.1260	0.1391
	乳胶	kg	2.9000	2.9100	3.0100	3.0400
	其他材料费(占材料费)	%	1.00	1.00	1.00	1.00

工作内容:1. 检查、记录、加固、刮刨口缝等简单修理;
2. 检查、记录、拆掉、分类整理、码放及防火、防潮处理,妥善保管。

计量单位:m^2

定额编号			2-7-140	2-7-141	2-7-142	2-7-143
项目			牙头护缝合板软门门扇检查加固(肘板宽)		牙头护缝合板软门门扇拆除(肘板宽)	
			10cm 以内	10cm 以外	10cm 以内	10cm 以外
名称		单位	消耗量			
人工	合计工日	工日	0.650	0.760	0.340	0.460
	木工 普工	工日	0.260	0.304	0.136	0.184
	木工 一般技工	工日	0.325	0.380	0.170	0.230
	木工 高级技工	工日	0.065	0.076	0.034	0.046
材料	松木规格料	m^3	0.0001	0.0005	—	—
	乳胶	kg	0.5900	0.6300	—	—
	圆钉	kg	0.2100	0.3500	—	—
	其他材料费(占材料费)	%	2.00	2.00	—	—

工作内容：拆除、修理、安装。 计量单位：m^2

定额编号			2-7-144	2-7-145	2-7-146	2-7-147	2-7-148
项目			牙头护缝合板软门门扇拆修安(肘板宽)				
			8cm 以内	10cm 以内	12cm 以内	14cm 以内	16cm 以内
名称		单位	消耗量				
人工	合计工日	工日	1.260	1.330	1.400	1.480	1.550
	木工 普工	工日	0.378	0.399	0.420	0.444	0.465
	木工 一般技工	工日	0.630	0.665	0.700	0.740	0.775
	木工 高级技工	工日	0.252	0.266	0.280	0.296	0.310
材料	松木规格料	m^3	0.0257	0.0292	0.0350	0.0400	0.0450
	乳胶	kg	1.7900	1.7600	1.7600	1.8200	1.9000
	其他材料费(占材料费)	%	2.00	2.00	2.00	2.00	2.00

工作内容：制作包括选料、截配料、刨光、划线、企口卯眼等制作成型全过程；安装包括组装、钉难子等安装全过程。 计量单位：m^2

定额编号			2-7-149	2-7-150	2-7-151	2-7-152	2-7-153
项目			牙头护缝合板软门门扇制安(肘板宽)				
			8cm 以内	10cm 以内	12cm 以内	14cm 以内	16cm 以内
名称		单位	消耗量				
人工	合计工日	工日	7.340	7.200	7.300	7.200	7.150
	木工 普工	工日	2.202	2.160	2.190	2.160	2.145
	木工 一般技工	工日	3.670	3.600	3.650	3.600	3.575
	木工 高级技工	工日	1.468	1.440	1.460	1.440	1.430
材料	松木规格料	m^3	0.1056	0.1208	0.1260	0.1300	0.1350
	乳胶	kg	1.7900	1.7600	1.7200	1.7400	1.7600
	其他材料费(占材料费)	%	1.00	1.00	1.00	1.00	1.00

工作内容：检查、记录、加固、刮刨口缝等简单修理。　　计量单位：m^2

定额编号			2-7-154	2-7-155	2-7-156	2-7-157	2-7-158	2-7-159
项目			两程一串格子门扇（程宽）			两程两串格子门扇（程宽）		
			检查加固					
			8cm 以内	10cm 以内	10cm 以外	8cm 以内	10cm 以内	10cm 以外
名称		单位	消耗量					
人工	合计工日	工日	1.200	1.220	1.320	1.200	1.220	1.320
	木工 普工	工日	0.480	0.488	0.528	0.480	0.488	0.528
	木工 一般技工	工日	0.600	0.610	0.660	0.600	0.610	0.660
	木工 高级技工	工日	0.120	0.122	0.132	0.120	0.122	0.132
材料	松木规格料	m^3	0.0002	0.0002	0.0002	0.0002	0.0002	0.0002
	乳胶	kg	0.1000	0.1000	0.1000	0.1000	0.1000	0.1000
	其他材料费(占材料费)	%	2.00	2.00	2.00	2.00	2.00	2.00

工作内容：拆掉、分类整理、码放及防火、防潮处理，妥善保管。　　计量单位：m^2

定额编号			2-7-160	2-7-161	2-7-162	2-7-163	2-7-164	2-7-165
项目			两程一串格子门扇（程宽）			两程两串格子门扇（程宽）		
			拆除					
			8cm 以内	10cm 以内	10cm 以外	8cm 以内	10cm 以内	10cm 以外
名称		单位	消耗量					
人工	合计工日	工日	0.560	0.600	0.650	0.570	0.610	0.660
	木工 普工	工日	0.224	0.240	0.260	0.228	0.244	0.264
	木工 一般技工	工日	0.280	0.300	0.325	0.285	0.305	0.330
	木工 高级技工	工日	0.056	0.060	0.065	0.057	0.061	0.066

工作内容：拆除、修理、安装。 计量单位：m^2

定额编号			2-7-166	2-7-167	2-7-168	2-7-169	2-7-170	2-7-171
项目			两程一串格子门扇(程宽)			两程两串格子门扇(程宽)		
			拆修安					
			8cm 以内	10cm 以内	10cm 以外	8cm 以内	10cm 以内	10cm 以外
名称		单位	消耗量					
人工	合计工日	工日	3.000	3.070	3.200	3.100	3.300	3.500
	木工 普工	工日	0.900	0.921	0.960	0.930	0.990	1.050
	木工 一般技工	工日	1.500	1.535	1.600	1.550	1.650	1.750
	木工 高级技工	工日	0.600	0.614	0.640	0.620	0.660	0.700
材料	松木规格料	m^3	0.0160	0.0163	0.1740	0.0160	0.0163	0.0174
	乳胶	kg	0.2600	0.1900	0.2200	0.2600	0.1900	0.2200
	其他材料费(占材料费)	%	2.00	2.00	2.00	2.00	2.00	2.00

工作内容：制作包括选料、截配料、刨光、划线、企口卯眼等制作成型全过程；安装包括组装、钉难子等安装全过程。 计量单位：m^2

定额编号			2-7-172	2-7-173	2-7-174	2-7-175	2-7-176	2-7-177
项目			两程一串格子门扇(程厚)			两程两串格子门扇(程厚)		
			制安					
			8cm 以内	10cm 以内	10cm 以外	8cm 以内	10cm 以内	10cm 以外
名称		单位	消耗量					
人工	合计工日	工日	2.300	2.600	2.900	2.350	2.700	2.950
	木工 普工	工日	0.690	0.780	0.870	0.705	0.810	0.885
	木工 一般技工	工日	1.150	1.300	1.450	1.175	1.350	1.475
	木工 高级技工	工日	0.460	0.520	0.580	0.470	0.540	0.590
材料	松木规格料	m^3	0.0560	0.0680	0.0800	0.0560	0.0680	0.0850
	乳胶	kg	0.1300	0.1300	0.1300	0.1300	0.1300	0.1300
	其他材料费(占材料费)	%	1.00	1.00	1.00	1.00	1.00	1.00

工作内容:1. 检查、记录、加固、刮刨口缝等简单修理;
2. 拆掉、分类整理、码放及防火、防潮处理,妥善保管;
3. 拆除、修理、安装;
4. 制作包括选料、截配料、刨光、划线、企口卯眼等制作成型全过程;安装包括组装、钉难子等安装全过程。

计量单位:m^2

定额编号			2-7-178	2-7-179	2-7-180	2-7-181	2-7-182	2-7-183
项目			格子门格眼					
			四斜挑白球纹格眼(厚)					
			检查加固	拆除	拆修安	制安		
						3cm 以内	4cm 以内	4cm 以外
名称		单位	消耗量					
人工	合计工日	工日	2.200	1.100	4.200	15.000	14.400	13.800
	木工 普工	工日	0.880	0.440	1.260	4.500	4.320	4.140
	木工 一般技工	工日	1.100	0.550	2.100	7.500	7.200	6.900
	木工 高级技工	工日	0.220	0.110	0.840	3.000	2.880	2.760
材料	松木规格料	m^3	0.0002	—	0.0188	0.0670	0.0740	0.0820
	乳胶	kg	0.1500	—	0.1500	0.5600	0.5800	0.6000
	其他材料费(占材料费)	%	2.00	—	2.00	1.00	1.00	1.00

工作内容:1. 检查、记录、加固、刮刨口缝等简单修理;
2. 拆掉、分类整理、码放及防火、防潮处理,妥善保管;
3. 拆除、修理、安装;
4. 制作包括选料、截配料、刨光、划线、企口卯眼等制作成型全过程;安装包括组装、钉难子等安装全过程。

计量单位:m^2

定额编号			2-7-184	2-7-185	2-7-186	2-7-187	2-7-188	2-7-189
项目			格子门格眼					
			四斜球纹重格眼(厚)					
			检查加固	拆除	拆修安	制安		
						3cm 以内	4cm 以内	4cm 以外
	名称	单位	消耗量					
人工	合计工日	工日	2.200	1.100	4.200	15.500	14.600	14.000
	木工 普工	工日	0.880	0.440	1.260	4.650	4.380	4.200
	木工 一般技工	工日	1.100	0.550	2.100	7.750	7.300	7.000
	木工 高级技工	工日	0.220	0.110	0.840	3.100	2.920	2.800
材料	松木规格料	m^3	0.0002	—	0.0188	0.0630	0.0720	0.0790
	乳胶	kg	0.1500	—	0.1500	0.5600	0.5800	0.6000
	其他材料费(占材料费)	%	2.00	—	2.00	1.00	1.00	1.00

工作内容:1. 检查、记录、加固、刮刨口缝等简单修理;
2. 拆掉、分类整理、码放及防火、防潮处理,妥善保管;
3. 拆除、修理、安装;
4. 制作包括选料、截配料、刨光、划线、企口卯眼等制作成型全过程;安装包括组装、钉难子等安装全过程。

计量单位:m^2

定额编号			2-7-190	2-7-191	2-7-192	2-7-193	2-7-194	2-7-195
项目			格子门格眼					
			四直球纹重格眼(厚)					
			检查加固	拆除	拆修安	制安		
						3cm 以内	4cm 以内	4cm 以外
名称		单位	消耗量					
人工	合计工日	工日	2.200	1.100	4.200	10.800	10.200	9.600
	木工 普工	工日	0.880	0.440	1.260	3.240	3.060	2.880
	木工 一般技工	工日	1.100	0.550	2.100	5.400	5.100	4.800
	木工 高级技工	工日	0.220	0.110	0.840	2.160	2.040	1.920
材料	松木规格料	m^3	0.0002	—	0.0188	0.0630	0.0750	0.0820
	乳胶	kg	0.1500	—	0.1500	0.5000	0.5200	0.5600
	其他材料费(占材料费)	%	2.00	—	2.00	1.00	1.00	1.00

工作内容:1. 检查、记录、加固、刮刨口缝等简单修理;
2. 拆掉、分类整理、码放及防火、防潮处理,妥善保管;
3. 拆除、修理、安装;
4. 制作包括选料、截配料、刨光、划线、企口卯眼等制作成型全过程;安装包括组装、钉难子等安装全过程。

计量单位:m^2

定额编号			2-7-196	2-7-197	2-7-198	2-7-199	2-7-200	2-7-201
项目			格子门格眼					
			四直方格眼(厚)					
			检查加固	拆除	拆修安	制安		
						3cm 以内	4cm 以内	4cm 以外
名称		单位	消耗量					
人工	合计工日	工日	2.200	1.100	4.200	6.400	6.200	6.000
	木工 普工	工日	0.880	0.440	1.260	1.920	1.860	1.800
	木工 一般技工	工日	1.100	0.550	2.100	3.200	3.100	3.000
	木工 高级技工	工日	0.220	0.110	0.840	1.280	1.240	1.200
材料	松木规格料	m^3	0.0002	—	0.0188	0.0650	0.0730	0.0790
	乳胶	kg	0.1500	—	0.1500	0.5000	0.5200	0.5600
	其他材料费(占材料费)	%	2.00	—	2.00	1.00	1.00	1.00

三、窗　　类

工作内容：1. 检查、记录、加固、刮刨口缝等简单修理；
2. 拆掉、分类整理、码放及防火、防潮处理，妥善保管；
3. 拆除、修理、安装；
4. 制作包括选料、截配料、刨光、划线、企口卯眼等制作成型全过程；安装包括组装、钉难子等安装全过程。

计量单位：m^2

定额编号			2-7-202	2-7-203	2-7-204	2-7-205	2-7-206	2-7-207
项目			破子棂窗					
			检查加固	拆除	拆修安	制安(厚)		
						3cm 以内	6cm 以内	6cm 以外
名称		单位	消耗量					
人工	合计工日	工日	0.860	0.360	1.330	1.990	2.160	2.100
	木工 普工	工日	0.344	0.144	0.399	0.597	0.648	0.630
	木工 一般技工	工日	0.430	0.180	0.665	0.995	1.080	1.050
	木工 高级技工	工日	0.086	0.036	0.266	0.398	0.432	0.420
材料	松木规格料	m^3	0.0210	—	0.0407	0.0884	0.1152	0.1379
	乳胶	kg	0.1300	—	0.2200	0.1700	0.2200	0.2300
	其他材料费(占材料费)	%	2.00	—	2.00	1.00	1.00	1.00

工作内容：1. 检查、记录、加固、刮刨口缝等简单修理；
2. 拆掉、分类整理、码放及防火、防潮处理，妥善保管；
3. 拆除、修理、安装；
4. 制作包括选料、截配料、刨光、划线、企口卯眼等制作成型全过程；安装包括组装、钉难子等安装全过程。

计量单位：m^2

定额编号			2-7-208	2-7-209	2-7-210	2-7-211	2-7-212	2-7-213
项目			板棂窗					
			检查加固	拆除	拆修安	制安(厚)		
						2cm 以内	3cm 以内	3cm 以外
	名称	单位	消耗量					
人工	合计工日	工日	0.820	0.360	1.260	2.140	1.960	1.790
	木工 普工	工日	0.328	0.144	0.378	0.642	0.588	0.537
	木工 一般技工	工日	0.410	0.180	0.630	1.070	0.980	0.895
	木工 高级技工	工日	0.082	0.036	0.252	0.428	0.392	0.358
材料	松木规格料	m^3	0.0180	—	0.0126	0.0297	0.0320	0.0350
	乳胶	kg	0.1300	—	0.2000	0.3600	0.2300	0.2100
	其他材料费(占材料费)	%	2.00	—	2.00	1.00	1.00	1.00

工作内容：1. 检查、记录、加固、刮刨口缝等简单修理；
2. 拆掉、分类整理、码放及防火、防潮处理，妥善保管；
3. 拆除、修理、安装；
4. 制作包括选料、截配料、刨光、划线、企口卯眼等制作成型全过程；安装包括组装、钉难子等安装全过程。

计量单位：m^2

定额编号			2-7-214	2-7-215	2-7-216	2-7-217	2-7-218	2-7-219
项目			睒电窗					
			检查加固	拆除	拆修安	制安(厚)		
						2cm 以内	3cm 以内	3cm 以外
	名称	单位	消耗量					
人工	合计工日	工日	0.880	0.350	1.330	2.480	2.340	2.300
	木工 普工	工日	0.352	0.140	0.399	0.744	0.702	0.690
	木工 一般技工	工日	0.440	0.175	0.665	1.240	1.170	1.150
	木工 高级技工	工日	0.088	0.035	0.266	0.496	0.468	0.460
材料	松木规格料	m^3	0.0110	—	0.0126	0.0240	0.0280	0.0300
	乳胶	kg	0.1800	—	0.2100	0.2300	0.2300	0.2300
	其他材料费(占材料费)	%	2.00	—	2.00	1.00	1.00	1.00

工作内容：1. 检查、记录、加固、刮刨口缝等简单修理；
2. 拆掉、分类整理、码放及防火、防潮处理，妥善保管；
3. 拆除、修理、安装；
4. 制作包括选料、截配料、刨光、划线制作成型全过程；安装包括组装等安装全过程。

计量单位：个

定额编号			2-7-220	2-7-221	2-7-222	2-7-223	2-7-224
项目			阑槛钩窗坐凳				
			托柱				
			检查加固	拆除	拆修安	制安(厚)	
						5cm 以内	每增加 1cm
名称		单位	消耗量				
人工	合计工日	工日	0.100	0.080	0.160	0.360	0.090
	木工 普工	工日	0.040	0.032	0.048	0.108	0.027
	木工 一般技工	工日	0.050	0.040	0.080	0.180	0.045
	木工 高级技工	工日	0.010	0.008	0.032	0.072	0.018
材料	松木规格料	m^3	0.0012	—	0.0030	0.0120	0.0030
	乳胶	kg	0.1000	—	0.1000	0.4000	0.0700
	其他材料费(占材料费)	%	2.00	—	2.00	1.00	1.00

工作内容:1. 检查、记录、加固、刮刨口缝等简单修理;
2. 拆掉、分类整理、码放及防火、防潮处理,妥善保管;
3. 拆除、修理、安装;
4. 制作包括选料、截配料、刨光、划线制作成型全过程;安装包括组装等安装全过程。

计量单位:个

定额编号			2-7-225	2-7-226	2-7-227	2-7-228	2-7-229
项目			阑槛钩窗坐凳				
			斗子鹅项柱				
			检查加固	拆除	拆修安	制安(厚)	
						5cm 以内	每增加 1cm
名称		单位	消耗量				
人工	合计工日	工日	0.230	0.110	0.480	1.230	0.250
	木工 普工	工日	0.092	0.044	0.144	0.369	0.075
	木工 一般技工	工日	0.115	0.055	0.240	0.615	0.125
	木工 高级技工	工日	0.023	0.011	0.096	0.246	0.050
材料	松木规格料	m^3	0.0015	—	0.0032	0.0130	0.0026
	乳胶	kg	0.1000	—	0.1000	0.2000	0.0400
	其他材料费(占材料费)	%	2.00	—	2.00	1.00	1.00

工作内容:1. 检查、记录、加固、刮刨口缝等简单修理;
2. 拆掉、分类整理、码放及防火、防潮处理,妥善保管;
3. 拆除、修理、安装;
4. 制作包括选料、截配料、刨光、划线制作成型全过程;安装包括组装等安装全过程。

计量单位:m

定额编号			2-7-230	2-7-231	2-7-232	2-7-233	2-7-234
项目			阑槛钩窗坐凳				
			槛面板				
			检查加固	拆除	拆修安	制安(厚)	
						5cm 以内	每增加 1cm
名称		单位	消耗量				
人工	合计工日	工日	0.080	0.070	0.260	0.800	0.060
	木工 普工	工日	0.032	0.028	0.078	0.240	0.018
	木工 一般技工	工日	0.040	0.035	0.130	0.400	0.030
	木工 高级技工	工日	0.008	0.007	0.052	0.160	0.012
材料	松木规格料	m^3	0.0002	—	0.0030	0.0650	0.0127
	乳胶	kg	0.0300	—	0.1000	0.1000	0.0200
	其他材料费(占材料费)	%	2.00	—	2.00	1.00	1.00

工作内容:1. 检查、记录、加固、刮刨口缝等简单修理;
2. 拆掉、分类整理、码放及防火、防潮处理,妥善保管;
3. 拆除、修理、安装;
4. 制作包括选料、截配料、刨光、划线制作成型全过程;安装包括组装等安装全过程。

计量单位:m

定额编号			2-7-235	2-7-236	2-7-237	2-7-238	2-7-239
项目			阑槛钩窗坐凳				
			寻杖				
			检查加固	拆除	拆修安	制安(径)	
						8cm 以内	每增加 1cm
名称		单位	消耗量				
人工	合计工日	工日	0.070	0.050	0.100	0.120	0.015
	木工 普工	工日	0.028	0.020	0.030	0.036	0.005
	木工 一般技工	工日	0.035	0.025	0.050	0.060	0.008
	木工 高级技工	工日	0.007	0.005	0.020	0.024	0.003
材料	松木规格料	m^3	0.0005	—	0.0008	0.0083	0.0012
	乳胶	kg	0.0500	—	0.0700	0.1000	0.0150
	其他材料费(占材料费)	%	2.00	—	2.00	1.00	1.00

四、室内隔断类

工作内容:1.检查、记录、加固、刮刨口缝等简单修理;
2.拆掉、分类整理、码放及防火、防潮处理,妥善保管;
3.拆除、修理、安装。

计量单位:m

定额编号			2-7-240	2-7-241	2-7-242
项目			樣柱		
			检查加固	拆除	拆修安
名称		单位	消耗量		
人工	合计工日	工日	0.060	0.050	0.150
	木工 普工	工日	0.024	0.020	0.045
	木工 一般技工	工日	0.030	0.025	0.075
	木工 高级技工	工日	0.006	0.005	0.030
材料	松木规格料	m^3	0.0001	—	0.0002
	乳胶	kg	0.0100	—	0.0300
	圆钉	kg	0.0100	—	0.0200
	其他材料费(占材料费)	%	2.00	—	2.00

工作内容:制作包括选料、截配料、刨光、划线制作成型全过程;安装包括组装等安装全过程。

计量单位:m

定额编号			2-7-243	2-7-244	2-7-245	2-7-246	2-7-247
项目			樣柱				
			制安(见方)				
			13cm以内	15cm以内	18cm以内	20cm以内	20cm以外
名称		单位	消耗量				
人工	合计工日	工日	0.200	0.240	0.290	0.320	0.370
	木工 普工	工日	0.060	0.072	0.087	0.096	0.111
	木工 一般技工	工日	0.100	0.120	0.145	0.160	0.185
	木工 高级技工	工日	0.040	0.048	0.058	0.064	0.074
材料	锯成材	m^3	0.0192	0.0253	0.0360	0.0465	0.0607
	其他材料费(占材料费)	%	1.00	1.00	1.00	1.00	1.00

工作内容:1. 检查、记录、加固、刮刨口缝等简单修理;
2. 拆掉、分类整理、码放及防火、防潮处理,妥善保管;
3. 拆除、修理、安装;
4. 制作包括选料、截配料、刨光、划线、企口卯眼等制作成型全过程;安装包括组装、钉难子等安装全过程。

计量单位:m^2

定额编号			2-7-248	2-7-249	2-7-250	2-7-251	2-7-252
项目			截间板帐心板				
			检查加固	拆除	拆修安	制安(厚)	
						2.5cm 以内	每增加 1cm
名称		单位	消耗量				
人工	合计工日	工日	0.400	0.200	1.320	3.140	0.500
	木工 普工	工日	0.160	0.080	0.396	0.942	0.150
	木工 一般技工	工日	0.200	0.100	0.660	1.570	0.250
	木工 高级技工	工日	0.040	0.020	0.264	0.628	0.100
材料	锯成材	m^3	0.0001	—	0.0050	0.0891	0.0400
	乳胶	kg	0.0500	—	0.1000	3.0500	0.6000
	其他材料费(占材料费)	%	2.00	—	2.00	1.00	1.00

工作内容:1. 检查、记录、加固、刮刨口缝等简单修理;
2. 拆掉、分类整理、码放及防火、防潮处理,妥善保管;
3. 拆除、修理、安装;
4. 制作包括选料、截配料、刨光、划线、企口卯眼等制作成型全过程;安装包括组装、钉难子等安装全过程。

计量单位:m^2

定额编号			2-7-253	2-7-254	2-7-255	2-7-256	2-7-257
项目			照壁屏风骨				
			启闭式				
			检查加固	拆除	拆修安	制安(程宽)	
						5cm以内	每增加1cm
名称		单位	消耗量				
人工	合计工日	工日	0.800	0.350	1.930	2.820	0.120
	木工 普工	工日	0.320	0.140	0.579	0.846	0.036
	木工 一般技工	工日	0.400	0.175	0.965	1.410	0.060
	木工 高级技工	工日	0.080	0.035	0.386	0.564	0.024
材料	松木规格料	m^3	0.0050	—	0.0310	0.0664	0.0150
	乳胶	kg	0.1000	—	0.6800	0.7000	0.1400
	其他材料费(占材料费)	%	2.00	—	2.00	1.00	1.00

工作内容:1. 检查、记录、加固、刮刨口缝等简单修理;
2. 拆掉、分类整理、码放及防火、防潮处理,妥善保管;
3. 拆除、修理、安装;
4. 制作包括选料、截配料、刨光、划线、企口卯眼等制作成型全过程;安装包括组装、钉难子等安装全过程。

计量单位:m^2

定额编号			2-7-258	2-7-259	2-7-260	2-7-261	2-7-262	2-7-263	2-7-264
项目			照壁屏风骨					照壁屏风面	
			固定式					纸糊面制安	布帛面制安
			检查加固	拆除	拆修安	制安(程宽)			
						5cm以内	每增加1cm		
名称		单位	消耗量						
人工	合计工日	工日	1.100	0.500	2.150	2.900	0.120	0.100	0.120
	木工 普工	工日	0.440	0.200	0.645	0.870	0.036	0.030	0.036
	木工 一般技工	工日	0.550	0.250	1.075	1.450	0.060	0.050	0.060
	木工 高级技工	工日	0.110	0.050	0.430	0.580	0.024	0.020	0.024
材料	松木规格料	m^3	0.0050	—	0.0311	0.0733	0.1400	—	—
	乳胶	kg	0.1000	—	0.9800	0.9800	0.2000	—	—
	牛皮纸	张	—	—	—	—	—	5.0000	—
	布帛	m^2	—	—	—	—	—	—	1.2000
	其他材料费(占材料费)	%	2.00	—	2.00	1.00	1.00	1.00	1.00

五、平棊、藻井

工作内容:1. 检查、记录、加固、刮刨口缝等简单修理;

2. 拆掉、分类整理、码放及防火、防潮处理,妥善保管;

3. 拆除、修理、安装;

4. 制作包括选料、截配料、刨光、划线、企口卯眼等制作成型全过程;安装包括组装、钉难子等安装全过程。

计量单位:m^2

定额编号			2-7-265	2-7-266	2-7-267
项目			平棊		
			检查加固	拆除	拆修安
名称		单位	消耗量		
人工	合计工日	工日	0.620	0.300	1.700
	木工 普工	工日	0.248	0.120	0.510
	木工 一般技工	工日	0.310	0.150	0.850
	木工 高级技工	工日	0.062	0.030	0.340
材料	松木规格料	m^3	0.0050	—	0.0160
	乳胶	kg	0.0600	—	0.1000
	其他材料费(占材料费)	%	2.00	—	2.00

工作内容：制作包括选料、截配料、刨光、划线、企口卯眼等制作成型全过程；安装包括组装、钉难子等安装全过程。

计量单位：m

定额编号			2-7-268	2-7-269	2-7-270	2-7-271	2-7-272	2-7-273
项目			平棋					
			制安					
			桯	楅	平棋吊杆	平棋枋(高)		背板
						15cm 以下	15cm 以外	
	名称	单位	消耗量					
人工	合计工日	工日	0.160	0.120	0.120	0.160	0.180	0.140
	木工 普工	工日	0.048	0.036	0.036	0.048	0.054	0.042
	木工 一般技工	工日	0.080	0.060	0.060	0.080	0.090	0.070
	木工 高级技工	工日	0.032	0.024	0.024	0.032	0.036	0.028
材料	松木规格料	m^3	0.0104	0.0085	0.0080	0.0230	0.0250	0.0268
	乳胶	kg	0.1300	0.1100	0.1100	0.1500	0.1800	0.1800
	其他材料费(占材料费)	%	1.00	1.00	1.00	1.00	1.00	1.00

工作内容:1. 制作包括选料、截配料、刨光、划线、企口卯眼等制作成型全过程;安装包括组装、钉难子等安装全过程;
2. 检查、记录、加固、刮刨口缝等简单修理;
3. 拆掉、分类整理、码放及防火、防潮处理,妥善保管;
4. 拆除、修理、安装。

计量单位:m^2

定额编号			2-7-274	2-7-275	2-7-276	2-7-277	2-7-278
项目			藻井				
			斗槽板				
			检查加固	拆除	拆修安	制安(厚)	
						8cm 以内	每增加1cm
名称		单位	消耗量				
人工	合计工日	工日	0.520	0.200	1.160	1.820	0.020
	木工 普工	工日	0.208	0.080	0.348	0.546	0.006
	木工 一般技工	工日	0.260	0.100	0.580	0.910	0.010
	木工 高级技工	工日	0.052	0.020	0.232	0.364	0.004
材料	松木规格料	m^3	0.0080	—	0.0230	0.1150	0.0160
	乳胶	kg	0.7000	—	1.2000	1.5200	0.0050
	其他材料费(占材料费)	%	2.00	—	2.00	1.00	1.00

工作内容:1.检查、记录、加固、刮刨口缝等简单修理;
2.拆掉、分类整理、码放及防火、防潮处理,妥善保管;
3.拆除、修理、安装;
4.制作包括选料、截配料、刨光、划线、企口卯眼等制作成型全过程;安装包括组装等安装全过程。

计量单位:m^2

定额编号			2-7-279	2-7-280	2-7-281	2-7-282	2-7-283
项目			藻井				
			压厦板				
			检查加固	拆除	拆修安	制安(厚)	
						8cm厚	每增加1cm
名称		单位	消耗量				
人工	合计工日	工日	0.460	0.200	1.100	1.630	0.020
	木工 普工	工日	0.184	0.080	0.330	0.489	0.006
	木工 一般技工	工日	0.230	0.100	0.550	0.815	0.010
	木工 高级技工	工日	0.046	0.020	0.220	0.326	0.004
材料	松木规格料	m^3	0.0080	—	0.0210	0.1150	0.0160
	乳胶	kg	0.7000	—	1.2000	1.4600	0.0050
	其他材料费(占材料费)	%	2.00	—	2.00	1.00	1.00

工作内容:1. 检查、记录、加固、刮刨口缝等简单修理;
2. 拆掉、分类整理、码放及防火、防潮处理,妥善保管;
3. 拆除、修理、安装;
4. 制作包括选料、截配料、刨光、划线、企口卯眼等制作成型全过程;安装包括组装等安装全过程。

计量单位:m^2

定额编号			2-7-284	2-7-285	2-7-286	2-7-287	2-7-288
项目			藻井				
			背板				
			检查加固	拆除	拆修安	制安(厚)	
						2cm 以内	每增加 1cm
名称		单位	消耗量				
人工	合计工日	工日	0.100	0.080	0.120	0.160	0.030
	木工 普工	工日	0.040	0.032	0.036	0.048	0.009
	木工 一般技工	工日	0.050	0.040	0.060	0.080	0.015
	木工 高级技工	工日	0.010	0.008	0.024	0.032	0.006
材料	松木规格料	m^3	0.0082	—	0.0160	0.0268	0.0134
	乳胶	kg	0.1000	—	0.1800	0.1800	0.0400
	其他材料费(占材料费)	%	2.00	—	2.00	1.00	1.00

工作内容:1. 检查、记录、加固、刮刨口缝等简单修理;

2. 拆掉、分类整理、码放及防火、防潮处理,妥善保管;

3. 拆除、修理、安装;

4. 制作包括选料、截配料、刨光、划线、企口卯眼、解弯等制作成型全部过程;安装包括组装等安装全过程。

计量单位:m

定额编号			2-7-289	2-7-290	2-7-291	2-7-292	2-7-293
项目			藻井				
			阳马				
			检查加固	拆除	拆修安	制安(厚)	
						8cm	每增加1cm
名称		单位	消耗量				
人工	合计工日	工日	0.090	0.070	0.120	0.190	0.010
	木工 普工	工日	0.036	0.028	0.036	0.057	0.003
	木工 一般技工	工日	0.045	0.035	0.060	0.095	0.005
	木工 高级技工	工日	0.009	0.007	0.024	0.038	0.002
材料	松木规格料	m^3	0.0026	—	0.0064	0.0136	0.0018
	乳胶	kg	0.0700	—	0.1000	0.1000	0.0300
	其他材料费(占材料费)	%	2.00	—	2.00	1.00	1.00

工作内容:1. 检查、加固;
2. 拆除;
3. 拆除、修理、安装;
4. 成品安装。

计量单位:个

定额编号			2-7-294	2-7-295	2-7-296	2-7-297	2-7-298
项目			藻井				
			明镜				
			检查加固	拆除	拆修安	安装(径)	
						60cm 以内	60cm 以外
名称		单位	消耗量				
人工	合计工日	工日	0.420	0.220	0.950	1.260	1.480
	木工 普工	工日	0.168	0.088	0.285	0.378	0.444
	木工 一般技工	工日	0.210	0.110	0.475	0.630	0.740
	木工 高级技工	工日	0.042	0.022	0.190	0.252	0.296
材料	松木规格料	m^3	0.0092	—	0.0220	0.0650	0.0780
	乳胶	kg	0.5000	—	1.2000	1.5600	1.6900
	其他材料费(占材料费)	%	2.00	—	2.00	1.00	1.00

工作内容:1. 检查、记录、加固、刮刨口缝等简单修理;
2. 拆掉、分类整理、码放及防火、防潮处理,妥善保管;
3. 拆除、修理、安装;
4. 制作包括选料、截配料、刨光、划线、企口卯眼等制作成型全过程;安装包括组装等安装全过程。

计量单位:个

定额编号			2-7-299	2-7-300	2-7-301	2-7-302
项目			藻井			
			帐杆			
			检查加固	拆除	拆修安	制安
名称		单位	消耗量			
人工	合计工日	工日	0.600	0.300	1.220	1.650
	木工 普工	工日	0.240	0.120	0.366	0.495
	木工 一般技工	工日	0.300	0.150	0.610	0.825
	木工 高级技工	工日	0.060	0.030	0.244	0.330
材料	松木规格料	m^3	0.0036	—	0.0720	0.3260
	乳胶	kg	0.8000	—	2.0000	2.3000
	其他材料费(占材料费)	%	2.00	—	2.00	1.00

六、室外障隔类

工作内容：1. 检查、记录、加固、刮刨口缝等简单修理；
2. 拆掉、分类整理、码放及防火、防潮处理，妥善保管；
3. 拆除、修理、安装；
4. 制作包括选料、截配料、刨光、划线、企口卯眼等制作成型全过程；安装包括组装等安装全过程。

计量单位：m^2

定额编号			2-7-303	2-7-304	2-7-305	2-7-306	2-7-307	2-7-308	2-7-309
项目			叉子						
			检查加固	拆除	拆修安	制安			
						有地栿		无地栿	
						棂子为笏头	棂子为云头	棂子为笏头	棂子为云头
名称		单位	消耗量						
人工	合计工日	工日	0.260	0.120	2.560	3.360	4.160	3.020	3.970
	木工 普工	工日	0.104	0.048	0.768	1.008	1.248	0.906	1.191
	木工 一般技工	工日	0.130	0.060	1.280	1.680	2.080	1.510	1.985
	木工 高级技工	工日	0.026	0.012	0.512	0.672	0.832	0.604	0.794
材料	松木规格料	m^3	0.0020	—	0.0150	0.1100	0.1220	0.6250	0.6250
	乳胶	kg	0.3000	—	1.8500	1.8500	1.8500	1.6300	1.6300
	其他材料费(占材料费)	%	2.00	—	2.00	1.00	1.00	1.00	1.00

工作内容:1. 检查、记录、加固、刮刨口缝等简单修理;
2. 拆掉、分类整理、码放及防火、防潮处理,妥善保管;
3. 拆除、修理、安装;
4. 制作包括选料、截配料、刨光、划线、企口卯眼等制作成型全过程;安装包括组装等安装全过程。

计量单位:m^2

定额编号			2-7-310	2-7-311	2-7-312	2-7-313
项目			卧棂造钩阑			
			检查加固	拆除	拆修安	制安
名称		单位	消耗量			
人工	合计工日	工日	0.560	0.300	3.260	8.200
	木工 普工	工日	0.224	0.120	0.978	2.460
	木工 一般技工	工日	0.280	0.150	1.630	4.100
	木工 高级技工	工日	0.056	0.030	0.652	1.640
材料	松木规格料	m^3	0.0022	—	0.0760	0.1350
	乳胶	kg	0.5000	—	0.1200	0.2800
	其他材料费(占材料费)	%	2.00	—	2.00	1.00

工作内容:1. 检查、记录、加固、刮刨口缝等简单修理;
2. 拆掉、分类整理、码放及防火、防潮处理,妥善保管;
3. 拆除、修理、安装;
4. 制作包括选料、截配料、刨光、划线、企口卯眼等制作成型全过程;安装包括组装等安装全过程。

计量单位:m^2

定额编号			2-7-314	2-7-315	2-7-316	2-7-317
项目			万字、钩片单钩造钩阑			
			检查加固	拆除	拆修安	制安
名称		单位	消耗量			
人工	合计工日	工日	0.600	0.300	3.400	9.310
	木工 普工	工日	0.240	0.120	1.020	2.793
	木工 一般技工	工日	0.300	0.150	1.700	4.655
	木工 高级技工	工日	0.060	0.030	0.680	1.862
材料	松木规格料	m^3	0.0026	—	0.0062	0.1360
	乳胶	kg	0.5000	—	0.1200	0.3200
	其他材料费(占材料费)	%	2.00	—	2.00	1.00

工作内容:1. 检查、记录、加固、刮刨口缝等简单修理;
2. 拆掉、分类整理、码放及防火、防潮处理,妥善保管;
3. 拆除、修理、安装;
4. 制作包括选料、截配料、刨光、划线、企口卯眼等制作成型全过程;安装包括组装等安装全过程。

定额编号			2-7-318	2-7-319	2-7-320	2-7-321	2-7-322	2-7-323
项目			重台钩阑				普通望柱	带兽头望柱
			检查加固	拆除	拆修安	制安		
单位			m²	m²	m²	m²	m³	m³
名称		单位	消耗量					
人工	合计工日	工日	0.730	0.350	4.200	10.640	54.000	90.000
	木工 普工	工日	0.292	0.140	1.260	3.192	16.200	27.000
	木工 一般技工	工日	0.365	0.175	2.100	5.320	27.000	45.000
	木工 高级技工	工日	0.073	0.035	0.840	2.128	10.800	18.000
材料	松木规格料	m^3	0.0030	—	0.0070	0.1578	1.1700	1.1700
	乳胶	kg	0.2300	—	0.1200	0.3200	3.2500	3.2500
	其他材料费(占材料费)	%	2.00	—	2.00	1.00	1.00	1.00

第八章　抹 灰 工 程

说 明

一、本章定额包括铲灰皮及修补抹灰面、抹灰两节,共10个子目。

二、修补抹灰面不分墙体位置,均执行同一定额。

三、修补抹灰面定额适用于单片墙面局部补抹的情况,若单片墙(每面墙可由柱门、枋、梁等分割成若干单片)整体铲抹时,应执行铲灰皮和抹灰定额。

四、修补抹灰面及抹灰定额均已考虑梁底、柱门抹八字线角,门窗洞口抹灰角等因素。

工程量计算规则

一、铲灰皮、修补抹灰面均按实际铲、修补面积累计计算。

二、抹灰工程量均以建筑物结构尺寸计算，不扣除柱门、0.3m^2 以内孔洞口所占面积，扣除 0.3m^2 以外门窗洞口及孔洞所占面积，其内侧壁按展开面积计入抹灰工程量。

一、铲灰皮及修补抹灰面

工作内容：铲除空鼓灰皮、清理基层、基层浸水、重新抹灰及清理废弃物。　　**计量单位：**m^2

定额编号			2-8-1	2-8-2	2-8-3	2-8-4	2-8-5
项目			铲灰皮	修补抹灰面			
				红灰	青灰	黄灰	破灰
名称		单位	消耗量				
人工	合计工日	工日	0.040	0.240	0.250	0.250	0.260
	瓦工 普工	工日	0.012	0.072	0.075	0.075	0.078
	瓦工 一般技工	工日	0.024	0.144	0.150	0.150	0.156
	瓦工 高级技工	工日	0.004	0.024	0.025	0.025	0.026
材料	深月白小麻刀灰	m^3	—	—	0.0220	—	—
	红小麻刀灰	m^3	—	0.0220	—	—	—
	黄小麻刀灰	m^3	—	—	—	0.0220	—
	麦草泥	kg	—	9.1700	9.1700	9.1700	12.1700
	其他材料费(占材料费)	%	—	2.00	2.00	2.00	2.00

二、抹　　灰

工作内容：找平、抹中泥、抹细泥、抹石灰泥、收压。　　**计量单位：**m^2

定额编号			2-8-6	2-8-7	2-8-8	2-8-9	2-8-10
项目			红灰	青灰	黄灰	破灰	栽麻绒
名称		单位	消耗量				
人工	合计工日	工日	0.140	0.160	0.140	0.140	0.160
	瓦工 普工	工日	0.042	0.048	0.042	0.042	0.048
	瓦工 一般技工	工日	0.084	0.096	0.084	0.084	0.096
	瓦工 高级技工	工日	0.014	0.016	0.014	0.014	0.016
材料	深月白小麻刀灰	m^3	—	0.0190	—	—	—
	红小麻刀灰	m^3	0.0190	—	—	—	—
	黄小麻刀灰	m^3	—	—	0.0190	—	—
	麦草泥	kg	6.1700	6.1700	6.1700	8.1700	—
	麻刀	kg	—	—	—	—	8.1700
	其他材料费(占材料费)	%	1.00	1.00	1.00	1.00	1.00

第九章　彩 画 工 程

说　　明

一、本章包括五彩遍装彩画、碾玉装彩画、叠晕棱间装彩画、解绿装饰、丹粉刷饰五节，共70个子目。

二、统一性规定及说明：

1. 本册定额未列衬地子目，发生时按照明清定额中的地仗相应子目执行。

2. 宋式彩画按法式制度和施工常用编列了五彩遍装彩画、碾玉装彩画、叠晕棱间装彩画、解绿装饰、丹粉刷饰，其花纹和用色制度如下：

(1)五彩遍装彩画：

①椽头：

四出：深色在外，向内叠晕，图案为中间向四个方向伸出。

出焰明珠：青地、青缘道，缘道内为绿色叠晕环，环内为青色圆形图案，圆形中心为黄、红色组成的出焰明珠，青圆图案与缘道间有黄间红十字线条。

叠晕莲花：包括红地叠晕、青地叠晕。红地叠晕莲花圆椽头；红地绿色叠晕花瓣和花心，花为重瓣；青地叠晕莲花为青地绿花，纹样同红地叠晕莲花。

叠晕宝珠：类似于清式虎眼，有绿色(或青色)叠晕圆相叠组成。

簇七车钏明珠：青地、黑缘道，用黑线将青地分为六块，每块内各一红色小明珠，中心为黄红色组成的较大明珠。

②椽身：做通用六等花，或用青、绿、红地做团科；白地外用浅色，白地内随瓣之方环描画，用五彩浅色间装。

③大木：

a. 花纹类：

花纹：包括海石榴花、宝相华、莲荷花、宝牙花、太平花、牡丹花等。

团科：合子及纹类，包括团科宝照，圈头合子、玛瑙地、方胜合罗、豹脚合晕、莲珠合晕，团科柿蒂、鱼鳞旗脚、玻璃地等。

b. 琐纹类：

环纹：包括联环、密环、叠环、方环。

纹锦：包括罗地龟纹、六出龟纹、篫纹、金锭、银锭、六出、四出等。

曲水：包括万字、四斗底、单双钥匙头、丁字、二字、天字、香印等。

c. 飞仙及飞走：包括仕女、飞仙、嫔伽、共命鸟、凤、鸾、孔雀、仙鹤、鹦鹉等。

④五彩平棋：平棋为绿地、中间斗六藻井为白地。平棋边框为绿地连续枋心，枋心为灰色框，中为白色，中心为绿、黄、红连续花纹。枋心间夹黄、红叠晕桃花。紧接平棋边框为红晕缘道、缘道内为红绿相间柿蒂花，柿蒂花内为绿晕方缘道，缘道内四角为绿色蝉形花纹，斗六平棋内为青绿菱形带枝花，相间红缘晕青色柿蒂花，平棋心为青绿晕菱形卷枝花夹以带枝菊花。

⑤铺作：

栌斗：正反面为青地(或绿地)画红晕卷枝牡丹，上下及侧面为红色油漆，散斗、齐心斗、交互斗等同。

栱：正反面为绿地红晕卷枝花，叶为青或黄色，其余仍为红色。

(2)碾玉装彩画：图案基本同五彩遍装，但只用青绿晕填绘花纹。

(3)叠晕棱间装彩画：用青绿二色做大木构架边缘色，起三晕，身内作青、绿素色或仅有简单图案(再添一道红晕道者称三晕带红棱间装)。

(4)解绿装饰：大木构件通刷土黄或土红，间画图案或花卉，用青、绿二晕缘道。

(5)丹粉刷饰：土红通刷木构件，画白缘道。

工程量计算规则

一、连檐瓦口以大连檐长乘以大连檐下楞至瓦口尖全高，按“m^2”计算。

二、椽头以大连檐长度乘以椽头竖向高度，按“m^2”计算，檐椽头不再重复计算。

三、椽望油漆包括小连檐、闸挡板及大连檐下皮在内，以屋面面积乘以系数 2 按“m^2”计算，椽子不再展开计算，但椽身彩画另按彩画面积计算。

四、上架大木均以展开面积，以“m^2”为单位计算工程量。

五、铺作以展开面积以“m^2”为单位计算工程量，单色油漆工料已做了综合考虑，不需分别计算。

六、栱眼壁按实际彩画面积以“m^2”为单位计算。

七、平棋平暗彩画以平面投影面积计算工程量，盝顶平暗以斜投影面积计算工程量。

八、下架大木均以展开面积，以“m^2”为单位计算工程量。

铺作面积展开表

铺作类别			包括铺作各构件正面、底面、侧面，不包括撩檐枋、罗汉枋、柱头枋、栱眼壁										
			展开面类别	一等材	二等材	三等材	四等材	五等材	六等材	七等材	未入等	八等材	未入等
材份尺寸(寸)				9×6	8.25×5.5	7.5×5	7.2×4.8	6.6×4.4	6×4	5.25×3.5	5×3.3	4.5×3	1.8×1.2
材份尺寸(mm)				288×192	256×176	240×160	230.4×153.6	211.2×140.8	192×128	168×112	160×105.6	144×96	57.6×38.4
计心造	单栱		画面	1.532	1.287	1.064	0.980	0.824	0.681	0.521	0.468	0.383	0.061
			掏里	0.266	0.223	0.184	0.170	0.143	0.118	0.090	0.081	0.066	0.011
	重栱		画面	2.984	2.508	2.072	1.910	1.605	1.326	1.015	0.912	0.746	0.119
			掏里	0.647	0.544	0.449	0.414	0.348	0.288	0.220	0.198	0.162	0.026
	丁头栱		画面	0.711	0.597	0.494	0.455	0.382	0.316	0.242	0.217	0.178	0.028
			掏里	0.104	0.087	0.072	0.066	0.056	0.046	0.035	0.032	0.026	0.004
	丁华抹颏栱		画面	3.258	2.737	2.262	2.085	1.752	1.448	1.109	0.995	0.814	0.130
			掏里	0.405	0.340	0.281	0.259	0.218	0.180	0.138	0.124	0.101	0.016
	单斗只替	补间	画面	2.640	2.218	1.833	1.690	1.420	1.173	0.898	0.807	0.660	0.106
			掏里	0.199	0.167	0.138	0.127	0.107	0.089	0.068	0.061	0.050	0.008
		柱头	画面	2.171	1.824	1.508	1.390	1.168	0.965	0.739	0.663	0.543	0.087
			掏里	0.214	0.180	0.148	0.137	0.115	0.095	0.073	0.065	0.053	0.009
		转角	画面	3.432	2.884	2.383	2.196	1.846	1.525	1.168	1.049	0.858	0.137
			掏里	0.239	0.201	0.166	0.153	0.129	0.106	0.081	0.073	0.060	0.010
	斗口跳	补间	画面	3.430	2.882	2.382	2.195	1.845	1.525	1.167	1.048	0.858	0.137
			掏里	0.344	0.289	0.239	0.220	0.185	0.153	0.117	0.105	0.086	0.014
		柱头	画面	2.444	2.053	1.697	1.564	1.314	1.086	0.831	0.747	0.611	0.098
			掏里	0.489	0.411	0.340	0.313	0.263	0.217	0.166	0.149	0.122	0.020
		转角	画面	5.727	4.812	3.977	3.665	3.080	2.545	1.949	1.750	1.432	0.229
			掏里	0.584	0.491	0.405	0.374	0.314	0.260	0.199	0.178	0.146	0.023
	把头绞项造	补间	画面	3.031	2.547	2.105	1.940	1.630	1.347	1.031	0.926	0.758	0.121
			掏里	0.344	0.289	0.239	0.220	0.185	0.153	0.117	0.105	0.086	0.014
		柱头	画面	2.017	1.695	1.400	1.291	1.085	0.896	0.686	0.616	0.504	0.081
			掏里	0.344	0.289	0.239	0.220	0.185	0.153	0.117	0.105	0.086	0.014
		转角	画面	5.434	4.566	3.773	3.478	2.922	2.415	1.849	1.660	1.358	0.217
			掏里	0.389	0.327	0.270	0.249	0.209	0.173	0.132	0.119	0.097	0.016
	四铺作外插昂	补间	画面	9.747	8.190	6.768	6.238	5.241	4.332	3.317	2.978	2.437	0.390
			掏里	1.398	1.175	0.971	0.895	0.752	0.622	0.476	0.427	0.350	0.056
		柱头	画面	8.003	6.725	5.558	5.122	4.304	3.557	2.723	2.445	2.001	0.320
			掏里	0.631	0.530	0.438	0.404	0.339	0.280	0.215	0.193	0.158	0.025
		转角	画面	16.098	13.527	11.179	10.303	8.657	7.155	5.478	4.919	4.024	0.644
			掏里	6.554	5.508	4.552	4.195	3.525	2.913	2.230	2.003	1.639	0.262

续表

铺作类别			包括铺作各构件正面、底面、侧面，不包括撩檐枋、罗汉枋、柱头枋、栱眼壁										
			展开面类别	一等材	二等材	三等材	四等材	五等材	六等材	七等材	未入等	八等材	未入等
材份尺寸(寸)				9×6	8.25×5.5	7.5×5	7.2×4.8	6.6×4.4	6×4	5.25×3.5	5×3.3	4.5×3	1.8×1.2
材份尺寸(mm)				288×192	256×176	240×160	230.4×153.6	211.2×140.8	192×128	168×112	160×105.6	144×96	57.6×38.4
计心造	四铺作里外出单杪	补间	画面	12.245	10.290	8.504	7.837	6.585	5.442	4.167	3.742	3.061	0.490
			掏里	2.284	1.919	1.586	1.461	1.228	1.015	0.777	0.698	0.571	0.091
		柱头	画面	10.209	8.578	7.090	6.534	5.490	4.537	3.474	3.119	2.552	0.408
			掏里	0.535	0.450	0.372	0.342	0.288	0.238	0.182	0.163	0.134	0.021
		转角	画面	17.133	14.396	11.898	10.965	9.214	7.615	5.830	5.235	4.283	0.685
			掏里	4.316	3.627	2.997	2.762	2.321	1.918	1.469	1.319	1.079	0.173
	五铺作重栱出单杪单下昂，里转五铺作重栱出双杪，并计心	补间	画面	23.842	20.034	16.557	15.259	12.822	10.596	8.113	7.285	5.960	0.954
			掏里	10.031	8.428	6.966	6.420	5.394	4.458	3.413	3.065	2.508	0.401
		柱头	画面	16.713	14.043	11.606	10.696	8.988	7.428	5.687	5.107	4.178	0.669
			掏里	5.229	4.394	3.631	3.347	2.812	2.324	1.779	1.598	1.307	0.209
		转角	画面	30.331	25.487	21.063	19.412	16.311	13.481	10.321	9.268	7.583	1.213
			掏里	17.277	14.517	11.998	11.057	9.291	7.679	5.879	5.279	4.319	0.691
	六铺作重栱出单杪双下昂，里转五铺作重栱出双杪，并计心	补间	画面	20.686	17.382	14.365	13.239	11.124	9.194	7.039	6.321	5.171	0.827
			掏里	11.437	9.610	7.943	7.320	6.151	5.083	3.892	3.495	2.859	0.457
		柱头	画面	13.912	11.690	9.661	8.904	7.481	6.183	4.734	4.251	3.478	0.556
			掏里	9.030	7.588	6.271	5.779	4.856	4.013	3.073	2.759	2.257	0.361
		转角	画面	38.957	32.735	27.053	24.932	20.950	17.314	13.256	11.904	9.739	1.558
			掏里	29.172	24.513	20.258	18.670	15.688	12.965	9.927	8.914	7.293	1.167
	七铺作重栱出双杪双下昂，里转六铺作重栱出三杪，并计心	补间	画面	21.830	18.343	15.159	13.971	11.739	9.702	7.428	6.670	5.457	0.873
			掏里	17.152	14.413	11.911	10.978	9.224	7.623	5.837	5.241	4.288	0.686
		柱头	画面	20.661	17.361	14.348	13.223	11.111	9.183	7.030	6.313	5.165	0.826
			掏里	13.210	11.100	9.173	8.454	7.104	5.871	4.495	4.036	3.302	0.528
		转角	画面	53.791	45.199	37.355	34.426	28.928	23.907	18.304	16.436	13.448	2.152
			掏里	42.570	35.771	29.563	27.245	22.893	18.920	14.486	13.008	10.643	1.703
	八铺作重栱出双杪三下昂，里转六铺作重栱出三杪，并计心	补间	画面	28.521	23.966	19.806	18.253	15.338	12.676	9.705	8.715	7.130	1.141
			掏里	21.519	18.082	14.943	13.772	11.572	9.564	7.322	6.575	5.380	0.861
		柱头	画面	23.977	20.148	16.651	15.346	12.894	10.657	8.159	7.326	5.994	0.959
			掏里	20.199	16.973	14.027	12.927	10.863	8.977	6.873	6.172	5.050	0.808
		转角	画面	56.110	47.148	38.965	35.910	30.174	24.938	19.093	17.145	14.027	2.244
			掏里	57.310	48.156	39.798	36.678	30.820	25.471	19.501	17.511	14.327	2.292

续表

铺作类别		包括铺作各构件正面、底面、侧面，不包括撩檐枋、罗汉枋、柱头枋、栱眼壁											
		展开面类别		一等材	二等材	三等材	四等材	五等材	六等材	七等材	未入等	八等材	未入等
材份尺寸(寸)				9×6	8.25×5.5	7.5×5	7.2×4.8	6.6×4.4	6×4	5.25×3.5	5×3.3	4.5×3	1.8×1.2
材份尺寸(mm)				288×192	256×176	240×160	230.4×153.6	211.2×140.8	192×128	168×112	160×105.6	144×96	57.6×38.4
偷心造	四铺作单栱出单杪，内偷心	补间	画面	9.549	8.023	6.631	6.111	5.135	4.244	3.249	2.918	2.387	0.382
			掏里	1.756	1.476	1.220	1.124	0.945	0.781	0.598	0.537	0.439	0.070
		柱头	画面	5.880	4.941	4.083	3.763	3.162	2.613	2.001	1.797	1.470	0.235
			掏里	0.289	0.243	0.200	0.185	0.155	0.128	0.098	0.088	0.072	0.012
		转角	画面	18.163	15.262	12.613	11.624	9.768	8.072	6.180	5.550	4.541	0.727
			掏里	4.465	3.752	3.101	2.858	2.401	1.985	1.519	1.364	1.116	0.179
	四铺作重栱出单下昂，内出单杪偷心	补间	画面	9.659	8.116	6.708	6.182	5.195	4.293	3.287	2.951	2.415	0.386
			掏里	1.762	1.480	1.223	1.128	0.947	0.783	0.599	0.538	0.440	0.070
		柱头	画面	5.998	5.040	4.165	3.838	3.225	2.666	2.041	1.833	1.499	0.240
			掏里	0.289	0.243	0.200	0.185	0.155	0.128	0.098	0.088	0.072	0.012
		转角	画面	18.396	15.457	12.775	11.773	9.893	8.176	6.260	5.621	4.599	0.736
			掏里	4.465	3.752	3.101	2.858	2.401	1.985	1.519	1.364	1.116	0.179
	五铺作重栱出单杪单下昂，内出双杪偷心	补间	画面	15.447	12.980	10.727	9.886	8.307	6.865	5.256	4.720	3.862	0.618
			掏里	4.326	3.635	3.004	2.769	2.326	1.923	1.472	1.322	1.082	0.173
		柱头	画面	9.337	7.845	6.484	5.975	5.021	4.150	3.177	2.853	2.334	0.373
			掏里	5.074	4.263	3.523	3.247	2.728	2.255	1.726	1.550	1.268	0.203
		转角	画面	29.288	24.610	20.339	18.744	15.750	13.017	9.966	8.949	7.322	1.172
			掏里	20.008	16.812	13.894	12.805	10.760	8.892	6.808	6.113	5.002	0.800
	六铺作重栱出双杪单下昂一二跳偷心，内出三杪逐跳偷心	补间	画面	20.013	16.816	13.898	12.808	10.762	8.895	6.810	6.115	5.003	0.801
			掏里	2.767	2.325	1.922	1.771	1.488	1.230	0.942	0.846	0.692	0.111
		柱头	画面	14.294	12.011	9.926	9.148	7.687	6.353	4.864	4.368	3.574	0.572
			掏里	2.711	2.278	1.883	1.735	1.458	1.205	0.923	0.828	0.678	0.108
		转角	画面	37.526	31.533	26.060	24.017	20.181	16.678	12.769	11.466	9.382	1.501
			掏里	9.596	8.063	6.664	6.141	5.160	4.265	3.265	2.932	2.399	0.384
	七铺作单栱出双杪双下昂，里转六铺作出三杪内外一跳偷心	补间	画面	22.498	18.904	15.623	14.398	12.099	9.999	7.655	6.874	5.624	0.900
			掏里	8.812	7.404	6.119	5.640	4.739	3.916	2.998	2.693	2.203	0.352
		柱头	画面	20.691	17.386	14.368	13.242	11.127	9.196	7.041	6.322	5.173	0.828
			掏里	4.815	4.046	3.343	3.081	2.589	2.140	1.638	1.471	1.204	0.193
		转角	画面	56.441	47.426	39.195	36.122	30.353	25.085	19.206	17.246	14.110	2.258
			掏里	12.436	10.449	8.636	7.959	6.688	5.527	4.232	3.800	3.109	0.497
	八铺作单栱出双杪三下昂，里转六铺作出三杪逐跳偷心	补间	画面	26.920	22.620	18.694	17.229	14.477	11.964	9.160	8.226	6.730	1.077
			掏里	6.933	5.826	4.815	4.437	3.729	3.082	2.359	2.119	1.733	0.277
		柱头	画面	25.409	21.350	17.645	16.262	13.664	11.293	8.646	7.764	6.352	1.016
			掏里	5.928	4.981	4.117	3.794	3.188	2.635	2.017	1.811	1.482	0.237
		转角	画面	68.058	57.188	47.263	43.557	36.600	30.248	23.159	20.796	17.015	2.722
			掏里	14.258	11.980	9.901	9.125	7.667	6.337	4.852	4.356	3.564	0.570

续表

铺作类别			展开面类别	一等材	二等材	三等材	四等材	五等材	六等材	七等材	未入等	八等材	未入等
				包括铺作各构件正面、底面、侧面，不包括撩檐枋、罗汉枋、柱头枋、栱眼壁									
材份尺寸(寸)				9×6	8.25×5.5	7.5×5	7.2×4.8	6.6×4.4	6×4	5.25×3.5	5×3.3	4.5×3	1.8×1.2
材份尺寸(mm)				288×192	256×176	240×160	230.4×153.6	211.2×140.8	192×128	168×112	160×105.6	144×96	57.6×38.4
偷心造	五铺作重栱出双杪，内出单杪单上昂并计心	补间	画面	14.141	11.883	9.820	9.051	7.605	6.285	4.812	4.321	3.535	0.566
			掏里	9.128	7.670	6.339	5.842	4.909	4.057	3.106	2.789	2.282	0.365
		柱头	画面	14.512	12.194	10.078	9.287	7.804	6.450	4.938	4.434	3.628	0.580
			掏里	7.439	6.251	5.166	4.761	4.001	3.306	2.531	2.273	1.860	0.298
		转角	画面	20.268	17.031	14.075	12.972	10.900	9.008	6.897	6.193	5.067	0.811
			掏里	14.017	11.778	9.734	8.971	7.538	6.230	4.770	4.283	3.504	0.561
	六铺作重栱出三杪，内出双杪单上昂偷心，跳内当中施骑斗栱	补间	画面	19.633	16.497	13.634	12.565	10.558	8.726	6.681	5.999	4.908	0.785
			掏里	11.928	10.023	8.283	7.634	6.415	5.301	4.059	3.645	2.982	0.477
		柱头	画面	17.717	14.887	12.303	11.339	9.528	7.874	6.029	5.413	4.429	0.709
			掏里	10.597	8.904	7.359	6.782	5.699	4.710	3.606	3.238	2.649	0.424
		转角	画面	45.271	38.040	31.438	28.973	24.346	20.120	15.405	13.833	11.318	1.811
			掏里	25.319	21.275	17.583	16.204	13.616	11.253	8.615	7.736	6.330	1.013
	七铺作重栱出三杪，内出双杪双上昂偷心，跳内当中施骑斗栱	补间	画面	21.267	17.870	14.769	13.611	11.437	9.452	7.237	6.498	5.317	0.851
			掏里	13.230	11.117	9.188	8.467	7.115	5.880	4.502	4.043	3.308	0.529
		柱头	画面	21.516	18.079	14.942	13.770	11.571	9.563	7.321	6.574	5.379	0.861
			掏里	12.161	10.219	8.445	7.783	6.540	5.405	4.138	3.716	3.040	0.486
		转角	画面	42.123	35.395	29.252	26.959	22.653	18.721	14.333	12.871	10.531	1.685
			掏里	30.132	25.319	20.925	19.284	16.204	13.392	10.253	9.207	7.533	1.205
	八铺作重栱出三杪，内出三杪双上昂偷心，跳内当中施骑斗栱	补间	画面	17.549	14.746	12.187	11.231	9.438	7.800	5.972	5.362	4.387	0.702
			掏里	7.807	6.560	5.421	4.996	4.198	3.470	2.656	2.385	1.952	0.312
		柱头	画面	17.549	14.746	12.187	11.231	9.438	7.800	5.972	5.362	4.387	0.702
			掏里	7.807	6.560	5.421	4.996	4.198	3.470	2.656	2.385	1.952	0.312
		转角	画面	49.057	41.222	34.068	31.397	26.382	21.803	16.693	14.990	12.264	1.962
			掏里	27.774	23.338	19.288	17.775	14.936	12.344	9.451	8.487	6.944	1.111

续表

铺作类别			展开面类别	一等材	二等材	三等材	四等材	五等材	六等材	七等材	未入等	八等材	未入等
				包括铺作各构件正面、底面、侧面，不包括撩檐枋、罗汉枋、柱头枋、栱眼壁									
材份尺寸(寸)				9×6	8.25×5.5	7.5×5	7.2×4.8	6.6×4.4	6×4	5.25×3.5	5×3.3	4.5×3	1.8×1.2
材份尺寸(mm)				288×192	256×176	240×160	230.4×153.6	211.2×140.8	192×128	168×112	160×105.6	144×96	57.6×38.4
平座	四铺作出卷头壁内重栱，并计心	补间	画面	6.557	5.510	4.554	4.197	3.526	2.914	2.231	2.004	1.639	0.262
			掏里	1.787	1.501	1.241	1.144	0.961	0.794	0.608	0.546	0.447	0.071
		柱头	画面	6.557	5.510	4.554	4.197	3.526	2.914	2.231	2.004	1.639	0.262
			掏里	1.787	1.501	1.241	1.144	0.961	0.794	0.608	0.546	0.447	0.071
		转角	画面	14.022	11.782	9.737	8.974	7.540	6.232	4.771	4.284	3.505	0.561
			掏里	6.617	5.561	4.595	4.235	3.559	2.941	2.252	2.022	1.654	0.265
	五铺作重栱出双杪卷头，并计心	补间	画面	8.989	7.553	6.242	5.753	4.834	3.995	3.059	2.746	2.247	0.360
			掏里	4.104	3.449	2.850	2.627	2.207	1.824	1.397	1.254	1.026	0.164
		柱头	画面	8.989	7.553	6.242	5.753	4.834	3.995	3.059	2.746	2.247	0.360
			掏里	4.104	3.449	2.850	2.627	2.207	1.824	1.397	1.254	1.026	0.164
		转角	画面	18.500	15.545	12.847	11.840	9.949	8.222	6.295	5.653	4.625	0.740
			掏里	14.074	11.826	9.773	9.007	7.568	6.255	4.789	4.300	3.518	0.563
	六铺作重栱出三杪卷头，并计心	补间	画面	13.475	11.323	9.358	8.624	7.247	5.989	4.585	4.117	3.369	0.539
			掏里	8.983	7.549	6.238	5.749	4.831	3.993	3.057	2.745	2.246	0.359
		柱头	画面	13.475	11.323	9.358	8.624	7.247	5.989	4.585	4.117	3.369	0.539
			掏里	8.983	7.549	6.238	5.749	4.831	3.993	3.057	2.745	2.246	0.359
		转角	画面	30.775	25.860	21.372	19.696	16.550	13.678	10.472	9.404	7.694	1.231
			掏里	25.178	21.156	17.484	16.114	13.540	11.190	8.567	7.693	6.294	1.007
	七铺作重栱出四杪卷头，并计心	补间	画面	15.979	13.427	11.096	10.226	8.593	7.102	5.437	4.882	3.995	0.639
			掏里	10.881	9.143	7.556	6.964	5.851	4.836	3.702	3.325	2.720	0.435
		柱头	画面	15.979	13.427	11.096	10.226	8.593	7.102	5.437	4.882	3.995	0.639
			掏里	10.881	9.143	7.556	6.964	5.851	4.836	3.702	3.325	2.720	0.435
		转角	画面	47.805	40.169	33.198	30.595	25.708	21.247	16.267	14.607	11.951	1.912
			掏里	77.372	65.014	53.730	49.518	41.609	34.387	26.328	23.641	19.343	3.095

一、五彩遍装彩画

工作内容：扎谱子，衬色，按图谱分别布色、填色、叠晕、描线、压线等。 **计量单位：**m²

定额编号			2-9-1	2-9-2	2-9-3	2-9-4	2-9-5
项目			椽头				
			四出	出焰明珠	叠晕莲花	叠晕宝珠	簇七车钏明珠
名称		单位	消耗量				
人工	合计工日	工日	2.550	2.610	2.728	2.340	2.340
	油画工 普工	工日	0.255	0.261	0.273	0.234	0.234
	油画工 一般技工	工日	1.275	1.305	1.364	1.170	1.170
	油画工 高级技工	工日	1.020	1.044	1.091	0.936	0.936
材料	铅粉	kg	0.1700	0.1100	0.1200	—	0.1100
	石黄	kg	0.0500	—	—	—	0.0030
	黄丹粉	kg	—	0.0020	—	—	—
	紫粉	kg	—	—	—	0.1200	—
	银朱	kg	0.0100	0.0300	—	0.0300	0.0200
	巴黎绿	kg	0.0100	0.0600	0.1700	0.1700	—
	群青	kg	0.0300	0.1200	0.0800	—	0.0500
	细墨	kg	0.0030	0.0030	0.0030	0.0030	0.0030
	骨胶	kg	0.0100	0.0800	0.0800	0.0800	0.1000
	光油	kg	0.0100	0.0100	0.0100	0.0100	0.0100
	其他材料费(占材料费)	%	0.50	0.50	0.50	0.50	0.50

工作内容：扎谱子，衬色，按图谱分别布色、填色、叠晕、描线、压线等。　　**计量单位：**m²

定额编号			2-9-6	2-9-7	2-9-8
项目			连檐、瓦口、椽头		
			方胜合罗	四角晕柿蒂	莲花
名称		单位	消耗量		
人工	合计工日	工日	2.220	2.880	2.750
	油画工 普工	工日	0.222	0.288	0.275
	油画工 一般技工	工日	1.110	1.440	1.375
	油画工 高级技工	工日	0.888	1.152	1.100
材料	铅粉	kg	0.2700	0.1700	0.0400
	石黄	kg	—	0.0500	0.0400
	银朱	kg	0.0700	0.0100	0.0300
	巴黎绿	kg	—	0.0100	0.1300
	群青	kg	—	0.0300	0.0900
	细墨	kg	0.0300	0.0030	0.0030
	骨胶	kg	0.0400	0.0700	0.0800
	光油	kg	0.0100	0.0100	0.1000
	其他材料费(占材料费)	%	0.50	0.50	0.50

工作内容：扎谱子，衬色，按图谱分别布色、填色、叠晕、描线、压线等。 **计量单位**：m^2

定额编号			2-9-9	2-9-10	2-9-11	2-9-12
项目			椽身(望板)			
			玛瑙	鱼鳞旗脚	卷成花叶	合晕类
名称		单位	消耗量			
人工	合计工日	工日	2.100	2.310	2.180	2.410
	油画工 普工	工日	0.210	0.231	0.218	0.241
	油画工 一般技工	工日	1.050	1.155	1.090	1.205
	油画工 高级技工	工日	0.840	0.924	0.872	0.964
材料	铅粉	kg	0.1000	0.0200	0.7300	0.2400
	石黄	kg	—	0.0400	0.0500	0.0100
	红丹粉	kg	—	—	0.0500	—
	银朱	kg	0.0300	0.0100	0.0500	0.0300
	氧化铁红	kg	—	—	0.1000	—
	巴黎绿	kg	0.0100	0.0400	0.2100	0.0500
	群青	kg	0.0900	0.0900	0.0500	0.0100
	松烟	kg	—	—	0.0100	0.0100
	碳黑	kg	—	0.0100	—	—
	细墨	kg	0.0030	0.0030	0.0030	0.0030
	国画色	支	—	—	3.0000	2.0000
	骨胶	kg	0.0600	0.0800	0.1600	0.0900
	光油	kg	0.0100	0.0100	—	—
	其他材料费(占材料费)	%	0.50	0.50	0.50	0.50

工作内容：扎谱子，衬色，按图谱分别布色、填色、叠晕、描线、压线等。　　计量单位：m^2

定　额　编　号			2-9-13	2-9-14	2-9-15	2-9-16	2-9-17
项　　目			上架大木、额、枋类				
			花类	合子合晕类	团科类	锁纹类	飞仙及飞走
名　称		单位	消　耗　量				
人工	合计工日	工日	3.650	2.240	2.140	2.400	10.480
	油画工 普工	工日	0.365	0.224	0.214	0.240	1.048
	油画工 一般技工	工日	1.825	1.120	1.070	1.200	5.240
	油画工 高级技工	工日	1.460	0.896	0.856	0.960	4.192
材料	铅粉	kg	0.7300	0.2400	0.2300	0.0300	0.2800
	石黄	kg	0.0500	0.0100	0.0100	0.0200	0.0200
	红丹粉	kg	0.0500	—	—	—	—
	黄丹粉	kg	—	—	—	0.0300	—
	紫粉	kg	—	—	—	0.0400	—
	银朱	kg	0.0500	0.0300	0.0200	0.0200	0.0100
	氧化铁红	kg	0.1000	—	—	0.0100	—
	巴黎绿	kg	0.2100	0.0500	0.0600	0.0200	0.0200
	群青	kg	0.0500	0.0100	0.0100	0.0030	0.0200
	松烟	kg	0.0100	0.0100	0.0100	—	0.0100
	碳黑	kg	—	—	—	0.0200	—
	细墨	kg	0.0030	0.0030	0.0030	—	0.0030
	国画色	支	3.0000	2.0000	2.0000	—	1.5000
	骨胶	kg	0.1600	0.0900	0.0900	0.0400	0.0800
	光油	kg	—	—	—	0.0100	—
	其他材料费(占材料费)	%	0.50	0.50	0.50	0.50	0.50

工作内容：扎谱子，衬色，按图谱分别布色、填色、叠晕、描线、压线等。 **计量单位：**m^2

定额编号			2-9-18	2-9-19	2-9-20	2-9-21	2-9-22
项目			铺作		栱眼壁	下架大木	
			五彩正装	五彩净地装		宝牙花内间柿蒂科	团花科
名称		单位	消耗量				
人工	合计工日	工日	1.920	1.490	2.190	1.950	3.300
	油画工 普工	工日	0.192	0.149	0.219	0.195	0.330
	油画工 一般技工	工日	0.960	0.745	1.095	0.975	1.650
	油画工 高级技工	工日	0.768	0.596	0.876	0.780	1.320
材料	铅粉	kg	0.0200	0.1700	0.2500	0.1700	0.2400
	石黄	kg	0.0400	0.0200	0.0100	0.0500	0.0100
	紫粉	kg	0.0500	0.0500	0.0200	—	—
	银朱	kg	0.0700	0.0700	0.0600	0.0100	0.0300
	巴黎绿	kg	0.0600	0.0100	0.0200	0.0100	0.0500
	群青	kg	0.0600	0.0900	0.0300	—	0.0100
	松烟	kg	—	—	—	—	0.0100
	细墨	kg	0.0030	0.0030	0.0030	0.0030	0.0030
	国画色	支	—	—	—	—	2.0000
	骨胶	kg	0.0800	0.0800	0.0800	0.0700	0.0900
	光油	kg	0.0100	0.0100	0.0100	0.0100	—
	其他材料费(占材料费)	%	0.50	0.50	0.50	0.50	0.50

工作内容:扎谱子,衬色,按图谱分别布色、填色、叠晕、描线、压线等。 **计量单位**:m^2

定额编号			2-9-23	2-9-24
项目			平棋	
			柿蒂花夹杂花	莲花
名称		单位	消耗量	
人工	合计工日	工日	3.430	4.600
	油画工 普工	工日	0.343	0.460
	油画工 一般技工	工日	1.715	2.300
	油画工 高级技工	工日	1.372	1.840
材料	铅粉	kg	0.2100	0.0500
	石黄	kg	0.0200	0.0100
	银朱	kg	0.0300	0.0500
	巴黎绿	kg	0.0500	0.0500
	群青	kg	0.0200	0.0100
	松烟	kg	0.0100	0.0100
	细墨	kg	0.0030	—
	骨胶	kg	0.0800	0.1100
	光油	kg	0.0100	0.0100
	香糊	瓶	0.3000	0.3000
	牛皮纸	张	1.0000	1.0000
	其他材料费(占材料费)	%	0.50	0.50

二、碾玉装彩画

工作内容：扎谱子，衬色，按图谱分别布色、填色、叠晕、描线、压线等。　　**计量单位**：m^2

定额编号			2-9-25	2-9-26	2-9-27	2-9-28	2-9-29
项目			椽头				
			四出	出焰明珠	叠晕莲花	叠晕宝珠	簇七车钏明珠
名称		单位	消耗量				
人工	合计工日	工日	2.420	2.520	2.610	2.240	2.260
	油画工 普工	工日	0.242	0.252	0.261	0.224	0.226
	油画工 一般技工	工日	1.210	1.260	1.305	1.120	1.130
	油画工 高级技工	工日	0.968	1.008	1.044	0.896	0.904
材料	铅粉	kg	0.0800	0.1800	0.2000	0.1800	0.0500
	石黄	kg	0.0500	0.1100	0.0030	0.0800	0.0400
	巴黎绿	kg	0.0600	0.0500	0.1000	0.0600	0.0700
	群青	kg	0.1200	0.0600	0.0400	0.0800	0.1400
	细墨	kg	0.0030	0.0030	0.0030	0.0030	0.0030
	骨胶	kg	0.0100	0.0800	0.0800	0.0800	0.0700
	光油	kg	0.0100	0.0100	0.0100	0.0100	0.0100
	其他材料费(占材料费)	%	0.50	0.50	0.50	0.50	0.50

工作内容：扎谱子，衬色，按图谱分别布色、填色、叠晕、描线、压线等。　　计量单位：m^2

定　额　编　号			2-9-30	2-9-31	2-9-32
项　　　目			连檐、瓦口、椽头		
			方胜合罗	莲花	四角晕柿蒂
名　　称		单位	消　耗　量		
人工	合计工日	工日	2.150	2.750	2.800
	油画工 普工	工日	0.215	0.275	0.280
	油画工 一般技工	工日	1.075	1.375	1.400
	油画工 高级技工	工日	0.860	1.100	1.120
材料	铅粉	kg	2.2300	2.1000	0.1700
	石黄	kg	—	—	0.0100
	银朱	kg	0.0700	0.0100	0.0060
	巴黎绿	kg	0.0400	0.1200	0.0800
	群青	kg	0.0400	0.0800	0.0600
	细墨	kg	0.0030	0.0030	0.0030
	骨胶	kg	0.0800	0.0800	0.0700
	光油	kg	0.0100	0.0100	0.0100
	其他材料费(占材料费)	%	0.50	0.50	0.50

工作内容:扎谱子,衬色,按图谱分别布色、填色、叠晕、描线、压线等。 **计量单位**:m^2

定额编号			2-9-33	2-9-34	2-9-35	2-9-36
项目			椽身(望板)			
			玛瑙	鱼鳞旗脚	卷战花叶	合晕类
名称		单位	消耗量			
人工	合计工日	工日	1.980	2.230	2.110	2.350
	油画工 普工	工日	0.198	0.223	0.211	0.235
	油画工 一般技工	工日	0.990	1.115	1.055	1.175
	油画工 高级技工	工日	0.792	0.892	0.844	0.940
材料	铅粉	kg	0.1000	0.0400	0.1000	0.2000
	石黄	kg	0.0400	—	—	0.0300
	巴黎绿	kg	0.0800	0.0800	0.0800	0.0600
	群青	kg	0.0600	0.0600	0.0700	0.0400
	炭黑	kg	—	0.0200	0.0100	—
	细墨	kg	0.0300	0.0300	0.0200	0.0030
	骨胶	kg	0.0600	0.0800	0.0600	0.0800
	光油	kg	0.0100	0.0100	0.0100	0.0100
	其他材料费(占材料费)	%	0.50	0.50	0.50	0.50

工作内容：扎谱子，衬色，按图谱分别布色、填色、叠晕、描线、压线等。 **计量单位：**m^2

定额编号			2-9-37	2-9-38	2-9-39	2-9-40	2-9-41
项目			上架大木、额、枋类				
			花类	合子合晕类	团科类	锁纹类	飞仙及飞走
名称		单位	消耗量				
人工	合计工日	工日	3.540	2.070	2.070	2.380	10.180
	油画工 普工	工日	0.354	0.207	0.207	0.238	1.018
	油画工 一般技工	工日	1.770	1.035	1.035	1.190	5.090
	油画工 高级技工	工日	1.416	0.828	0.828	0.952	4.072
材料	铅粉	kg	0.2200	0.2000	0.2000	0.2000	0.2800
	石黄	kg	—	0.0030	0.0030	—	—
	巴黎绿	kg	0.0500	0.0600	0.0600	0.0700	0.0400
	群青	kg	0.0600	0.0400	0.0400	0.0600	0.0400
	细墨	kg	0.0030	0.0030	0.0030	0.0030	0.0030
	骨胶	kg	0.0800	0.0800	0.0800	0.0800	0.0800
	光油	kg	0.0100	0.0100	0.0100	0.0100	0.0100
	其他材料费(占材料费)	%	0.50	0.50	0.50	0.50	0.50

工作内容：扎谱子，衬色，按图谱分别布色、填色、叠晕、描线、压线等。　　　　计量单位：m^2

定额编号			2-9-42	2-9-43	2-9-44	2-9-45	2-9-46	2-9-47
项目			铺作	栱眼壁	下架大木		平棊	
					宝牙花内间柿蒂科	枝条卷战海石榴内间四入团花科	柿蒂花夹杂花	莲花
名称		单位	消耗量					
人工	合计工日	工日	1.790	1.950	1.910	3.200	2.980	3.900
	油画工 普工	工日	0.179	0.195	0.191	0.320	0.298	0.390
	油画工 一般技工	工日	0.895	0.975	0.955	1.600	1.490	1.950
	油画工 高级技工	工日	0.716	0.780	0.764	1.280	1.192	1.560
材料	铅粉	kg	0.1600	0.2500	0.2300	0.2300	0.2100	0.2100
	石黄	kg	0.0200	—	—	—	—	—
	紫粉	kg	0.0500	—	—	—	—	—
	银朱	kg	—	0.0600	—	—	—	—
	巴黎绿	kg	0.0100	0.0500	0.0600	0.0700	0.0500	0.0700
	群青	kg	0.0300	0.0300	0.0500	0.0400	0.0700	0.0500
	碳黑	kg	—	—	—	—	0.0010	0.0100
	细墨	kg	0.0030	0.0030	0.0300	0.0030	0.0030	0.0300
	骨胶	kg	0.0800	0.0800	0.0800	0.0800	0.0800	0.0800
	光油	kg	0.0100	0.0100	0.0100	0.0100	0.0100	0.0100
	其他材料费(占材料费)	%	0.50	0.50	0.50	0.50	0.50	0.50

三、叠晕棱间装彩画

工作内容：扎谱子，衬色，按图谱分别布色、填色、叠晕、描线、压线等。　　**计量单位：**m^2

定　额　编　号			2-9-48	2-9-49	2-9-50	2-9-51
项　　目			连檐、椽头			
			出焰明珠	叠晕莲花	方胜合罗	青绿退晕
名　称		单位	消　耗　量			
人工	合计工日	工日	2.410	2.530	2.050	2.190
	油画工 普工	工日	0.241	0.253	0.205	0.219
	油画工 一般技工	工日	1.205	1.265	1.025	1.095
	油画工 高级技工	工日	0.964	1.012	0.820	0.876
材料	铅粉	kg	0.1600	0.1500	0.2000	0.1500
	巴黎绿	kg	0.0800	0.1000	0.0600	0.1000
	群青	kg	0.0800	0.0600	0.0600	0.1000
	细墨	kg	0.0300	0.0300	0.0300	0.0300
	骨胶	kg	0.0800	0.0800	0.0800	0.0800
	光油	kg	0.0100	0.0100	0.0100	0.0100
	其他材料费(占材料费)	%	0.50	0.50	0.50	0.50

工作内容：扎谱子，衬色，按图谱分别布色、填色、叠晕、描线、压线等。 **计量单位：**m²

定额编号			2-9-52	2-9-53	2-9-54	2-9-55	2-9-56	2-9-57
项目			上架大木		铺作		栱眼壁	下架大木
			两晕棱间装	三晕棱间装	两晕棱间装	三晕棱间装		
名称		单位	消耗量					
人工	合计工日	工日	1.800	1.910	1.610	1.700	1.890	1.680
	油画工 普工	工日	0.180	0.191	0.161	0.170	0.189	0.168
	油画工 一般技工	工日	0.900	0.955	0.805	0.850	0.945	0.840
	油画工 高级技工	工日	0.720	0.764	0.644	0.680	0.756	0.672
材料	铅粉	kg	0.1600	0.2000	0.1500	0.2000	0.2200	0.2100
	银朱	kg	—	0.0100	—	0.0100	—	—
	巴黎绿	kg	0.0800	0.0600	0.0820	0.0630	0.0600	0.0700
	群青	kg	0.0800	0.0600	0.0820	0.0610	0.0700	0.0600
	细墨	kg	0.0030	0.0030	0.0030	0.0030	0.0300	0.0300
	骨胶	kg	0.0800	0.0800	0.0800	0.0800	0.0800	0.0800
	光油	kg	0.0100	0.0100	0.0100	0.0100	0.0100	0.0100
	其他材料费(占材料费)	%	0.50	0.50	0.50	0.50	0.50	0.50

四、解 绿 装 饰

工作内容：起扎谱子、调兑颜料、绘制成活。　　　　计量单位：m^2

定额编号			2-9-58	2-9-59	2-9-60	2-9-61	2-9-62	2-9-63
项目			椽、飞头、连檐、瓦口	椽、飞身	上架大木	铺作	栱眼壁	下架大木
名称		单位	消耗量					
人工	合计工日	工日	1.400	1.300	1.000	1.250	0.800	0.800
	油画工 普工	工日	0.140	0.130	0.100	0.125	0.080	0.080
	油画工 一般技工	工日	0.700	0.650	0.500	0.625	0.400	0.400
	油画工 高级技工	工日	0.560	0.520	0.400	0.500	0.320	0.320
材料	铅粉	kg	0.0600	0.0600	0.1200	0.0200	0.2500	0.1000
	石黄	kg	—	—	0.0300	0.0200	—	0.0300
	紫粉	kg	—	—	0.0600	0.0600	—	0.0600
	银朱	kg	0.1200	0.2500	0.0700	0.1500	0.0500	0.0800
	巴黎绿	kg	0.0100	—	0.0300	0.0300	0.0100	0.0300
	群青	kg	0.0200	—	0.0200	0.0200	0.0200	0.0200
	松烟	kg	0.0200	—	0.0300	0.0200	0.0010	0.0200
	细墨	kg	0.0300	0.0300	0.0030	0.0300	0.0030	0.0300
	骨胶	kg	0.0800	0.0700	0.0060	0.0700	0.0800	0.0800
	光油	kg	0.0100	0.0100	0.0100	0.0100	0.0100	0.0100
	其他材料费(占材料费)	%	0.50	0.50	0.50	0.50	0.50	0.50

五、丹 粉 刷 饰

工作内容：起扎谱子、调兑颜料、绘制成活。　　　　计量单位：m^2

定额编号			2-9-64	2-9-65	2-9-66	2-9-67	2-9-68	2-9-69	2-9-70
项目			椽、飞头、连檐、隔椽板	椽身	上架大木		铺作	栱眼壁	下架大木
					通刷	七朱八白			
名称		单位	消耗量						
人工	合计工日	工日	0.880	0.850	0.380	0.480	0.780	0.500	0.350
	油画工 普工	工日	0.176	0.170	0.076	0.096	0.156	0.100	0.070
	油画工 一般技工	工日	0.528	0.510	0.228	0.288	0.468	0.300	0.210
	油画工 高级技工	工日	0.176	0.170	0.076	0.096	0.156	0.100	0.070
材料	铅粉	kg	—	—	—	0.1200	0.0600	0.0500	0.0300
	黄丹粉	kg	—	0.0200	0.0200	0.0600	0.1000	0.0800	0.0600
	银朱	kg	0.3200	0.3000	0.3000	0.2600	0.1500	0.1700	0.2000
	细墨	kg	0.0300	0.0300	0.0300	0.0300	0.0300	0.0300	0.0300
	骨胶	kg	0.0700	0.0700	0.0800	0.0800	0.0800	0.0700	0.0800
	光油	kg	0.0100	0.0100	0.0100	0.0100	0.0100	0.0100	0.0100
	其他材料费(占材料费)	%	0.50	0.50	0.50	0.50	0.50	0.50	0.50

第十章　脚手架工程

说　　明

一、本章脚手架工程共 100 个子目。

二、本章脚手架各子目所列材料均为一次性支搭材料投入量。

三、本章定额除个别子目外，均包括了相应的铺板，如需另行铺板、落翻板时，应单独执行铺板、落翻板的相应子目。

四、定额中不包括安全网的挂、拆，如需挂、拆安全网，单独执行相应定额。

五、双排椽望油活架子均综合考虑了六方、八方和圆形等多种支搭方法。

六、正吻脚手架仅适用于玻璃七样以上、布瓦 1.2m 以上吻(兽)的安装及玻璃六样以上的打点。

七、单、双排座车脚手架仅适用于城台或城墙的拆砌、装修之用。如城台之上另有建筑物，应另执行相应定额。

八、屋面脚手架及歇山排山脚手架均已综合了重檐和多重檐建筑，如遇重檐和多重檐建筑定额不得调整。

九、垂岔脊脚手架适用于各种单坡长在 5m 以上的屋面调修垂岔脊之用，如遇歇山建筑已支搭了歇山排山脚手架或硬悬山建筑已支搭了供调脊用的脚手架，则不应再执行垂岔脊定额。

十、屋面马道适用于屋面单坡长 6m 以上，运送各种吻、兽、脊件之用。

十一、牌楼脚手架执行双排齐檐脚手架。

十二、大木安装围撑脚手架适用于古建筑木构件安装或落架大修后为保证木构架临时支撑稳定之用。

十三、大木安装起重架适用于大木安装时使用。

十四、防护罩棚脚手架综合了各种屋面形式和重檐、多重檐以及出入口搭设护头棚、上人马道(梯子)、落翻板、局部必要拆改等各种因素，包括双排齐檐脚手架、双排椽望油活脚手架、歇山排山脚手架、吻脚手架、宝顶脚手架等，不包括满堂红脚手架、内檐及廊步装饰掏空脚手架、卷扬机起重架等，以及密目网挂拆、安装临时避雷防护措施，发生时另行计算。

十五、各种脚手架规格及用途见下表。

古建筑脚手架规格及用途一览表

脚手架名称	适用范围	立杆间距(m)	横杆间距(m)	备　注
双排齐檐脚手架	屋面修缮、外墙装修	1.5～1.8	1.5～1.8	包括铺一层板
双排椽望油活脚手架	室外椽飞、上架大木油活	1.5～1.8	1.5～1.8	—
城台单排座车脚手架	墙面打点、刷浆、抹灰	1.5～1.8	1.5～1.8	每层端头铺板
城台双排座车脚手架	墙面打点、刷浆、抹灰	1.5～1.8	1.2～1.8	拆砌步距 1.2m、抹灰步距 1.6～1.8m
内檐及廊步掏空脚手架	室内不带顶棚装饰	1.5～1.8	1.8	包括错台铺板及端头铺板
歇山排山脚手架	调修歇山垂岔脊及山花博缝板油漆	1.2～1.5	1.2～1.5	三步以下铺一层板，七步以下铺两层板，十步以下铺三层板
满堂红脚手架	室内装修、吊顶修缮	1.5～1.8	1.5～1.8	顶步及四周铺板
屋面支杆	屋面查补	3	1.2～1.4	—
正脊扶手盘	正脊勾抹打点	—	—	—

续表

脚手架名称	适用范围	立杆间距(m)	横杆间距(m)	备注
骑马脚手架	檐下无架子或利用不上,为稳定屋面支杆	—	—	—
檐头倒绑扶手	檐下无架子,沿顺垄杆在檐头绑扶手	—	—	—
垂岔脊脚手架	调垂脊、岔脊之用	—	—	—
吻及宝顶脚手架	吻及宝顶之用	1.2	—	琉璃七样以上、布瓦1.2m以上的正吻安装及六样以上打点
卷扬机脚手架	垂直运输	1.2~1.5	1.2~1.5	每结构层铺一层板
斜道	供施工人员行走及少量材料运输	1.0~1.2	1.2	—
落料溜槽	自房顶倒运渣土	—	—	—
防护罩棚综合脚手架	屋面工程、外檐等整体修缮工程	1.5	1.5	—

工程量计算规则

一、双排齐檐脚手架分步数按实搭长度计算，步数不同时应分段计算。

二、城台用单、双排脚手架分步数按实搭长度计算。

三、双排油活脚手架均分步按檐头长度计算。重檐或多重檐建筑以首层檐长度计算，其上各层檐长度不计算。悬山建筑的山墙部分长度以前后台明外边线为准计算长度。

四、满堂红脚手架分步数按实搭水平投影面积计算。

五、内檐及廊步掏空脚手架分步数，以室内及廊步地面面积计算，步数按实搭平均高度为准。

六、歇山排山脚手架自博脊根的横杆起为一步，分步以座计算。

七、屋面支杆按屋面面积计算；正脊扶手盘、骑马架子均按正脊长度，檐头倒绑扶手按檐头长度，垂岔脊架子按垂岔脊长度，屋面马道按实搭长度计算；吻及宝顶架子以座计算。

八、大木安装围撑脚手架以外檐柱外皮连线里侧面积计算，其高度以檐柱高度为准。

九、大木安装起重脚手架以面宽排列中前檐柱至后檐柱连线按座计算，其高度以檐柱高度为准。六方亭及六方亭以上按两座计算。

十、地面运输马道按实搭长度计算。

十一、卷扬机脚手架分搭设高度按座计算。

十二、一字斜道及之字斜道分搭设高度按座计算。

十三、落料溜槽分高度以座计算。

十四、护头棚按实搭面积计算。

十五、封防护布、立挂密目网均按实际面积计算。

十六、安全网的挂拆、翻挂均按实际长度计算。

十七、单独铺板分高度按实铺长度计算，落翻板按实铺长度计算。

十八、防护罩棚综合脚手架按台明外围水平投影面积计算，无台明者按围护结构外围水平投影面积计算。

脚手架工程

工作内容:准备工具、选料、搭架子、铺板、预留人行通道、拆除、架木码放、场内运输及清理废弃物。

计量单位:10m

定额编号			2-10-1	2-10-2	2-10-3	2-10-4	2-10-5
项目			双排齐檐脚手架				
			二步	三步	四步	五步	六步
名称		单位	消耗量				
人工	合计工日	工日	1.770	1.950	2.300	2.820	3.560
	架子工 普工	工日	0.531	0.585	0.690	0.846	1.068
	架子工 一般技工	工日	0.885	0.975	1.150	1.410	1.780
	架子工 高级技工	工日	0.354	0.390	0.460	0.564	0.712
材料	钢管	m	191.5040	265.3240	356.1440	525.2880	575.0320
	木脚手板	块	18.3750	18.3750	18.3750	18.3750	18.3750
	扣件	个	47.2500	71.4000	94.5000	110.3000	127.1000
	底座	个	13.7000	13.7000	13.7000	13.7000	13.7000
	镀锌铁丝 10#	kg	3.0100	3.0100	3.0100	3.0100	3.0100
	其他材料费(占材料费)	%	1.00	1.00	1.00	1.00	1.00
机械	载重汽车 5t	台班	0.1700	0.2100	0.2600	0.3500	0.3800

工作内容：准备工具、选料、搭架子、铺板、预留人行通道、拆除、架木码放、场内运输及清理废弃物。

计量单位：10m

定额编号			2-10-6	2-10-7	2-10-8	2-10-9	2-10-10
项目			双排齐檐脚手架				
			七步	八步	九步	十步	十一步
名称		单位	消耗量				
人工	合计工日	工日	4.420	5.270	6.420	7.840	9.570
	架子工 普工	工日	1.326	1.581	1.926	2.352	2.871
	架子工 一般技工	工日	2.210	2.635	3.210	3.920	4.785
	架子工 高级技工	工日	0.884	1.054	1.284	1.568	1.914
材料	钢管	m	654.1920	836.1040	904.9160	967.4280	1205.8840
	木脚手板	块	18.3750	18.3750	18.3750	18.3750	18.3750
	扣件	个	165.9000	184.8000	201.6000	224.1000	254.1000
	底座	个	13.7000	13.7000	13.7000	13.7000	13.7000
	镀锌铁丝 10#	kg	3.0100	3.0100	3.0100	3.0100	3.0100
	其他材料费(占材料费)	%	1.00	1.00	1.00	1.00	1.00
机械	载重汽车 5t	台班	0.4300	0.5200	0.5600	0.6000	0.7200

工作内容:准备工具、选料、搭架子、铺板、预留人行通道、拆除、架木码放、场内运输及清理废弃物。

计量单位:10m

定额编号			2-10-11	2-10-12	2-10-13
项目			双排齐檐脚手架		
			十二步	十三步	十四步
名称		单位	消耗量		
人工	合计工日	工日	11.470	12.410	13.340
	架子工 普工	工日	3.441	3.723	4.002
	架子工 一般技工	工日	5.735	6.205	6.670
	架子工 高级技工	工日	2.294	2.482	2.668
材料	钢管	m	1256.3460	1316.6580	1551.6480
	木脚手板	块	19.6880	19.6880	19.6880
	扣件	个	277.2000	304.5000	321.3000
	底座	个	13.7000	13.7000	13.7000
	镀锌铁丝 10#	kg	3.0100	3.0100	3.0100
	其他材料费(占材料费)	%	1.00	1.00	1.00
机械	载重汽车 5t	台班	0.7600	0.8000	0.9300

工作内容：准备工具、选料、搭架子、预留人行通道、三步以下铺一层板、七步以下铺两层板、十步以下铺三层板并包括逐层翻板、遇重檐建筑还包括绑拉杆、拆除、架木码放、场内运输及清理废弃物。

计量单位：10m

定额编号			2-10-14	2-10-15	2-10-16	2-10-17	2-10-18
项目			双排椽望油活脚手架				
			一步	二步	三步	四步	五步
名称		单位	消耗量				
人工	合计工日	工日	2.190	2.610	3.180	4.150	5.280
	架子工 普工	工日	0.657	0.783	0.954	1.245	1.584
	架子工 一般技工	工日	1.095	1.305	1.590	2.075	2.640
	架子工 高级技工	工日	0.438	0.522	0.636	0.830	1.056
材料	钢管	m	157.2000	204.0000	252.6000	338.4000	475.2000
	木脚手板	块	18.5000	18.5000	18.5000	31.5000	31.5000
	扣件	个	20.0000	96.0000	121.0000	173.0000	230.0000
	底座	个	11.0000	11.0000	11.0000	11.0000	11.0000
	镀锌铁丝 10#	kg	2.7000	2.7000	2.7000	5.4000	5.4000
	其他材料费(占材料费)	%	1.00	1.00	1.00	1.00	1.00
机械	载重汽车 5t	台班	0.1450	0.1840	0.2190	0.3080	0.3940

工作内容:准备工具、选料、搭架子、预留人行通道、三步以下铺一层板、七步以下铺两层板、十步以下铺三层板并包括逐层翻板、遇重檐建筑还包括绑拉杆、拆除、架木码放、场内运输及清理废弃物。 **计量单位:**10m

定额编号			2-10-19	2-10-20	2-10-21	2-10-22
项目			双排椽望油活脚手架			
			六步	七步	八步	九步
名称		单位	消耗量			
人工	合计工日	工日	5.950	7.520	9.510	12.060
	架子工 普工	工日	1.785	2.256	2.853	3.618
	架子工 一般技工	工日	2.975	3.760	4.755	6.030
	架子工 高级技工	工日	1.190	1.504	1.902	2.412
材料	钢管	m	511.2000	555.6000	716.5830	903.0000
	木脚手板	块	31.5000	31.5000	44.7500	44.7500
	扣件	个	262.0000	295.0000	362.0000	426.0000
	底座	个	11.0000	11.0000	11.0000	11.0000
	镀锌铁丝 10#	kg	5.4000	5.4000	8.1000	8.1000
	其他材料费(占材料费)	%	1.00	1.00	1.00	1.00
机械	载重汽车 5t	台班	0.4180	0.4470	0.5890	0.6640

工作内容：准备工具、选料、搭架子、预留人行通道、三步以下铺一层板、七步以下铺两层板、十步以下铺三层板并包括逐层翻板、遇重檐建筑还包括绑拉杆、拆除、架木码放、场内运输及清理废弃物。

计量单位：10m

定额编号			2-10-23	2-10-24	2-10-25	2-10-26
项目			双排椽望油活脚手架			
			十步	十一步	十二步	十三步
名称		单位	消耗量			
人工	合计工日	工日	15.310	19.600	25.080	32.100
	架子工 普工	工日	4.593	5.880	7.524	9.630
	架子工 一般技工	工日	7.655	9.800	12.540	16.050
	架子工 高级技工	工日	3.062	3.920	5.016	6.420
材料	钢管	m	1008.0000	1108.8000	1306.8000	1451.4000
	木脚手板	块	44.7500	44.7500	44.7500	44.7500
	扣件	个	463.0000	494.0000	590.0000	631.0000
	底座	个	11.0000	11.0000	11.0000	11.0000
	镀锌铁丝 10#	kg	8.1000	10.8000	10.8000	10.8000
	其他材料费(占材料费)	%	1.00	1.00	1.00	1.00
机械	载重汽车 5t	台班	0.7670	0.8290	0.9580	1.0450

工作内容：准备工具、选料、搭架子、铺板、预留人行通道、拆除、架木码放、场内运输及清理废弃物。

计量单位：10m

定额编号			2-10-27	2-10-28	2-10-29	2-10-30	2-10-31
项目			城台用座车脚手架				
			单排				
			二步	三步	四步	五步	六步
名称		单位	消耗量				
人工	合计工日	工日	2.160	3.240	4.320	5.400	6.480
	架子工 普工	工日	0.648	0.972	1.296	1.620	1.944
	架子工 一般技工	工日	1.080	1.620	2.160	2.700	3.240
	架子工 高级技工	工日	0.432	0.648	0.864	1.080	1.296
材料	钢管	m	322.2000	405.0000	559.8000	639.0000	734.4000
	木脚手板	块	17.8500	25.0000	31.5000	38.0000	44.7500
	扣件	个	119.0000	173.0000	237.0000	284.0000	322.0000
	底座	个	12.0000	12.0000	12.0000	12.0000	12.0000
	镀锌铁丝 10#	kg	2.9900	4.5000	6.1000	7.5900	9.0800
	其他材料费(占材料费)	%	1.00	1.00	1.00	1.00	1.00
机械	载重汽车 5t	台班	0.2570	0.3290	0.4420	0.5070	0.5620

工作内容：准备工具、选料、搭架子、铺板、预留人行通道、拆除、架木码放、场内运输及清理废弃物。

计量单位：10m

定额编号			2-10-32	2-10-33	2-10-34	2-10-35	2-10-36
项目			城台用座车脚手架				
			双排				
			二步	三步	四步	五步	六步
名称		单位	消耗量				
人工	合计工日	工日	4.320	6.480	8.640	10.800	12.960
	架子工 普工	工日	1.296	1.944	2.592	3.240	3.888
	架子工 一般技工	工日	2.160	3.240	4.320	5.400	6.480
	架子工 高级技工	工日	0.864	1.296	1.728	2.160	2.592
材料	钢管	m	349.2000	448.2000	565.2000	707.4000	801.0000
	木脚手板	块	21.0000	27.5000	34.2500	40.7500	47.2500
	扣件	个	129.0000	182.0000	254.0000	305.0000	372.0000
	底座	个	18.0000	18.0000	18.0000	18.0000	18.0000
	镀锌铁丝 10#	kg	2.9800	4.4900	6.0000	7.5000	9.0000
	其他材料费(占材料费)	%	1.00	1.00	1.00	1.00	1.00
机械	载重汽车 5t	台班	0.2830	0.3650	0.4580	0.5640	0.6450

工作内容：准备工具、选料、搭架子、移动脚手架、临时绑扎天称、挂滑轮、拆除、架木码放、场内运输及清理废弃物。

计量单位：10m

定额编号			2-10-37	2-10-38	2-10-39	2-10-40
项目			大木安装起重脚手架			
			6m 以内	7m 以内	8m 以内	9m 以内
名称		单位	消耗量			
人工	合计工日	工日	5.760	6.300	6.840	7.740
	架子工 普工	工日	1.728	1.890	2.052	2.322
	架子工 一般技工	工日	2.880	3.150	3.420	3.870
	架子工 高级技工	工日	1.152	1.260	1.368	1.548
材料	钢管	m	163.2000	240.0000	332.4000	388.2000
	木脚手板	块	5.0000	7.5000	7.5000	12.5000
	扣件	个	40.0000	50.0000	70.0000	90.0000
	底座	个	6.0000	8.0000	12.0000	16.0000
	镀锌铁丝 10#	kg	2.0000	3.0000	4.2000	5.5000
	其他材料费(占材料费)	%	1.00	1.00	1.00	1.00
机械	载重汽车 5t	台班	0.1160	0.1280	0.1380	0.1530

工作内容：准备工具、选料、搭架子、移动脚手架、临时绑扎天称、挂滑轮、拆除、架木码放、场内运输及清理废弃物。

计量单位：10m

定额编号			2-10-41	2-10-42	2-10-43
项目			大木安装起重脚手架		
			10m 以内	12m 以内	15m 以内
名称		单位	消耗量		
人工	合计工日	工日	9.000	10.800	12.900
	架子工 普工	工日	2.700	3.240	3.870
	架子工 一般技工	工日	4.500	5.400	6.450
	架子工 高级技工	工日	1.800	2.160	2.580
材料	钢管	m	438.0000	548.4000	637.2000
	木脚手板	块	15.0000	17.5000	17.5000
	扣件	个	110.0000	130.0000	150.0000
	底座	个	20.0000	24.0000	30.0000
	镀锌铁丝 10#	kg	6.5000	7.5000	8.5000
	其他材料费(占材料费)	%	1.00	1.00	1.00
机械	载重汽车 5t	台班	0.1860	0.3830	0.4350

工作内容：准备工具、选料、搭架子、校正大木构架、拨正、临时支杆打戗、拆除、场内运输及清理废弃物。

计量单位：10m

定额编号			2-10-44	2-10-45	2-10-46	2-10-47
项目			大木安装围撑脚手架			
			二步	三步	四步	五步
名称		单位	消耗量			
人工	合计工日	工日	1.440	1.920	2.400	2.880
	架子工 普工	工日	0.432	0.576	0.720	0.864
	架子工 一般技工	工日	0.720	0.960	1.200	1.440
	架子工 高级技工	工日	0.288	0.384	0.480	0.576
材料	钢管	m	123.0000	145.2000	183.6000	214.2000
	木脚手板	块	12.5000	12.5000	12.5000	12.5000
	扣件	个	55.0000	62.0000	78.0000	91.0000
	底座	个	3.0000	3.0000	3.0000	3.0000
	镀锌铁丝 10#	kg	5.0000	8.0000	10.0000	12.0000
	扎绑绳	kg	0.3000	0.3000	0.3000	0.3000
	其他材料费(占材料费)	%	1.00	1.00	1.00	1.00
机械	载重汽车 5t	台班	0.1160	0.1290	0.1530	0.1720

工作内容：准备工具、选料、搭架子、校正大木构架、拨正、临时支杆打戗、拆除、场内运输及清理废弃物。

计量单位：10m

定额编号			2-10-48	2-10-49	2-10-50
项目			大木安装围撑脚手架		
			六步	七步	八步
名称		单位	消耗量		
人工	合计工日	工日	3.410	3.840	4.320
	架子工 普工	工日	1.023	1.152	1.296
	架子工 一般技工	工日	1.705	1.920	2.160
	架子工 高级技工	工日	0.682	0.768	0.864
材料	钢管	m	239.4000	295.2000	334.2000
	木脚手板	块	12.5000	12.5000	12.5000
	扣件	个	102.0000	118.0000	131.0000
	底座	个	3.0000	3.0000	3.0000
	镀锌铁丝 10#	kg	15.0000	17.0000	19.0000
	扎绑绳	kg	0.3000	0.3000	0.3000
	其他材料费(占材料费)	%	1.00	1.00	1.00
机械	载重汽车 5t	台班	0.1870	0.2190	0.2420

工作内容：准备工具、选料、搭架子、移动脚手架、临时绑扎天称、挂滑轮、拆除、架木码放、场内运输及清理废弃物。

计量单位：10m

定额编号			2-10-51	2-10-52	2-10-53	2-10-54	2-10-55
项目			满堂红脚手架				
			二步	三步	四步	五步	六步
名称		单位	消耗量				
人工	合计工日	工日	0.950	1.070	1.200	1.340	1.700
	架子工 普工	工日	0.285	0.321	0.360	0.402	0.510
	架子工 一般技工	工日	0.475	0.535	0.600	0.670	0.850
	架子工 高级技工	工日	0.190	0.214	0.240	0.268	0.340
材料	钢管	m	62.6400	85.3200	130.3800	153.3600	176.0400
	木脚手板	块	15.0000	17.5000	20.0000	21.2500	22.5000
	扣件	个	37.8000	48.3000	57.8000	67.2000	73.5000
	底座	个	2.8000	2.8000	2.8000	2.8000	2.8000
	镀锌铁丝 10#	kg	0.5400	0.7500	1.8900	1.9800	2.1600
	其他材料费(占材料费)	%	1.00	1.00	1.00	1.00	1.00
机械	载重汽车 5t	台班	0.0900	0.1100	0.1500	0.1700	0.1800

工作内容:准备工具、选料、搭架子、垫板、搭架子、铺板、拆除、架木码放、场内运输及清理废弃物。

计量单位:10m

定额编号			2-10-56	2-10-57	2-10-58	2-10-59	2-10-60
项目			内檐及廊步装饰掏空脚手架				
			二步	三步	四步	五步	六步
名称		单位	消耗量				
人工	合计工日	工日	1.860	2.600	3.190	3.760	4.340
	架子工 普工	工日	0.558	0.780	0.957	1.128	1.302
	架子工 一般技工	工日	0.930	1.300	1.595	1.880	2.170
	架子工 高级技工	工日	0.372	0.520	0.638	0.752	0.868
材料	钢管	m	126.6000	170.4000	211.8000	241.8000	269.4000
	木脚手板	块	13.2500	15.7500	18.5000	21.0000	23.7500
	扣件	个	49.0000	75.0000	86.0000	112.0000	134.0000
	底座	个	6.0000	6.0000	6.0000	6.0000	6.0000
	镀锌铁丝 10#	kg	2.7400	2.9900	3.2800	3.9900	4.4900
	其他材料费(占材料费)	%	1.00	1.00	1.00	1.00	1.00
机械	载重汽车 5t	台班	0.1180	0.1530	0.1860	0.2140	0.2410

工作内容：准备工具、选料、搭架子、垫板、绑拉杆、立杆、搭架子、铺板、拆除、架木码放、场内运输及清理废弃物。

计量单位：座

定额编号			2-10-61	2-10-62	2-10-63	2-10-64
项目			歇山排山脚手架			
			一步	二步	三步	四步
名称		单位	消耗量			
人工	合计工日	工日	3.550	4.960	8.140	9.620
	架子工 普工	工日	1.065	1.488	2.442	2.886
	架子工 一般技工	工日	1.775	2.480	4.070	4.810
	架子工 高级技工	工日	0.710	0.992	1.628	1.924
材料	钢管	m	81.0000	311.4000	355.2000	473.4000
	木脚手板	块	5.2500	9.2500	13.2500	18.5000
	扣件	个	29.0000	143.0000	187.0000	239.0000
	镀锌铁丝 10#	kg	1.0500	1.7600	2.5000	3.5000
	其他材料费(占材料费)	%	1.00	1.00	1.00	1.00
机械	载重汽车 5t	台班	0.0670	0.2230	0.2670	0.3550

工作内容：准备工具、选料、搭架子、铺板、拆除、架木码放、场内运输及清理废弃物。

定额编号			2-10-65	2-10-66	2-10-67	2-10-68	2-10-69	2-10-70
项目			屋面支杆	正脊扶手盘	骑马脚手架	檐头倒绑扶手	垂岔脊脚手架	屋面马道
单位			$10m^2$	10m				
名称		单位	消耗量					
人工	合计工日	工日	0.910	5.450	4.220	1.510	2.520	7.200
	架子工 普工	工日	0.273	1.635	1.266	0.453	0.756	2.160
	架子工 一般技工	工日	0.455	2.725	2.110	0.755	1.260	3.600
	架子工 高级技工	工日	0.182	1.090	0.844	0.302	0.504	1.440
材料	钢管	m	12.0000	124.8000	88.2000	73.2000	42.6000	250.8000
	木脚手板	块	—	13.2500	—	—	8.0000	13.2500
	扣件	个	5.0000	80.0000	40.0000	46.0000	17.0000	120.0000
	镀锌铁丝 10#	kg	—	2.4200	7.3500	6.8300	1.0500	2.5000
	其他材料费(占材料费)	%	1.00	1.00	1.00	1.00	1.00	1.00
机械	载重汽车 5t	台班	0.0070	0.1180	0.0480	0.0430	0.0470	0.1870

工作内容：准备工具、选料、搭架子、铺板、拆除、架木码放、场内运输及清理废弃物。

定额编号			2-10-71	2-10-72	2-10-73	2-10-74
项目			地面运输马道	吻脚手架	宝顶脚手架	
					1m 以内	1m 以外
单位			10m	座		
名称		单位	消耗量			
人工	合计工日	工日	2.190	6.700	7.200	10.800
	架子工 普工	工日	0.657	2.010	2.160	3.240
	架子工 一般技工	工日	1.095	3.350	3.600	5.400
	架子工 高级技工	工日	0.438	1.340	1.440	2.160
材料	钢管	m	130.4100	218.4000	234.6000	283.8000
	木脚手板	块	23.6250	18.5000	15.7500	26.2500
	扣件	个	87.2000	134.0000	88.0000	109.0000
	镀锌铁丝 10#	kg	11.7000	3.5000	2.9900	4.7300
	其他材料费(占材料费)	%	1.00	1.00	1.00	1.00
机械	载重汽车 5t	台班	0.1600	0.2790	0.1860	0.2490

工作内容:准备工具、选料、搭架子、铺板、拆除、架木码放、场内运输及清理废弃物。 **计量单位:**座

定额编号			2-10-75	2-10-76	2-10-77
项目			卷扬机起重架		
			二层高	三层高	四层高
名称		单位	消耗量		
人工	合计工日	工日	11.140	14.950	18.550
	架子工 普工	工日	3.342	4.485	5.565
	架子工 一般技工	工日	5.570	7.475	9.275
	架子工 高级技工	工日	2.228	2.990	3.710
材料	钢管	m	410.7600	609.3000	746.7000
	木脚手板	块	13.6500	27.6250	42.0000
	扣件	个	126.0000	189.0000	268.8000
	底座	个	8.4000	8.4000	12.6000
	镀锌铁丝 10#	kg	1.2800	2.5700	3.8600
	钢筋 φ10 以内	kg	—	—	18.7200
	其他材料费(占材料费)	%	1.00	1.00	1.00
机械	载重汽车 5t	台班	0.3000	0.4700	0.6000

工作内容：准备工具、选料、搭架子、铺板、拆除、架木码放、场内运输及清理废弃物。　　**计量单位：**座

定额编号			2-10-78	2-10-79	2-10-80	2-10-81	2-10-82	2-10-83
项目			钢管之字斜道					
			三步以下	六步以下	九步以下	十二步以下	十五步以下	十八步以下
名称		单位	消耗量					
人工	合计工日	工日	6.760	14.070	25.200	40.320	57.600	75.810
	架子工 普工	工日	2.028	4.221	7.560	12.096	17.280	22.743
	架子工 一般技工	工日	3.380	7.035	12.600	20.160	28.800	37.905
	架子工 高级技工	工日	1.352	2.814	5.040	8.064	11.520	15.162
材料	钢管	m	442.2000	756.0000	1105.8000	1582.2000	1785.6000	2116.8000
	木脚手板	块	35.5000	71.0000	106.2500	141.7500	177.2500	211.0000
	扣件	个	166.0000	276.0000	440.0000	585.0000	718.0000	867.0000
	底座	个	22.0000	22.0000	22.0000	22.0000	22.0000	22.0000
	镀锌铁丝 10#	kg	6.7500	13.5000	20.2400	27.1400	33.7500	40.5500
	板方材	m^3	0.0570	0.1130	0.1700	0.2270	0.2800	0.3400
	圆钉	kg	1.5200	2.9800	4.4700	5.9600	7.4700	9.1350
	其他材料费(占材料费)	%	1.00	1.00	1.00	1.00	1.00	1.00
机械	载重汽车 5t	台班	0.3690	0.6640	0.9790	1.3500	1.6000	1.9600

工作内容：准备工具、选料、搭架子、铺板、绑斜戗、绑落料溜槽、拆除、架木码放、场内运输及清理废弃物。

计量单位：座

定额编号			2-10-84	2-10-85	2-10-86	2-10-87	2-10-88
项目			钢管一字斜道	落料溜槽			
				10m以内	15m以内	20m以内	25m以内
名称		单位	消耗量				
人工	合计工日	工日	1.220	9.720	16.200	22.680	29.900
	架子工 普工	工日	0.366	2.916	4.860	6.804	8.970
	架子工 一般技工	工日	0.610	4.860	8.100	11.340	14.950
	架子工 高级技工	工日	0.244	1.944	3.240	4.536	5.980
材料	钢管	m	515.3400	254.0400	356.5800	468.3600	592.2000
	木脚手板	块	55.1250	76.1250	110.2500	149.6250	178.5000
	扣件	个	220.5000	38.9000	67.2000	94.5000	121.8000
	底座	个	29.4000	4.2000	6.3000	8.4000	8.4000
	镀锌铁丝 10#	kg	7.8200	9.9500	13.3000	16.4500	20.2000
	板方材	m^3	0.0930	—	—	—	—
	圆钉	kg	2.9900	—	—	—	—
	其他材料费(占材料费)	%	1.00	1.00	1.00	1.00	1.00
机械	载重汽车 5t	台班	0.4900	0.3700	0.5300	0.7200	0.8700

工作内容：准备工具、选料、搭架子、铺板、绑斜戗、绑落料溜槽、拆除、架木码放、场内运输及清理废弃物。

计量单位：$10m^2$

定额编号			2-10-89	2-10-90	2-10-91	2-10-92
项目			护头棚		封防护布	脚手架立挂密目网
			靠架子搭	独立搭		
名称		单位	消耗量			
人工	合计工日	工日	1.920	2.400	0.360	0.358
	架子工 普工	工日	0.576	0.720	0.108	0.107
	架子工 一般技工	工日	0.960	1.200	0.180	0.179
	架子工 高级技工	工日	0.384	0.480	0.072	0.072
材料	钢管	m	75.6000	102.6000	—	—
	木脚手板	块	13.2500	13.2500	—	—
	扣件	个	37.0000	43.0000	—	—
	底座	个	2.8000	2.8000	—	—
	镀锌铁丝 10#	kg	1.4700	1.4700	4.5000	—
	彩条布	m^2	12.0000	12.0000	12.0000	—
	密目网	m^2	—	—	—	10.2500
	其他材料费(占材料费)	%	1.00	1.00	1.00	1.00
机械	载重汽车 5t	台班	0.0890	0.1060	—	0.7200

工作内容：准备工具、选料、搭架子、铺板、绑斜戗、绑落料溜槽、拆除、架木码放、场内运输及清理废弃物。

计量单位：10m

定额编号			2-10-93	2-10-94	2-10-95	2-10-96	2-10-97
项目			支撑式安全网		单独铺板		落、翻板
			挂、拆	翻挂	六步以下	六步以上	
名称		单位	消耗量				
人工	合计工日	工日	0.650	0.470	0.410	0.490	0.230
	架子工 普工	工日	0.195	0.141	0.123	0.147	0.069
	架子工 一般技工	工日	0.325	0.235	0.205	0.245	0.115
	架子工 高级技工	工日	0.130	0.094	0.082	0.098	0.046
材料	钢管	m	32.4000	—	63.0000	63.0000	6.3000
	木脚手板	块	—	—	17.8500	17.8500	—
	扣件	个	18.0000	—	35.7000	35.7000	4.3000
	镀锌铁丝 10#	kg	4.5000	—	2.8400	2.8400	0.6700
	安全网	m^2	40.5000	—	—	—	—
	其他材料费(占材料费)	%	1.00	1.00	1.00	1.00	1.00
机械	载重汽车 5t	台班	0.0300	—	0.1100	0.1100	0.0100

工作内容：准备工具、选料、搭架子、铺板、预留人行通道、搭上人马道(梯子)、铺钉屋面板、落翻板、局部必要拆改、配合卸载、拆除、架木码放、场内运输及清理废弃物。

计量单位：10m²

定额编号			2-10-98	2-10-99	2-10-100
项目			防护罩棚综合脚手架		
			檐柱高 4m 以下	檐柱高 4～7m	檐柱高 7m 以上
名称		单位	消耗量		
人工	合计工日	工日	4.996	4.050	5.644
	架子工 普工	工日	1.499	1.215	1.693
	架子工 一般技工	工日	2.498	2.025	2.822
	架子工 高级技工	工日	0.999	0.810	1.129
材料	钢管	m	304.6050	247.4370	342.9270
	木脚手板	块	15.1200	9.3600	7.1100
	扣件	个	140.9400	129.4200	188.2800
	彩钢板 δ0.5	m²	21.6800	18.5000	18.9600
	板方材	m³	0.0540	0.0234	0.0225
	镀锌瓦钉带垫	个	0.3300	0.2880	0.2780
	镀锌铁丝 10#	kg	3.4380	2.0844	1.9017
	其他材料费(占材料费)	%	1.00	1.00	1.00
机械	载重汽车 5t	台班	0.5310	0.4150	0.5490

附录　传统古建筑常用灰浆配合比表

计量单位：m^3

序　　号		1	2	3	4	5	6
灰浆名称		掺灰泥					
		3∶7	4∶6	5∶5	6∶4	7∶3	8∶2
材料名称	单位	消耗量					
熟石灰	kg	196.2000	261.6000	327.0000	392.4000	457.8000	523.2000
黄土	m^3	0.9200	0.7800	0.6500	0.5300	0.3900	0.2600

计量单位：m^3

序　　号		7	8	9	10	11
灰浆名称		麻刀灰	大麻刀白灰	中麻刀白灰	小麻刀白灰	护板灰
材料名称	单位	消耗量				
熟石灰	kg	654.0000	654.0000	654.0000	654.0000	654.0000
麻刀	kg	13.5000	49.5400	29.7200	23.1200	16.5100

计量单位：m^3

序号		12	13	14	15	16	17
灰浆名称		浅月白大麻刀灰	浅月白中麻刀灰	浅月白小麻刀灰	深月白大麻刀灰	深月白中麻刀灰	深月白小麻刀灰
材料名称	单位	消耗量					
熟石灰	kg	654.0000	654.0000	654.0000	654.0000	654.0000	654.0000
青灰	kg	85.0000	85.0000	85.0000	98.4000	98.4000	98.4000
麻刀	kg	48.8600	29.0400	22.4000	49.5400	29.7200	23.1200

计量单位：m^3

序号		18	19	20	21	22
灰浆名称		大麻刀红灰	中麻刀红灰	小麻刀红灰	红素灰	大麻刀黄灰
材料名称	单位	消耗量				
熟石灰	kg	654.0000	654.0000	654.0000	654.0000	654.0000
氧化铁红	kg	42.5100	42.5100	42.5100	42.5100	—
地板黄	kg	—	—	—	—	42.5100
麻刀	kg	49.5400	29.7200	23.1200	—	49.5400

计量单位：m^3

序号		23	24	25	26	27	28
灰浆名称		老浆灰	桃花浆	深月白浆	浅月白浆	素白灰浆	油灰
材料名称	单位	消耗量					
熟石灰	kg	654.0000	196.2000	654.0000	654.0000	654.0000	—
青灰	kg	163.5000	—	98.3000	85.0000	—	—
黄土	m^3	—	0.9100	—	—	—	—
白灰	kg	—	—	—	—	—	134.7200
面粉	kg	—	—	—	—	—	218.4000
生桐油	kg	—	—	—	—	—	392.9000

主 编 单 位： 河南省建筑工程标准定额站
河南省基本建设科学实验研究院有限公司

参 编 单 位： 开封市工程建设定额管理站
河南裕达古建园林有限公司

编 制 人 员： 刘红生　张天峰　徐佩莹　赵忠爱　王俊伟　苗　楷　李珉安　张冰岩　刘国卿
毛宪成　白玉忠　刘　捷　杨增福　曹天顺　王　建　刘松丽　李晓刚　李海港
刘晓娟　栗永涛　赵忠孝　何晓茗　王彦伟

审 查 专 家： 胡传海　王海宏　胡晓丽　董士波　王中和　杨廷珍　张红标　刘国卿　毛宪成
王亚晖　范　磊　付卫东　孙丽华　刘　颖　丁　燕　高小华　林其浩　万彩林
王　伟

软件操作人员： 赖勇军　孟　涛